本书由
国家社科基金重大项目"人工认知对自然认知挑战的哲学研究"（21&ZD061）
山西省"1331工程"重点学科建设计划
资助出版

认知哲学译丛

魏屹东/主编

海德格尔、应对与认知科学

休伯特·德雷福斯纪念文集〔卷2〕

Heidegger, Coping, and
Cognitive Science

Essays in Honor of Hubert L.
Dreyfus Volume 2

〔英〕马克·A.拉索尔（Mark A Wrathall）
〔澳〕杰夫·马尔帕斯（Jeff Malpas）　/主编

魏屹东　魏刘伟　王　敬/译

科学出版社

北　京

图字号：01-2024-5670

内 容 简 介

在计算机科学和人工智能的快速发展对人类产生巨大冲击，以及德雷福斯基于海德格尔哲学对计算机的能与不能进行深度剖析的双重背景下，本书的作者们基于现象学分析了德雷福斯对计算机科学和人工智能提出的质疑，讨论了德雷福斯对现代形式的笛卡儿主义所做的现象学批判，聚焦于人工智能和认知科学领域对其现象学观点做了反批判，并论述了德雷福斯的实践现象学在情感、宗教等领域的应用。本书不仅在计算机科学和人工智能领域产生了重要影响，在哲学界也引起了极大的关注，即使在今天看来也有很重要的现实意义。

本书适合哲学、认知科学、心理学、语言学、计算机科学和人工智能等领域的专家学者和学生阅读。

图书在版编目（CIP）数据

海德格尔、应对与认知科学：休伯特·德雷福斯纪念文集. 卷 2 / （英）马克·A. 拉索尔（Mark A Wrathall），（澳）杰夫·马尔帕斯（Jeff Malpas）主编；魏屹东，魏刘伟，王敬译. --北京：科学出版社，2024.11. --（认知哲学译丛 / 魏屹东主编）. -- ISBN 978-7-03-079808-4

Ⅰ. B842.1

中国国家版本馆 CIP 数据核字第 2024VH4015 号

责任编辑：任俊红　乔艳茹 / 责任校对：张亚丹
责任印制：吴兆东 / 封面设计：有道文化

斜 学 出 版 社 出版
北京东黄城根北街 16 号
邮政编码：100717
http://www.sciencep.com
北京中石油彩色印刷有限责任公司印刷
科学出版社发行　各地新华书店经销
*
2024 年 11 月第 一 版　　开本：720×1000　1/16
2025 年 1 月第二次印刷　　印张：21
字数：412 000
定价：168.00 元
（如有印装质量问题，我社负责调换）

编 者 简 介

马克·A.拉索尔（Mark A Wrathall），英国牛津大学哲学教授，牛津大学基督圣体学院研究员、博士生导师，西方学术界公认的马丁·海德格尔哲学的解释者。主要研究方向为现象学、存在主义、宗教现象学与法哲学，尤以对海德格尔哲学的研究最为著名。

杰夫·马尔帕斯（Jeff Malpas），澳大利亚哲学家，塔斯马尼亚大学哲学教授，立足于后康德思想，尤其是诠释学和现象学传统、语言和心灵分析哲学，以其对英美分析哲学与欧洲大陆哲学（简称欧陆哲学）的研究著称。

译者简介

　　魏屹东，1958 年生，山西永济人，山西大学哲学学院教授、博士研究生导师，主持完成十几项国家和省部级项目；从事科学史、科学哲学、分析哲学、认知哲学和人工智能哲学研究，出版专著 12 部、译著 6 部，主编"认知哲学译丛""认知哲学文库""山西大学认知哲学丛书""山西大学分析与人文哲学丛书"；在《中国社会科学》《哲学研究》《自然辩证法研究》《自然科学史研究》等权威刊物发表学术论文 260 余篇。

　　魏刘伟，男，1986 年生，上海交通大学科学技术史博士，现任教于上海外国语大学，主要研究方向为天文学史、科学哲学和语言文化。在《科学技术哲学研究》《科学与社会》《世界科学》等期刊发表论文数篇，并有中国人民大学复印报刊资料转载，出版《制造自然知识：建构论与科学史》《模型与认知：日常生活和科学中的预测及解释》《享受机器：新技术与现代形式的愉悦》等译著，被《新京报》等多家媒体摘编评论。

　　王敬，男，1990 年生，山西吕梁人，山西大学哲学博士，主要从事认知哲学研究。出版专著《认知的存在论研究》，合作发表《论情境认知的本质特征》《人工智能具有理解力吗——从哲学解释学的视角看》等，合译《热思维：情感认知的机制与应用》。

丛 书 序

与传统哲学相比,认知哲学(philosophy of cognition)是一个全新的哲学研究领域,它的兴起与认知科学的迅速发展密切相关。认知科学是 20 世纪 70 年代中期兴起的一门前沿性、交叉性和综合性学科。它是在心理科学、计算机科学、神经科学、语言学、文化人类学、哲学以及社会科学的交界面上涌现出来的,旨在研究人类认知和智力的本质及规律,具体包括知觉、注意、记忆、动作、语言、推理、思维、意识乃至情感动机在内的各个层次的认知和智力活动。十几年以来,这一领域的研究异常活跃,成果异常丰富,自产生之日起就向世人展示了强大的生命力,也为认知哲学的兴起提供了新的研究领域和契机。

认知科学的迅速发展使得科学哲学发生了"认知转向",它试图从认知心理学和人工智能角度出发研究科学的发展,使得心灵哲学从形而上学的思辨演变为具体科学或认识论的研究,使得分析哲学从纯粹的语言和逻辑分析转向认知语言和认知逻辑的结构分析、符号操作及模型推理,极大促进了心理学哲学中实证主义和物理主义的流行。各种实证主义和物理主义理论的背后都能找到认知科学的支持。例如,认知心理学支持行为主义,人工智能支持功能主义,神经科学支持心脑同一论和取消论。心灵哲学的重大问题,如心身问题、感受性、附随性、意识现象、思想语言和心理表征、意向性与心理内容的研究,无一例外都受到来自认知科学的巨大影响与挑战。这些研究取向已经蕴含认知哲学的端倪,因为众多认知科学家、哲学家、心理学家、语言学家和人工智能专家的论著论及认知的哲学内容。

尽管迄今国内外的相关文献极少单独出现认知哲学这个概念,精确的界定和深入系统的研究也极少,但研究趋向已经非常明显。鉴于此,这里有必要对认知哲学的几个问题做出澄清。这些问题是:什么是认知?什么是认知哲学?认知哲学与相关学科是什么关系?认知哲学研究哪些问题?

第一个问题需要从词源学谈起。认知这个词最初来自拉丁文"*cognoscere*",意思是"与……相识""对……了解"。它由 *co+gnoscere* 构成,意思是"开始知道"。从信息论的观点看,"认知"本质上是通过提供缺失的信息获得新信息和新知识的过程，那些缺失的信息对于减少不确定性是必需的。

然而，认知在不同学科中意义相近，但不尽相同。

在心理学中，认知是指个体的心理功能的信息加工观点，即它被用于指个体的心理过程，与"心智有内在心理状态"观点相关。有的心理学家认为，认知是思维的显现或结果，它是以问题解决为导向的思维过程，直接与思维、问题解决相关。在认知心理学中，认知被看做心灵的表征和过程，它不仅包括思维，而且包括语言运用、符号操作和行为控制。

在认知科学中，认知是在更一般意义上使用的，目的是确定独立于执行认知任务的主体（人、动物或机器）的认知过程的主要特征。或者说，认知是指信息的规范提取、知识的获得与改进、环境的建构与模型的改进。从熵的观点看来，认知就是减少不确定性的能力，它通过改进环境的模型，通过提取新信息、产生新信息和改进知识并反映自身的活动和能力，来支持主体对环境的适应性。逻辑学、心理学、哲学、语言学、人工智能、脑科学是研究认知的重要手段。《MIT认知科学百科全书》将认知与老化（aging）并列，旨在说明认知是老化过程中的现象。在这个意义上，认知被分为两类：动态认知和具化认知。前者指包括各种推理（归纳、演绎、因果等）、记忆、空间表现的测度能力，在评估时被用于反映处理的效果；后者指对词的意义、信息和知识的测度的评价能力，它倾向于反映过去执行过程中积累的结果。这两种认知能力在老化过程中表现不同。这是认知发展意义上的定义。

在哲学中，认知与认识论密切相关。认识论把认知看作产生新信息和改进知识的能力来研究。其核心论题是：在环境中信息发现如何影响知识的发展。在科学哲学中就是科学发现问题。科学发现过程就是一个复杂的认知过程，它旨在阐明未知事物，具体表现在三方面：①揭示以前存在但未被发现的客体或事件；②发现已知事物的新性质；③发现与创造理想客体。尼古拉斯·布宁和余纪元编著的《西方哲学英汉对照辞典》（2001 年）对认知的解释是：认知源于拉丁文"*cognition*"，意指知道或形成某物的观念，通常译作"知识"，也作"*scientia*"（知识）。笛卡儿将认知与知识区分开来，认为认知是过程，知识是认知的结果。斯宾诺莎将认知分为三个等级：第一等的认知是由第二手的意见、想象和从变幻不定的经验中得来的认知构成，这种认知承认虚假；第二等的认知是理性，它寻找现象的根本理由或原因，发现必然真理；第三等即最高等的认知，是直觉认识，它是从有关属性本质的恰当观念发展而来的，达到对事物本质的恰当认识。按照一般的哲学用法，认知包括通往知识的那些状态和过程，与感觉、感情、意志相区别。

在人工智能研究中，认知与发展智能系统相关。具有认知能力的智能系统就是认知系统。它理解认知的方式主要有认知主义、涌现和混合三种。认知主义试图创造一个包括学习、问题解决和决策等认知问题的统一理论，涉及心理学、认知科学、脑科学、语言学等学科。涌现方式是一个非常不同的认知观，主张认知是一个自组织过程。其中，认知系统在真实时间中不断地重新建构自己，通过多系统-环境相互作用的自我控制保持其操作的同一性。这是系统科学的研究进路。混合方式是将认知主义和涌现相结合。这些方式提出了认知过程模拟的不同观点，研究认知过程的工具主要是计算建模，计算模型提供了详细的、基于加工的表征、机制和过程的理解，并通过计算机算法和程序表征认知，从而揭示认知的本质和功能。

概言之，这些对认知的不同理解体现在三方面：①提取新信息及其关系；②对所提取信息的可能来源实验、系统观察和对实验、观察结果的理论化；③通过对初始数据的分析、假设提出、假设检验，以及对假设的接受或拒绝来实现认知。从哲学角度对这三方面进行反思，将是认知哲学的重大任务。

针对认知的研究，根据我的梳理主要有 11 个方面：

（1）认知的科学研究，包括认知科学、认知神经科学、动物认知、感知控制论、认知协同学等，文献相当丰富。其中，与哲学最密切的是认知科学。

（2）认知的技术研究，包括计算机科学、人工智能、认知工程学（运用涉及技术、组织和学习环境研究工作场所中的认知）、机器人技术，文献相当丰富。其中，模拟人类大脑功能的人工智能与哲学最密切。

（3）认知的心理学研究，包括认知心理学、认知理论、认知发展、行为科学、认知性格学（研究动物在其自然环境中的心理体验）等，文献异常丰富，与哲学密切的是认知心理学和认知理论。

（4）认知的语言学研究，包括认知语言学、认知语用学、认知语义学、认知词典学、认知隐喻学等，这些研究领域与语言哲学密切相关。

（5）认知的逻辑学研究，主要是认知逻辑、认知推理和认知模型。

（6）认知的人类学研究，包括文化人类学、认知人类学和认知考古学（研究过去社会中人们的思想和符号行为）。

（7）认知的宗教学研究，典型的是宗教认知科学（cognitive science of religion），它寻求解释人们心灵如何借助日常认知能力的途径习得、产生和传播宗教文化基因。

（8）认知的历史研究，包括认知历史思想、认知科学的历史。一般的认知科学导论性著作都涉及历史，但不系统。

（9）认知的生态学研究，主要是认知生态学和认知进化的研究。

（10）认知的社会学研究，主要是社会表征、社会认知和社会认识论的研究。

（11）认知的哲学研究，包括认知科学哲学、人工智能哲学、心灵哲学、心理学哲学、现象学、存在主义、语境论、科学哲学等。

以上各个方面虽然蕴含认知哲学的内容，但还不是认知哲学本身。这就涉及第二个问题。

第二个问题需要从哲学立场谈起。

在我看来，认知哲学是一门旨在对认知这种极其复杂现象进行多学科、多视角、多维度整合研究的新兴哲学研究领域，其研究对象包括认知科学（认知心理学、计算机科学、脑科学）、人工智能、心灵哲学、认知逻辑、认知语言学、认知现象学、认知神经心理学、进化心理学、认知动力学、认知生态学等涉及认知现象的各个学科中的哲学问题，它涵盖和融合了自然科学和人文科学的不同分支学科。说它具有整合性，名副其实。对认知现象进行哲学探讨，将是当代哲学研究者的重任。科学哲学、科学社会学与科学知识社会学的"认知转向"充分说明了这一点。

尽管认知哲学具有交叉性、融合性、整合性、综合性，但它既不是认知科学，也不是认知科学哲学、心理学哲学、心灵哲学和人工智能哲学的简单叠加，它是在梳理、分析和整合各种以认知为研究对象的学科的基础上，立足于哲学反思、审视和探究认知的各种哲学问题的研究领域。它不是直接与认知现象发生联系，而是通过研究认知现象的各个学科与之发生联系，也即它以认知本身为研究对象，如同科学哲学是以科学为对象而不是以自然为对象，因此它是一种"元研究"。在这种意义上，认知哲学既要吸收各个相关学科的优点，又要克服它们的缺点，既要分析与整合，也要解构与建构。一句话，认知哲学是一个具有自己的研究对象和方法、基于综合创新的原始性创新研究领域。

认知哲学的核心主张是：本体论上，主张认知是物理现象和精神现象的统一体，二者通过中介如语言、文化等相互作用产生客观知识；认识论上，主张认知是积极、持续、变化的客观实在，语境是事件或行动整合的基底，理解是人际认知互动；方法论上，主张对研究对象进行层次分析、语境分析、行为分析、任务分析、逻辑分析、概念分析和文化网络分析，通过纲领计划、启示法和洞见提高研究的创造性；价值论上，主张认知是负载意义和判断的，负载文化和价值的。

认知哲学研究的目的：一是在哲学层次建立一个整合性范式，揭示认知现象的本质及运作机制；二是把哲学探究与认知科学研究相结合，使得认知研究将抽象概括与具体操作衔接，一方面避免陷入纯粹思辨的窠臼，另一方面避免陷入琐碎细节的陷阱；三是澄清先前理论中的错误，为以后的研究提供经验、教训；四是提炼认知研究的思想和方法，为认知科学提供科学的、可行的认识论和方法论。

认知哲学的研究意义在于：①提出认知哲学的概念并给出定义及研究的范围，

在认知哲学框架下，整合不同学科、不同认知科学家的观点，试图建立统一的研究范式。②运用认知历史分析、语境分析等方法挖掘著名认知科学家的认知思想及哲学意蕴，并进行客观、合理的评析，澄清存在的问题。③从认知科学及其哲学的核心主题——认知发展、认知模型和认知表征三个相互关联和渗透的方面，深入研究信念形成、概念获得、知识产生、心理表征、模型表征、心身问题、智能机的意识化等重要问题，得出合理可靠的结论。④选取的认知科学家具有典型性和代表性，对这些人物的思想和方法的研究将会对认知科学、人工智能、心灵哲学、科学哲学等学科的研究者具有重要的启示与借鉴作用。⑤认知哲学研究是对迄今为止认知研究领域内的主要研究成果的梳理与概括，在一定程度上总结并整合了其中的主要思想与方法。

第三个问题是，认知哲学与相关学科或领域究竟是什么关系？

我通过"超循环结构"来给予说明。所谓"超循环结构"，就是小循环环环相套，构成一个大循环。认知科学哲学、心理学哲学、心灵哲学、人工智能哲学、认知语言学是小循环，它们环环相套，构成认知哲学这个大循环。也就是说，这些相关学科相互交叉、重叠，形成了整合性的认知哲学。同时，认知哲学这个大循环有自己独特的研究域，它不包括其他小循环的内容，如认知的本原、认知的预设、认知的分类、认知的形而上学问题等。

第四个问题是，认知哲学研究哪些问题？如果说认知就是研究人们如何思维，那么认知哲学就是研究人们思维过程中产生的各种哲学问题，具体要研究 10 个基本问题：

（1）什么是认知？其预设是什么？认知的本原是什么？认知的分类有哪些？认知的认识论和方法论是什么？认知的统一基底是什么？是否有无生命的认知？

（2）认知科学产生之前，哲学家是如何看待认知现象和思维的？他们的看法是合理的吗？认知科学的基本理论与当代心灵哲学范式是冲突，还是融合？能否建立一个囊括不同学科的统一的认知理论？

（3）认知是纯粹心理表征，还是心智与外部世界相互作用的结果？无身的认知能否实现？或者说，离身的认知是否可能？

（4）认知表征是如何形成的？其本质是什么？是否有无表征的认知？

（5）意识是如何产生的？其本质和形成机制是什么？它是实在的还是非实在的？是否有无意识的表征？

（6）人工智能机器是否能够像人一样思维？判断的标准是什么？如何在计算理论层次、脑的知识表征层次和计算机层次上联合实现？

（7）认知概念如思维、注意、记忆、意象的形成的机制和本质是什么？其哲学预设是什么？它们之间是否存在相互作用？心身之间、心脑之间、心物之间、心语之间、心世之间是否存在相互作用？它们相互作用的机制是什么？

（8）语言的形成与认知能力的发展是什么关系？是否有无语言的认知？

（9）知识获得与智能发展是什么关系？知识是否能够促进智能的发展？

（10）人机交互的界面是什么？脑机交互实现的机制是什么？仿生脑能否实现？

以上问题形成了认知哲学的问题域，也就是它的研究对象和研究范围。

"认知哲学译丛"所选的著作，内容基本涵盖了认知哲学的以上 10 个基本问题。这是一个庞大的翻译工程，希望"认知哲学译丛"的出版能够为认知哲学的发展提供一个坚实的学科基础，希望它的逐步面世能够为我国认知哲学的研究提供知识源和思想库。

"认知哲学译丛"从 2008 年开始策划至今，我们为之付出了不懈的努力和艰辛。在它即将付梓之际，作为"认知哲学译丛"的组织者和实施者，我有许多肺腑之言。一要感谢每本书的原作者，在翻译过程中，他们中的不少人提供了许多帮助；二要感谢每位译者，在翻译过程中，他们对遇到的核心概念和一些难以理解的句子都要反复讨论和斟酌，他们的认真负责和严谨的态度令我感动；三要感谢科学出版社编辑郭勇斌，他作为总策划者，为"认知哲学译丛"的编辑和出版付出了大量心血；四要感谢每本译著的责任编辑，正是他们的无私工作，才使得每本书最大限度地减少了翻译中的错误；五要特别感谢山西大学科学技术哲学研究中心、哲学社会学学院的大力支持，没有它们作后盾，实施和完成"认知哲学译丛"是不可想象的。

魏屹东

2013 年 5 月 30 日

译　者　序

　　《海德格尔、应对与认知科学》是一本涉及诸多学科，诸如哲学（特别是现象学、存在论和后现代主义）、认知科学、认知心理学、计算机科学、脑科学等的有分量的文集，其翻译难度是显而易见的。我们在翻译过程中有过无数次的讨论，深深体会到这一点，因为仅就其所涉及的现象学和存在论的内容，我们就花费了大量时间和精力去查阅相关文献，涉及的译本主要有：海德格尔的《存在与时间》《巴门尼德》《什么叫思想》《演讲与论文集》《路标》，梅洛-庞蒂的《知觉现象学》，约翰·塞尔的《心灵的再发现》《社会实在的建构》《意向性：论心灵哲学》，休伯特·德雷福斯（本书中单独出现的"德雷福斯"专指休伯特·德雷福斯——译者注）的《在世：评海德格尔的〈存在与时间〉第一篇》，路德维希·维特根斯坦的《哲学研究》，以及相关计算机科学和人工智能方面的书籍。

　　本书中一些概念和引述的译法直接借自上述译本，比如，disclosure 译为"解蔽"，opening 译为"开显"。有些词有多种含义，我们根据上下文采取不同译法，例如 agent 在康德那里是"中介"，agency 在康德和德雷福斯那里都是"能动性"。事实上，agent 这个词在不同学科有不同含义和译法，比如在化学中译为"试剂"，在新闻学中译为"媒介"，在人工智能中译为"智能体"，在生物学中译为"行为体"，在哲学中通常译为"主体""行动者""施动者"等，本书根据上下文灵活使用这些不同译法。

　　有些易混淆的词我们做了区分，比如 deliberate 和 non-deliberate 分别译为"有意的"和"无意的"，这是因为在德雷福斯那里，他将应对区分为有意的（deliberate）和无意的（non-deliberate），而不是有意识的（conscious）和无意识的（unconscious）。这两对词是有根本区别的。按照我们的理解，有意是人的刻意行为，无意是指非刻意行为，但不是无意识行为，有意和无意均是基于意识的。有意识和无意识是指动物特别是人类的基于生物学的心理特征，是一种低级的心理活动，而有意和无意是基于意识的高级心理活动，更遑论心灵和自我了。

　　而且，awareness 和 consciousness 也是有区别的。一般来说，awareness 这个词通常被译为"意识"，与 consciousness 不加区分。但在我们看来，这两个词还是有所不同的，尽管很微妙。按照我们的理解，awareness 是指基于意识的知觉状态，即意识到了，是认知意义上的、有目的的行为，比如我们意识到某物，也就是察觉到某物，因而译之为"觉知"；而 consciousness 是指一种觉醒的状态，没有目的，没有指涉对象，比如昏迷的患者醒了，我们说他有了意识，也就是恢复了意识状态，但不能说他有觉知。如果患者清醒了并说"我有点饿了"，此时患者就进入了一种觉知状态，即意识到了什么。或者说，"觉知"是包含内容的（指涉目标），意识作为一种清醒状态是可以不包含内容的（不指涉目标）。

一些意义相近或相同的词，我们也做了较严格的区分，比如在关于情感的论述中，feeling（感觉、感情）、emotion（情感、情绪）、affection（情感、感染）、passion（热情、激情）、mood（心情、心境）这些词语都出现了。在我们看来，feeling 是基于感觉的、可见的情绪状态，如喜、怒、哀、乐，emotion、affection、passion 和 mood 是内在于心的不同程度的心理状态，如心潮澎湃、喜怒无常等。

还值得一提的是 context 这个词，其含义通常是指某种语言的环境，也就是我们常说的"语境""与境""上下文"，与 background（背景）、situation（情境）、setting（设定、人为环境）、environment（自然环境）、circumstances（情形、情况）、surrounding（周围事物或环境）这些意义相关或相近的词容易混淆，特别是与"背景"有时很难区分。在我们看来，context 是语用学意义上的，它突出对事物意义的基底作用（语境决定词语的意义），background 是现象学意义上的，它强调对实践应对的作用（背景与其影响的事物或人可以分离）。background 就像化学反应中的"催化剂"，它本身不参与化学反应，仅在其中起到加速反应的作用，而它本身没有任何改变（没有化学变化仅有物理变化）；而 context 是不能与其中的人和事物相脱离的，如脱离上下文的语句就会导致"断章取义"，因为语境发生了变化，意义就不同了。situation 是指事物或事件发生的具体境遇，它本身是有语境的。setting 是人为设置的东西，是工具主义意义上的，如人工智能中设计者为智能体设置语料库和知识库。environment 是自然主义意义上的，具体指不包括社会因素的自然环境，如生态环境，circumstances 和 surrounding 是现实主义意义上的，circumstances 是指具体的情况或情形，如出行遇到了下雨天，而 surrounding 是指主体周围具体存在的东西，包括自然的和社会的。

另外，本书涉及的引用部分，凡是有中译本的，我们尽可能找到并引用，这已在相应部分注明；没有注明的引用，均是我们的翻译。限于水平，不妥之处，还请读者批评指正。

魏屹东

2023 年 11 月 22 日

序　言

1968 年，我在麻省理工学院人工智能实验室的研究生指导老师——西摩·帕波特（Seymour Papert）所写的一份备忘录中，第一次接触到休伯特·德雷福斯（Hubert Dreyfus）。其标题为"休伯特·德雷福斯的人工智能：谬误的预算"[1]。如题目所蕴含的，该备忘录并不赞成德雷福斯的观点。帕波特就一些技术问题以及他对该领域前期工作的解读，对德雷福斯进行了详细的批评。今天回过头来看，我饶有趣味地发现有如此多的人在集中探讨计算机能否下棋的问题。如果我们只考虑 20 年前的结论，以及 1997 年"深蓝"与卡斯帕罗夫（Kasparov）的比赛结果，那么我们很可能会认为德雷福斯是错的。计算机确实能够下出世界冠军水准的国际象棋，而且它们无须借助任何新的哲学洞见，仅仅通过在标准计算范式下不知疲倦地处理就能实现。

另一方面，在这 30 年里（1970—2000 年——译者注），我们看到德雷福斯的预测得到了证实，即人工智能与认知科学将无法达到早期从业者的大部分高期望（无论是在实践领域还是作为一套坚实的科学理论）。虽然这并不能证明人工智能是不可能的，但它确实意味着问题比最初研究人员预期的要深刻得多。

然而，若争论的焦点在于将活动分为计算机可做的与不可做的两类，那么有 关国际象棋和人工智能之可能性的争论基本上是狭隘的。事实上，试图证明计算机不能做什么这一想法无疑是一种类计算机（computer-like）的视角。德雷福斯对计算机如何运行，以及可能做什么的一些具体解释很可能是错误的，但他为计算机和认知科学做出了重大贡献。这一贡献不是以机制和证据的方式呈现的，而是开辟了一个全新的问题视域：他（对相关问题）进行了清算，在这一过程中出现了新的关注点并对旧的问题予以重新表述。

即使在今天，如果说德雷福斯提出的挑战已为大多数人工智能研究者或认知科学家铭记于心，这未免有些夸大其词。现象学世界与符号编程世界之间存在巨大的鸿沟。但是，重新评估的需求和新思维的暗流一直在涌动，甚至导致 20 年后麻省理工学院同一人工智能实验室的一篇论著在第一章中开宗明义地写道："每日的生活几乎都很乏味，是一个试图做某件事的人与一个不断被人类活动的忙碌所塑造的基本良性世界之间的复杂舞蹈……关于人类活动的本质，人们已经甚是了解……在这一传统下的基础研究是……海德格尔对日常活动的解释。"[2]

多年来与德雷福斯的对话深刻地影响了我本人在计算机科学方面的研究，这在我与费尔南多·弗洛雷斯（Femando Flores）[3]于 1986 年合著的书中已有所反映，我的研究方向也发生了彻底的转变，从人工智能转向受到现象学影响的人机交互。在更广泛的意义上，我们看到德雷福斯对符号操作的批评影响了"非符号"或"涌现"等认知进路（如神经网络）研究的发展[4]。

什么样的科学方法，如果有的话，可以在重要的应用领域成功实现类人的能力？这个问题仍然悬而未决。当然，未来会有最终的评估（也许很遥远），当学者回顾 20 世纪的成就与幻想时，后见之明会有助于区分两者。然而，显而易见的是，德雷福斯为创建一种反思文化（质疑深层的假设）做出了突出的贡献，这种文化影响并塑造了计算和认知研究。

在向计算机和技术领域介绍和解释马丁·海德格尔（Martin Heidegger）的过程中，德雷福斯也发挥了关键作用。可以毫不夸张地说，在那个领域讨论海德格尔，实际上是讨论德雷福斯对海德格尔的阐述，无论是他关于人工智能的著作，还是他对海德格尔的《存在与时间》[5]的评述。我与弗洛雷斯合写的那本书当然也是如此，而该书又是计算机和认知科学领域许多人了解海德格尔的第一本书。

正如本书所表明的，休伯特·德雷福斯激励了一代思想家进行哲学和实践性的思考。他既为我们提供了一个解释标准，也为我们探索现象学对我们理解计算机和认知的影响提供了一个起点。这本书不是研究德雷福斯著作的巅峰之作，而是开启了新的探索，灵感源于他率先将深刻的哲学分析应用于我们现代技术世界所关注的问题。

特里·威诺格拉德（Terry Winograd）

致　　谢

本书编者要特别感谢热内维耶·德雷福斯（Geneviève Dreyfus），若没有他，这本书将永远不可能出版。同时也要感谢麻省理工学院出版社的拉里·科恩（Larry Cohen）。在杰夫·马尔帕斯（Jeff Malpas）担任海德堡大学洪堡学者期间，这两卷书的编写工作已经完成。杨百翰大学的一些学生协助编写了这份稿件，其中包括查理·艾伦（Charle Allen）、朱莉·卡特（Julie Carter）、克里斯塔·哈尔弗森（Krista Halverson）、乔迪·哈拉内克（Jodi Harranek）、金伯利·希肯（Kimberly Hicken）、海蒂·普尔森（Heidi Poulson）、萨拉·斯图尔特（Sarah Stewart）、玛丽莎·特利（Marissa Turley）、梅根·威尔丁（Megan Wilding）和朱莉·默多克（Julie Murdock）。

目　　录

第一部分　应对与意向性

第二部分 计算机与认知科学

第三部分　"应用海德格尔"

导　言

马克·A. 拉索尔　杰夫·马尔帕斯

在阅读休伯特·德雷福斯的著作时，人们很快就会发现，他具有一种罕见的求知欲——其动机不是局限于研究领域或传统定义的问题域，而是贯穿他一生以及他接触周遭世界时所遇到的问题。这一特质不仅使他研究和撰写了多种与哲学学科有所出入的主题，而且使他的哲学著作成为非哲学家的灵感来源。

为了对德雷福斯传播和理解这些哲学家的著作所产生的影响表示敬意，这本纪念文集的第 1 卷收录了哲学家特别是海德格尔，在所谓的欧陆哲学传统之中进行互动的论文。但德雷福斯除了对哲学做出解释性的贡献之外，他与海德格尔和梅洛-庞蒂等思想家在思想上的交锋为批判人工智能奠定了基础。对人工智能的批判，不仅使德雷福斯引起了哲学界的注意，而且也引起了广大公众的注意。计算和人工智能并不是德雷福斯唯一的研究领域，基于现象学的直觉驱动着他的研究。例如，在他与斯图亚特·德雷福斯（Stuart Dreyfus）就熟练应对棋类游戏和驾驶等各种活动所做的研究中，德雷福斯找到了对世界的现象学理解，人们发现这一理解似乎曾以迥异的方式启发了海德格尔对工具心性（equip-mentality）的描述和梅洛-庞蒂对具身反应的分析。德雷福斯通过论证使意向行为成为可能的背景熟悉度（background familiarity）的无表征本质，使得他的"熟练应对现象学"支持了他对人工智能的批判。它还为处理伦理、商业和心理学等不同领域的问题奠定了卓有成效的基础。

德雷福斯乐意利用现象学来洞察各种问题，本卷收录了一些受他影响的学者的论文。无论这些文章明确还是含蓄地描绘了德雷福斯与欧陆哲学的接触，这一卷都是第 1 卷讨论的扩展与继续，而非中断。但在这里，德雷福斯对海德格尔等哲学家的解读构成了意向性（intentionality）、熟练应对（skillful coping）和具身性（embodiment）等问题的背景。

本卷的第一部分讨论基于现象学的实践分析，这是德雷福斯大部分研究工作的基础。约瑟夫·劳斯（Joseph Rouse）、西奥多·沙茨基（Theodore R. Schatzki）、戴维·斯特恩（David Stern）、约翰·塞尔（John Searle）、马克·A. 拉索尔（Mark

A. Wrathall）和查尔斯·泰勒（Charles Taylor），都对德雷福斯关于熟练应对的解释所产生的问题进行了评论。约瑟夫·劳斯一方面细化了德雷福斯的实践应对，另一方面对显性表达和理论反思做了区分，主张将显性表达与理论反思同化为熟练应对行为的一般模型。西奥多·沙茨基阐述了德雷福斯批判笛卡儿心理状态理论的一个特点，认为信念、欲望等民间心理学观念可以而且应该以某一方式来理解，即符合德雷福斯对现象学批判的方式，在这一方式中，具有心理状态必然包含主题意识（thematic awareness）。德雷福斯主张对实践行为进行某种分析，戴维·斯特恩和塞尔都予以了回应。戴维·斯特恩强调熟练应对可抵制任何形式分析，并列举了许多论证来佐证这一观点。与约瑟夫·劳斯一样，塞尔提出某些明确的熟练应对形式（如撰写哲学论文）以挑战德雷福斯对意向性的反表征主义说明，认为所有的熟练应对都必然涉及意向的心理活动。塞尔还认为，德雷福斯关于熟练应对的现象学未能适当地考虑熟练应对包含的意识和逻辑结构。拉索尔在讨论海德格尔的"解蔽"（disclosure）概念的语境下，研究了塞尔与德雷福斯的"背景"版本之间的关系。泰勒（本书单独提到的"泰勒"均指查尔斯·泰勒——译者注）在第一部分的结尾考察了反基础主义的影响，强调了具身性、熟练应对在我们理解人类存在时的重要性。同时，泰勒坚持认为，推动历史变迁的，不仅仅是实践活动，还有其他更多的东西。

第二部分讨论了德雷福斯对现代形式的笛卡儿主义进行现象学批判的持续相关性。丹尼尔·安德勒（Daniel Andler）考察了人工智能和认知科学的当代发展（如新语境论）受到的德雷福斯式影响（Dreyfusian influence）。安德勒与肖恩·D. 凯利（Sean D. Kelly）对人们（比如塞尔）批评德雷福斯运用现象学研究意向性和心智的相关问题做出了回应。凯利认为现象学应该在认知科学中发挥作用，他将现象学与脑科学的关系比作数据与模型的关系，并利用熟练的驾车行为说明了这种关系。哈里·柯林斯（Harry Collins）探讨了德雷福斯对人工智能批判的实质局限性，认为德雷福斯没有充分考虑到不同的知识和具身性。柯林斯认为这样做的结果是，虽然德雷福斯正确地识别了计算机不能做的事情，但在确定计算机能做什么方面他的理论所起作用甚微。最后，阿尔伯特·伯格曼（Albert Borgmann）通过计算机介导的多用户领域方法，对离身性（disembodiment）的结果与限制做了分析。

本书第三部分介绍了受德雷福斯的"应用哲学"启发的一类研究工作的几个典型例子。德雷福斯赞扬了查尔斯·斯皮诺萨（Charles Spinosa），并指出其最好的著作总是以一种现象学意义为指导，因为哲学理念背后的日常现象都存在着争议和问题。斯皮诺萨的文章试图通过描述现代的经验来阐明海德格尔对神性的解释。这反过来又让斯皮诺萨以非神秘主义的方式说明：在我们当代的祛魅世界中，为鲜活的上帝保留经验的位置到底具有何种意义。罗伯特·所罗门（Robert C. Solomon）借鉴德雷福斯的研究成果对信任进行了详细阐述，他认为信任是一种共同的变革性实践，而非一方面是一种精神或心理状态，另一方面是一种社会现实。乔治·唐宁（George Downing）扩展了德雷福斯对专家应对（expert coping）的描述，以此来理解身体在我们的情感体验中的作用。费尔南多·弗洛雷斯（Fernando Flores）通过德雷福斯对实践的在世之在（being-in-the-world）的理解来重新解释商业活动，并概述了这种重新解释对商业理论产生的某些影响。最后，帕特里夏·本纳（Patricia Benner）探讨了德雷福斯将海德格尔对"烦"（care）的说明，解释为与世界接触的日常实践结构对护理理论和实践的影响；她还利用德雷福斯阐释海德格尔对技术的解释来批判技术医学日益增强的主导地位。

第一部分

应对与意向性

第一章　应对及其对比[1]

约瑟夫·劳斯

　　休伯特·德雷福斯因其对海德格尔、胡塞尔、梅洛-庞蒂和福柯极富影响力的解释，以及他基于现象学的人工智能研究和对心智的认知主义哲学的翔实考辨而享誉世界。这两个主题（projects）在德雷福斯的现象学表述中融合在一起：人们对周遭环境的具身、实践应对是意向性的一种基本模式。德雷福斯认为，哲学解释应当始于实践技能性（practical skillfulness）的意向导向性（intentional directedness），因为它比意向性的其他解释中常见的导向形式更为基础。虽然他因此利用非自然主义方式解释意向性，但德雷福斯将他的解释与常见的诠释主义、心理主义以及社会规范的非自然主义做了重要区分。

　　在本章，我赞同德雷福斯有关实践应对的意向性这一概念的特殊性和重要性的观点。但我也认为，德雷福斯区分应对和其他意向性模式的努力，使他对自己批判的一些哲学方案做了太多让步。德雷福斯介绍了实践应对的特殊意向性，将其与明确的语言表征、理论理解（特别是自然科学与数学），以及社会规范的可说明性（accountability）进行了对比。对于德雷福斯而言，实践应对这个概念既不能完全明晰，也不能作充分的理论解释。虽然他确实意识到了日常实践应对的社会规范性，但他坚持认为实践应对的社会特性对于意向行为的哲学解释而言是不可或缺的。他声称，语言表征、理论解释和社会规范性是意向行为独特而重要的模式，但必须将它们理解为基于现象学的实践应对。

　　我建议重新解释这三种对比。德雷福斯的研究表明，实践应对与明确表达、理论理解或社会规范性之间的差别是可以缩小的，而对语言、理论和社会规范不充分的标准描述使这些对比成为可能，这为他解释应对这个概念奠定了基础。毫无疑问，这些对比在介绍德雷福斯的解释的独特特征方面具有重要的修辞学意义，但要充分领会其哲学意义，就必须超越它们。

第一节 应对意向性

在本节，我将对德雷福斯有关实践应对的意向性的说明做出解释，并不强调他所坚持认为意向性所具有的意会的、非理论的和孤立的特点。与明确的诠释、理论理解和社会规范性形成鲜明对比的，是关于实践意向性范围的持续的、有争议的主张，而不是表示其作为一种意向导向性的独特性质的构成性对比。

德雷福斯所说的"实践应对"，是指人们通常对环境的流畅且不显眼的反应能力，这种反应使人们有能力在世界中应付自如。从日常的活动，如使用餐具吃饭、步行穿越崎岖的地形，或坐在办公桌前工作，到在竞技体育或大师级国际象棋比赛中表现出非凡的技巧，都属于这一范围。工具在这些应对活动中占有重要地位。我们通常能够熟练操作各种各样的设备作为更多主题表现（thematic performances）的背景：我们在进行对话时会悄悄地调整自己以适应椅子、灯光或房间内其他人的动作；写信时，我们会灵巧地挥笔，拿着纸，靠在桌上，品一口咖啡；等等。

实践应对的意向性是身体的而非心智的导向性（directedness）。德雷福斯强调身体对手头任务的协调与适应，如敲击钉子、坐在椅子上、开车去杂货店或者在聚会上相互寒暄等。在这里，身体不是具有固定界限的对象，而是协调活动的实践统一。对工具的掌握可以使工具融入某人的身体行为领域；流畅行动的敏捷与笨手笨脚的拙劣之间的差别，反映了工具与身体的同化程度。梅洛-庞蒂所举的盲人手杖或近视眼镜的例子，表明了身体领域相对固定的延伸，但钢笔、筷子、汽车或轮椅（更不用说衣服），暂时可以被紧密地同化到某人指向世界的实践行为中。有人可能认为，身体是*面向*世界的。

这类实践行为直接指向某一实际情境。这一结构具有三个要点。第一，实践的意向行为不是以心理表征、感官复制（sensory manifold）、意会规则（tacit rules）或其他形式的意向内容为中介的，这些意向内容是从人们所做之事的物质环境（material setting）中抽象出来的。实践应对反而揭示了摆脱意向中介（intentional intermediaries）的事物本身。第二，这些"事物"不是离散的对象，而是围绕某人的实际关切而组织起来的相互关联的环境。一名快速突破的篮球运动员不仅指向他所运的球，而且也指向篮筐、防守队员、尾随的或在侧翼（wing）站位的队友、喧嚣的人群；或者更确切地说，不是指向这些独立的事物，而是指向所有复杂的相互关联物连接而成的整体。第三，实践行为并不是一个独立的行动序列，而是对所呈现境遇的一种灵活反应。因此，这种情境不是对象的固定排列，而是对某些可能行为的设定。应对这种情境的某些方法是"被要求的",而另一些方法则并非如此。然而,这些并不是我们可以掌控的、有限的"实际"可能性,而是预示了某些不确定的"潜在"可能性。

实践应对的这种情境特征,类似于某一特定方面或某一描述下的其他意向显现。意向指向性在传统上具有一种意义,一种特殊的"方式",即它的对象是显而易见的。德雷福斯认为,实践应对的这一体态特征(aspectual character)既不是事物表现的"客观"特征,也不是主体的一个明确推测或预期,而是一种内部活动[2]配置,既有被邀请的活动,也有可能的抵制与协调。

> 在日常的沉浸式应对中……当某人所处的情境偏离了某种最佳的身体-环境关系时,他的行动便会接近最佳形式,从而减轻偏离产生的"紧张感"。人的身体为情境所吸引,以便与之建立适当的联系……我们的活动完全符合情境的需要。[3]

情境具有重要意义,是一个相关性领域,至少对被设定为适当反应的身体而言是这样的。

这种表现的内在活动使德雷福斯愈加坚持自己的主张,即实践应对将我们直接引向事物本身。我们可以在没有思维内容的情况下思考,而不会失去我们思考的官能。但在没有篮球的情况下运球,仅仅是假装在运球(或者没有运球)。如果对一个人的行为没有现实的抵制(resistance)或可供性(affordance)形式,那么活动将会完全不同,因为实践应对是对这类形式的某种回应。它针对的是现实环境,而不是一些仅仅可能的事态。因此,与人们所熟悉的心理或语言意向性的描述不同,实践应对无法*连贯地*理解某一非存在对象。这种应对活动可能确实无法有效利用其周遭环境。然而,当这种情况发生时,意向行为可能至少会暂时瓦解。当我伸手去触碰一个不在那里的电灯开关,或者非常快地迈过一级台阶时,我会徒劳无功或者被绊倒,此时如果我不做出一些调整便无法清晰地掌握任何东西。失败的行动并非毫无意义,只不过它们的意义还没有成功地表现出来,更不用说实现了。

实践行为意向性的这一特征,突出了德雷福斯对两个往往被认为相互对立的观点的结合。实践行为是对物质世界的一种彻底的*物质*回应。手掌轻轻地贴合茶杯的轮廓,平衡地抓住茶杯,垒球运动员追踪着即将到来的高飞球,三垒的跑垒员以独特的流畅反应接住球并将球扔回本垒,或者是一位健谈之人的姿态、表情、手势和音调域,以及他对交谈者富有表现力的姿势的反应,这些都是以身体方式介入世界的物质结构。然而,这些情境的构成同样是*有意义*的。对于垒球运动员而言,旋转的飞球和跑垒员会显得格外突出,而飞过头顶的飞机和三垒后面看台上的喧闹却后退为模糊的背景，尽管飞机和看台上的喧嚣可能比相同方向的球和跑垒员更大、更嘈杂以及更"引人注目"。当哲学或心理学分析忽略了情境的身体反应时，其意义就会变得突出。因此，德雷福斯明确反对将情境还原为"仅仅"是事物在物理上的并存：

> ［人工智能研究者约翰·］麦卡锡似乎认为，［"在家"］与待在我的屋子里是一样的，也就是说，它们是一种物理状态。但实际上我可以在家而身处后院，也就是，从身体意义上来说，我根本就不在我的屋子里。我也可以身体在我的屋子里而不在家；例如，如果我拥有这幢房子，但还没有将家具搬进来。在家是人的情境。[4]

除了物质成分外，情境之中"没有"任何东西，但情境是这些成分的一种有意义的形构（configuration）。正如德雷福斯所言，"我们生活中的关系语境所嵌入的有意义对象并不是世界的模型……*而是世界本身*"[5]。

"形构"一个情境指的是一个存在者对该情境做出可理解反应的可能性，而对存在者来说，这个情境及其结果很*重要*。因此，情境是由具有利害相关物的可能活动领域构成的。德雷福斯对情境性（situatedness）的海德格尔式描述，在结构上类似于康德的能动性（agency）概念，他将这一概念作为实践立场的"目的"，而实践立场是朝向世界的"手段"。人类是"为了什么"（for-the-sake-of-which）而使情境具有意义；其组分是"为了"（in-order-to）实现某种"为了什么"的某些可能方式。然而，在某种情况下，利害关系并不是某种或多或少的确定目标，而是一种存在方式：是关于以教师、同性恋、参政公民、父母、长老会信徒、粗暴的恶棍（SOB）等身份如何立足于世界的一种开放性、实践性理解。这样的存在方式并不是旨在实现具体目标的明确行动计划，而是在连贯的"实践"中不断整合人的活动。[6]此外，对相关器具的运用以及与其他实践者的互动，不是以无差别的工具方式接受所选目标的各种离散"手段"，而是一种参照关联的目的-缘由（in-order-to-for-the-sake-of）复合体，它使得人们可以理解作为其"组分"的实践与器具。

因此，标志着实践应对真正具有意向的规范性可能似乎是实用的*而不是真实*的，它以应对环境和完成各项任务的成败为标志，而非精确的表征。然而，成功的应对并未满足预先设定的成功条件，而是通过对环境的灵活反应能力（设想成功地骑自行车穿越不断变化的地形）来保持和增强自己的实践。因此，模糊实践成功与诚实解蔽（alethic disclosure）之间的对比会更好一些。德雷福斯不仅追随海德格尔将实践应对视为一种解蔽，还明确否认行为与感知之间存在任何明显的差别。感知既不是一种被动的信息注册（registration），也不是一种智力的综合，而是其自身是某种应对活动。看到某一移动的物体、听到人的言语、品尝某一种液体，或者感受一种纹理，都需要恰当的身体姿态和协调的探索性动作。同样，持续的活动包括从感知上关注相关环境，海德格尔称之为"寻视"（umsichtig）操劳。因此，应该将实践成功与诚实解蔽理解为同一类东西。

现在，我们发现了情境不等于物体"仅仅"在物理意义上的并置的另一原因。需要实践应对的情境是在时间上构成的。某一具身主体的意向导向性不仅仅在空间上延展至它所关切的对象，而且也是一种朝向维持其存在方式的可能活动的时间导向性。除了器具的实际结构之外，不存在这样一种指向可理解之可能性的情境导向性（situated directedness），这些设备的实际结构可以利用反应能力现有的身体技能（bodily repertories），这些技能本身必须随着时间的推移来维持和发展。因而一种情境包含了一段历史；当下情境既是一段历史嵌入情境中的*结果*，也是对可能未来的征询和预示（solicition）。

实践应对的这一"历史"维度可能在身体的规训（disciplining）中最为明显。应对环境的身体技能"由特定的操纵与塑造技术所产生"[7]。无论是"一般人"（das Man）的普遍规范化，还是福柯所描述的身体规训，都是物理环境和其他身体反应塑造和完善身体能力的方式。然而，这些能力不是由动作的习惯性重复所产生的，而是通过约束和重新定向身体对其周遭环境的积极的探索性应对而产生的。身体是对重新聚焦于未来可能性的以往实践的同化；身体能力既不受外部的因果影响，也不是内部随意产生的，而是表明了活动之身体领域的持续性的内在-积极架构。身体处于权力关系的场域内，因而其能力不会被剥夺。

承认福柯的规训（disciplines）在塑造实践应对能力上的作用可能会错误地表明，身体作为有意义的实践技能可以由无意义的行为动作组成。毕竟，福柯描述了分析和重构动作的方法，"将整个动作分解为两个平行系列：身体使用部分……以及操作对象部分……然后根据一些规范连续［中］的简单动作将这两部分联系起来"[8]。然而，德雷福斯一再强调，直到重构序列被同化为平稳的身体流（bodily flow），这种重构才可能会完全起作用，这一身体流修正并继续适应最初的实践动作。一步一步地做具体动作的身体是无能的、不灵活的身体。从学习到掌握的步骤摆脱了最初的具体线索和模式，这有利于对有意义的设定环境做出流畅的、适应性的反应。

概言之，实践应对在两个关键方面是"意向"的。首先，它*在某一方面*指向情境，这一过程由某人在面对情境时*如何*表现和行为*目的*之间的相互关系构成。一个人如何伸手、握住、举起或倾斜杯子与杯子的存在方式相关，即杯子是用来啜饮的，而喝咖啡属于更大的活动场域。其次，它的导向性是*规范的*：实践应对可能成功，也可能会失败。然而，应对在几个重要方面与人们熟悉的意向性存在差异。它不涉及心理或语义中介，甚至不涉及默认设定的成功条件（相反，成功条件很灵活、不受限制）。身体也不是中介，而是意向导向性本身：某人没有使他的手成为杯子的形状，然后将其移至假想的放杯子的地方；他的手接触并与杯子相适应。因此，应对总是指向实际的可能性，而非可能的现实性。它的成功不是实现某些确定的预期目标，而是不断地适应环境给予的东西。反过来，失败不是表现为一种未完成的感觉，而是一种不完善的表现。某人在一定程度上失去了对周围环境的控制，因而未能把握碰巧不存在的背景。最后，虽然身体行为比较复杂，但它不是组合式的：其"成分"不是可分离的构成动作，而仅仅是某个统一整体的可以辨别的瞬间。事实上，虽然人们经常通过离散的构成动作获得应对技能，但其残余的离散性标志着意向性可能会失效；只有通过同化转换为相对流畅的统一体才有可能获得应对技能。

第二节　应对的意向对比

长期以来，德雷福斯一直认为，实践应对的意向性不同于也不能还原为其他模式的意向导向性。他尤其认为，命题内容、理论理解和社会规范性的明确表达是与实践应对（尽管可能以它为基础）共存的意向导向性的不同形式。我将在本节简要描述德雷福斯所展现的意向导向性的这些不同模式之间的比较。

德雷福斯对实践应对和明确表达的比较是微妙的、复杂的。首先，实践应对涉及某种"默会"理解，后者内嵌于对事物的熟练处理，这种想法是错误的。这样会错误地认为技能已经具有命题内容，即便这些内容没有清楚地说出来或是铭记于心。德雷福斯却坚持认为，熟练应对甚至没有默会的命题内容。信念、欲望以及其他命题态度并不适合作为应对技能的背景；相反，德雷福斯主张，只有在非命题行为的背景下方能理解命题态度。

然后，德雷福斯区分了应对技能的两个连续的解释层次（如果将理论解释囊括进来的话，则是三层，讨论见下文）[9]。第一层，

这个作为结构（as-structure）从理解中的隐性变为语境中的显性。比如说，我们能够注意到我们的锤子太重了，然后要求换一把。因此，语言是在具有意义的共同语境中使用的，并通过融入和促进这一意义整体而获得自身的意义。[10]

当人们不仅关注语境解释，而且确实利用语言进行*表达*时，第二层解释便产生了。因此，

在指明锤子需要注意的特性时，我能够从直接的活动那里"后撤一步"，并

15

把一个"谓词"（"太重"）归于作为"主词"的锤子。这就那把锤子单独挑出，并从许多其他特性中挑选出了锤打的困难。[①][11]

因此，不能将德雷福斯关于实践应对与明确解释的对比，等同于前话语意向性与话语意向性之间的对比。德雷福斯确定的每一层次都可使用语言。实践应对可以*运用*语言，比如某人"与别人交流时言简意赅，不讲废话"；可以*通过使用*语言进行实践应对，比如当某人平稳地掌握着谈话的节奏与流程时；它甚至表现*在*一个人的说话能力上，因为"栖息"于某种语言，能够流利地说母语的人，不同于学习语言之人和努力寻找正确词汇的发音而说话不太流利的人（他们所有人都不同于那些将语言视为需要破译的代码之人）。

最后，我认为，对于德雷福斯而言，实践应对与语言使用之间的对比并不重要，重要的是应对与命题的内容性（propositional contentfulness）之间的对比。一方面，德雷福斯通常不太关注断言的内容，而是更关注心理状态。他明确区分了实践应对的意向性和"以对象为内容的心智"的意向性；后者才会产生

只有当正在进行的应对受到阻碍，［而且］我们必须谨慎地采取行动……如果我们通常使用的门把手是显见的棒杆（sticks），我们会发现自己相信门把手应该转动，*试着转动时希望*它可以转，并且*期望*门可以打开，等等。[12]

然而，应对与（心理或语言的）内容之间最重要的对比是，意向行为在没有应对对象时的可能性。

一般来说，除非与合适的设备相结合，否则我无法运用技能。在这个最基本的应对层次上，原来人们无法将意向状态与满足条件截然分开。[13]

因此，德雷福斯相信人们可以连贯地表达关于不在场之物（absent things）的思想或主张；他只是坚持认为这种内容表达不同于我们在日常实践中之于周围事物的应对方式，而且它实际上是基于日常应对来保持其内容性。

德雷福斯在理论理解的日常实践应对例子中发现了更为基本的对比。对于德雷福斯而言，"理论"主要具有*理论的*、惊奇的以及从实践参与（practical involvement）分离（disengagement）的柏拉图式意义，但他也将科学理论视为这种态度的意向实现。德雷福斯声称，从"理论上"看待事物时，我们悬搁了实践、语境的相互联系，我们通过这些联系遭遇并理解了我们的日常情境。在这一过程

16

---

① 有关德雷福斯的 *Being-in-the-World* 的翻译内容均引自：（美）休伯特·L. 德雷福斯. 在世：评海德格尔的《存在与时间》第一篇[M]. 朱松峰译. 杭州：浙江大学出版社，2018：251.

中，我们发现了事物的另一种构成方式。

17　　当*此在*对物采取一种超然的态度并对其去语境化时，偶发存在（Occurrent beings）就会被解蔽。然后，物表现为独立于人的目的，甚至独立于人的存在。[14]

我们可以将这种理论解蔽理解为使物显现（explicit）的第三个层次。日常断言表达了我们在语境解释中关注的东西，但它们的表达方式仍然依靠实践的语境线索来获得其意义。指示表达（indexdical expressions）是语境依赖的表达最明显的例子，但德雷福斯也强调了海德格尔举的例子——"锤子太重了"。理论化的转换是双重的：一是将某人的交互与断言，从它们特定的语境介入中分离出来；二是在理论表现的系统联系中将它们再语境化（recontextualizing）。德雷福斯将这些再语境化视为单纯的形式规则系统，或者是因果关系系统。最后，然而，因果关系系统可能会还原为形式系统，因为他似乎将因果力等同于由支配自然种类的因果法则解蔽的东西以及这些法则在形式上的相互关系。

德雷福斯承认，即使是理论科学也有实践参与，既包括"将事物及其属性去语境化的技能和工具"[15]，也包括掌握它们再语境化的理论体系。然而，实践应对和理论解释之间原来的对比也因此得到解释。德雷福斯主张"自然科学，像任何存在样式一样，不能使它的筹划，即科学家们栖留于其中的基本假定和实践的背景技艺，完全变得清晰"。[①][16] 但是，使*任何事物*"完全变得清晰"又意味着什么呢？德雷福斯似乎将理论视作封闭的演绎形式系统。这样，一个完全清晰的系统不仅能够表现其领域中每一个对象的每一种属性，而且还能够表现如何应用系统自身的概念与规则。这是不可能的，因为没有任何规则或概念可以决定自身的合理运用。然而，德雷福斯要求我们想象一种系统，它*仅仅*忽略了"假设和背景技能"，而这些假设和背景技能具体说明了其自身概念的合理运用。如果这些假
18　设与技能本身不是理论之对象域的一部分，那么就有可能（至少在原则上）给予其对象域一个"完全清晰的"表征。

对目的（telos）概念的理论理解将会解释，为什么德雷福斯长期以来坚持认为人类科学根本就没有给予理论化以合适的区间。他认为，在人文科学中，与概念运用相关的假设和背景技能本身就是科学*对象域*的一部分。因此，对于送礼这一习俗的人类学解释，不能仅仅利用自身的规则来区分"礼物"和"交换""侮辱"，因为对送礼者保持这种区分的做法本身就是人类学家研究的一部分。德雷福斯认为，由于这些实践本身就包含灵活的应对技能，因而它们不容许有在某些

---

① 引自：（美）休伯特·L. 德雷福斯. 在世：评海德格尔的《存在与时间》第一篇[M]. 朱松峰译. 杭州：浙江大学出版社，2018：242.

自然科学中可以实现的那种封闭性和相对完整性。

社会规范性与德雷福斯关于实践应对之意向性的解释之间的对比是最近才出现的。德雷福斯最初提出了实践意向性的社会维度。日常应对实践具有重要的目的-缘由结构，这种结构只有通过循规蹈矩的制度以及规范的实施才能得以维持。然而，随着对意向性的独特的社会-规范性解释变得愈加突出，德雷福斯开始强调他发现了一个显著区别。[17] 他现在认为，实践应对中最基本的*意向*关系是身体与其周围环境之间的关系：

最基本层次的意向性只要求个体的语用活动。意向性的规范维度不是源自社会礼节，也不是源自真值条件，而是源自基于行动的成功和失败。[18]

这种个人活动获得其利害关系的更大的意义关系综合体，必须被理解为以身体应对技能为前提。事实上，德雷福斯最后将身体应对和社会规范性之间的对比，同化为更基础的实践应对与命题内容的*清晰*表达之间的对比："公共规范只有在语言层面才变得基本和必要，而语言本身则是基于熟练活动揭示的意义结构。"[19]

第三节　克服对比性

19

这一节，我所批判的主要目标不是德雷福斯关于应对意向性的解释，而是关于明确表达、理论理解和社会规范这些截然相反的概念，这些概念为上述对比提供了依据。我首先从语言的明确表达开始，这个例子十分有趣，因为德雷福斯自己认识到了这种假设对比的某些局限。

关于语言，德雷福斯的核心主张是，人们对其周遭环境的持续实践应对所体现的理解，无法用语言予以充分、清楚的表达。但能用语言表达清楚的是什么呢？德雷福斯对人工智能研究的批判性介入提供了一种初步可行的操作规范：如果某人编写的程序可以使计算机有效地模拟某种能力，那么这一能力就可以被明确地表达[20]。当然，使某物明晰这一概念在德雷福斯自己的著作中起到了至关重要的构成作用。然而，这一规范的讽刺之处在于，根据德雷福斯对人工智能的批判，无法被理解的熟练应对能力的一个最主要例子就是清楚地表现某物的能力。人们已经证明，对自然语言的会话式理解和使用很难充分地进行形式、计算方面的解释。

那么，作为一种意向性模式，用语言明确表述为什么不能被视为实践应对的典范，而不是与之形成对比呢？德雷福斯本人坚决主张语词的实践/感知听觉不可还原，而声音则不然，而且他认为在某种语言中，清晰地讲母语的人表现出了可以媲美其他应对技能的实践技巧，他的这一发现有力地支持了该主张。与主要的"智力"技能（如精通国际象棋）的对比强化了上述观点。一位合格的国际象棋棋手不会在大量可能的棋步中进行检索，而是置身于充满巨大可能性的布局之中。同样，一位合格的演讲者不会在可能的表达的大规模存储中进行检索，而是置身于一种表达可能性的丰富配置域中。国际象棋大师和演讲者都不考虑大量可能的走棋及语法表达，这些都与身边的情境无关。情境要求讲明某些事情，正如国际象棋的位置要求某些特定的走法。如果说有什么区别的话，那就是明确表达比下国际象棋*更*依赖其声响或图形化的质料实现以及程式化的表现。

于是，澄清事物变成了对语句的熟练使用，人们将其作为应对周围环境的工具。与其他实践应对方式相比，利用语言表述事物并不是一种更直接、直观的理解事物的方式。也许事实并非如此：语言是众多工具之一，一旦被同化，便会永久地亲近我们与世界的具身交互。物理学家兼哲学家尼尔斯·玻尔（Niels Bohr）有效地理解了手边的这种紧密性所产生的后果："我们被悬搁在语言之中，以至于我们说不出什么在上，什么在下。"[21] 在任何情况下，对于完全透明的明确表达与部分透明的熟练应对之间的所谓对比的理解，基于一种神秘的表达概念，即具有一种"心智的神奇语言，其术语直接而且必定表达了弗雷格的意义"[22]。语言和思想都无法直接、完整、透明地表达理想的"内容"。然而，一旦剥夺了语言的这种奇妙的先验性，缺乏对语言所能表达的内容的内在限制便不再令人烦恼了。

尽管如此，德雷福斯很可能会拒绝这样一种概念，即明确的表达完全是对作为表意工具的词语和句子的一种情境化、实践的应对。他不愿承认话语完全属于应对实践，主要原因在于人们可以清楚地谈论不存在的事物。我们已经看到，实践应对技能是如何在缺少意向背景的情况下分崩离析的。相反，人们可以理智地谈论独角兽、宇宙大爆炸，甚至大于 2 的质数，以及机器翻译。因此，我们需要重新考虑谈论不在场事物的能力。

弗雷格与胡塞尔对这种能力的经典解释是，这类话题表现出了一种理想"意义"，对它们的把握使人能够确定任何现存物是否可以满足这种意义。问题在于，这种对意义的表征主义描述几乎很难解释什么是表达或理解意义，以及人的表达是怎样确定一种而非另一种意义的[23]。德雷福斯在两个层次做了回应。第一，他坚持认为，许多日常话语都没有脱离其指称意义（referential significance），而是以语境的方式存在于持续的实践应对中。第二，即使断言是非语境化的，他也与海德格尔一样认为它们可以使我们直达事物本身，而非心理或语言中介。然而，关键在于他限定了这一认识：

日常的非真理之所以有可能，乃是因为命题是一种特殊的用具。它们不仅可以被用来指向情境中就在我们面前的事态，也可以被用来指向在我们背后的事态，就像被挂歪了的画那样，而且它们甚至可以被用来指向在别的地方或尚未发生的事态。①24

这种断言的"特殊"性质类似于感叹声（alas），它与对意义的直接心理把握或用语言表达意义一样隐晦不清。德雷福斯认为，最能解释这一特殊功能或能力的地方在于，尽管这些断言普遍依赖于应对实践的背景，但其对不在场事物的表征以属于断言的意义和语词为媒介。25

在德雷福斯自己对实践应对的说明中，另一种不同的语言意义进路给予了一种引人注目的方式，可以更为充分地同化断言。首先回想一下，应对实践将身体的意向导向性延展到处于人的工具远端的世界。司机在近距离注意的是道路上的转弯，而不是方向盘的旋转角度；跳投手关注的是篮筐，而非他手腕的姿势或对球的控制。语言的使用也同样指向周围环境，*与任何其他形式的实践行为一样*，语言的连贯性取决于对现实环境的实际把握。这就是唐纳德·戴维森（Donald Davidson）的宽容原则（principle of charity）与罗伯特·布兰顿（Robert Brandom）的坚持语义表达*需要客观可说明性*的观点²⁶。只有当整体的话语模式与现实环境连贯地联系在一起时（用戴维森的术语说，就是被解释为最真实的），它们方才具有*语义*意义。跳投手可能会投丢，说话者可能会说假话或使用非指称术语。但是，跳投手不能太过离谱，不能频繁地投丢而没有因此认识到自己在打篮球，同样，说话者也不能在没有成为演讲者的情况下经常犯一些过于严重的错误。与其他形式的实践应对活动相类似，除非断言可以充分"正确"地把握现实环境，否则其意义便会分崩离析。

断言这个世界的东西是这个世界的词性，它是一种"特殊的"设备错觉。篮球、木工或驾驶等实践只有在合理设置的环境中才可理解，合理设置的环境包括所有或大部分合适的工具（包括具有正确技能与自我解释的其他人）。这同样适用于断言和其他东拉西扯的做法，只可惜合适的用具已经如此彻底地渗透到了我们的世界之中，只有言语是完全不合适的。此外，话语实践（discursive practices）的复杂、内嵌的相互联系，使许多断言可以主要作用于其他相关断言。语言的使用看起来似乎变得与日常事物相距甚远，直到人们回想起词语及其表达的组合话语本身就是最为普遍的日常事物。语词作为再现的平行空间并不与人们所处的周

22

---

① 引自：（美）休伯特·L.德雷福斯.在世：评海德格尔的《存在与时间》第一篇[M].朱松峰译.杭州：浙江大学出版社，2018：325.

围环境并存；它们与我们的周围环境完全交织在一起，持续的身体应对实践必须掌握对语词的使用。

然后，语词的熟悉性和普遍性表明这一类比并不恰当。谈论不在场的事物看起来就像是在锤击一个并不存在的钉子；这样，断言的"特殊"性质便会在比较前者的熟悉性和后者的荒谬性时表现出来。然而，锤子不是仅"指向"钉子，而是指向木工所处的全部指涉语境；同样，断言不是仅指向其狭义的真值条件，而是指向使断言具有意义的整体环境。在使用锤子时，语境会从注意力上"撤离"，从而使人聚焦于手头的任务。断言亦如此，只是由于断言中的任务通常是"指出"或突出世界的某些方面，其指称性所表现的局部性和透明度似乎得到了加强。然而，一旦我们认识到断言也是通过对整体"语境"的实践把握来发挥作用，我们便会发现这一错误。相反，与其他语词中介的作用类似，谈论不在场事物的适当类比，就像是相互关联的工具，它可使人"在远处行动"。错误言说的相关类比是锤子敲错了地方或者敲击的角度不对，而不是敲击不存在的钉子或木板。如果存在类似于后者的话语，那它一定是"不产生任何意义"的说话方式，因为这些话语无法完全与其环境相联系。

然而，消除实践应对和明确表达之间的对比，可能会强化实践应对与理论反思之间的对比。为说明原因，首先要考虑的是，前述段落中语言的哲学进路将语义学建立在语用学的基础之上，而不是以日常用词所能识别的任何形式结构。作为人们应对所处环境的更大的重要实践模式的一部分，语词通过自身的不断使用来获得表达意义。[27] 然而，显然我们有可能游离于日常交往之外找出持续的话语实践所表现出来的抽象的、形式化的结构。即使这些实践本身不是通过形式化的操作实现的，重构为形式理论结构的实践可能会与日常应对的意向性形成鲜明对比。实际上，德雷福斯似乎将逻辑和形式语义学视为"数据"进行理论重组的一个范例，而"数据"是将日常应对实践去语境化而产生的[28]。

至于明确表达，我们需要更仔细地询问：从"理论上"理解的东西到底是什么。事实证明，应对和弄明白（making explicit）之间的对比依赖某一不恰当的概念，即用言语表达的东西是什么。所谓的应对与理论化之间的对比是否也是如此呢？

德雷福斯的对比基于理论化的三重概念。理论被视为形式结构（或者是未解释的公理演算，或者是模型-理论系统），被视为"数据"去语境化的理论-条目（theory-entry），理论的理解则被视为脱离现实的"奇迹"。鉴于篇幅所限，我们无法采用直接的策略依次反驳每一点的适当性（adequacy），尽管我注意到科学哲学家早就抛弃了德雷福斯关于去语境化的科学数据概念之类的东西，但脱离现实的惊奇态度似乎严重地曲解了科学理论化的现象学。相反，我将提出有关理论化的另一种解释，即将其同化为实践应对的意向性。

因此，理论是能够以新的方式应对各种具体情境的工具[29]。它们通常以模型组（groups of models）的形式来理解如何利用理论术语或技术，例如经典电动力学、量子力学或群体遗传学的计算模型，或达尔文对适应的描述模型。学习某种理论是了解如何运用或调整其模型以适应各种情况，以及如何在这些模型之上或之内进行独特的操作：在科学教育达到最先进的水平之前，问题求解练习（problem-solving exercises）是理论习得的主要模式。理论领域不是由抽象、具体谓词的普遍量化应用所决定的，而是由阐明谓词的可用或可能模型的无限实际适用性所决定的[30]。

这一概念的相关理论不是新的意向性模式的中介，而是一种常见的实践工具。和它们类似的是地图、图表、图片、物理模型、实验室实验[31]、计算机模拟以及其他工具，通过将人们与一个可以以不同方式应对的人工环境相联系，这些工具可以使其能够更有效地整合周围环境。类似于阅读地图并将之与情境相关的地标相联系，使用某种理论不是对去语境化的数据的凭空观察，而是对一个人处境的各方面的情境关切，这些方面对于映射/理论化实践和人们利用地图/理论的目的都非常重要。发展一种理论就像绘图一样，需要对地图中的"世界"及其映射的世界进行某种跨学科的实践把握并计算出可能性。与地图、图片和模型相类似，理论可以唤起人们对它的紧凑性、丰富性、优雅性、简洁性或影响力的惊奇，但理论的使用和发展更像是手头任务的实践沉浸感（practical immersion），而不是亚里士多德设想的沉思式的惊奇。

那种认为理论是相对自我封闭的形式系统的错觉有多种来源，其中包括哲学传统，而德雷福斯只是部分地质疑了哲学传统对*理论*独特地位的承诺。然而，它的主要基础是一些突出的理论实践的丰富性和复杂性，这样相对自主的理论化就会变得容易理解。在形式逻辑、数学物理或群体遗传学等例子中，以及数学本身的许多方面，理论的实践已经形成了自己的"内部"问题和利害关系，因此，人们有时需要做出大量努力来维持"理论上"有趣的成就和问题，以及一度从这些关切中涌现出来的其他实践语境之间的重要联系。彼得·加里森（Peter Galison）对实验物理学家、理论家和工程师之间出现的"交易地带"（trading zones）的讨论，产生了文化实践界面上出现的混杂语言和克里奥尔语的类比，这既强调了这一点，也有力地抵制了任何完全不同于意向导向性模式的理论概念。[32]

元理论的出现是将理论想象为不同于实践行为的相关基础：逻辑的一致性和完备性证明、方程有解的非构造性证明、遗传分类和表型分类理论，或者盖蒂尔难题（Gettier puzzle），似乎与日常对论证、计算、分类或知识主张的实践关切相距甚远。然而，这些只是理论实践更多的例子，它们有着自己的问题和风险；地图学提出的问题与那些只想可靠地从 A 点旅行到 B 点的人们所关切的问题相距甚远，与此相比，理论实践与"日常"实践的差异并不比前者更使人惊讶。布兰顿（Brandom）也已表明，即便形式逻辑和语义学在最初强化了实践参与和理论反思之间的差别，它们也最好能被看作是对日常话语实践的实用延伸[33]。

在德雷福斯有关实践应对技能的身体意向性概念中，我提出了明确表达与理论反思的同化，现在我转向第三类对比。我们是否应该继续按照德雷福斯的做法，将具身主体的意向导向性和社会规范的涌现（emergence）区分开来？在其他情况下，德雷福斯批判了哲学的*优先性*（*priority*）通常被归于明显表征和理论祛魅这一传统观点；我的建议更进一步，即完全拒斥这些理论化和明确化的传统概念。同样地，我主张我们抛弃德雷福斯认为从实践应对技能中衍生出来的社会规范性*概念*。当我们这样做的时候，我们就能更好地理解这些技能为什么不能简化为"社会的"。

人们通常援引社会规范来理解意向导向性如何解释权威标准。个人的标准是无效的，因为他们总是可以通过修正标准来规避自身的权威。然而，个人表现的规范可说明性，似乎可通过将其解释为服从所在*共同体*的权威而得到维护[34]。这种观点遇到了难以克服的障碍：人们确定共同体的实践无可非议，以此为代价换取个人思想和行为的可说明性；他们使共同体的变化或他们的规范在理性上变得晦涩难懂；他们援引的"共同规范"或"社会共识"的可靠性，都没有脱离哲学家和社会理论家的想象[35]。因此，德雷福斯直接拒斥"共有的社会规范对原初意向性具有构成性作用"[36]。

然而，在个人活动的成败中找出实践应对的规范性也是行不通的。将意向性基于实用主义成就的哲学家，通常会以自然主义解释"成功"，例如，用进化论的术语进行解释。德雷福斯似乎想要一种更近似（和非自然主义！）的成功标准，比如敲打钉子或避开障碍。然而，为什么认为这些才是*成功*的，而没有敲打钉子或撞到目标却不是呢？人们可能试图从整体上回答这些问题，但这并不能维持个人行为的规范自主性。个人应对实践的近似"目标"与其他人的实践和承诺如此紧密地交织在一起，以至于他们反对将实践目标确定为"我的"或"你的"（正如德雷福斯本人令人信服的证明！）[37]。这种实践应对技能的整体解释规范性也因此变得难以理解；是什么将锤击限定*解释*为敲击钉子而不是未成功的钉阻（nail-obstruction）？

相反，问题在于，将意向性的"社会"维度解释为个人主体与超个体"社会"之间的关系，而布兰顿（Brandom，1994）现在拒斥"我/我们"的社会性概念。日常应对的社会特征不是从属于某一共同体的问题，而是我们在意向导向某一共有*世界*的实践时，所*认识*到的与其他主体的内部活动（intra-action）（而*不是*与这一世界有关的共有规范或信念）[38]。通过这种内在行为和认识，理解和表达获得了它们的意向导向性，因为理解和表达的*方面和可说明性*——对世界的一种"理解"，只有在存在其他选择以及有可能被误解的情况下才有意义。然而，人们对世界的实践把握具有偏见和可说明性，对这一问题的基本认识*无需*一种可一劳永逸地判断"权威"（sovereign）立场具有何种成功或真理的假设[39]。在世之在的无可消除的社会特征，不是与世界中某个超个体实体的关系，而是世界如何通过我们与"他人"的内部行动来对我们进行控制，其结果是，在人们持续应对自己的环境中就会有一些利害攸关之物。这些利害关系是*如何产生并"约束"我们的*，对此我们还要进行更多论述，但承认一个人与"他人"的关系和对"他人"的说明责任，肯定是任何充分说明的一个非偶然方面。

最后，这些对德雷福斯所提出的实践应对与明确表达、理论理解和对"社会"规范的解释之间对比的挑战，不应被视为是对其哲学事业的批评。如果我是对的，我相信，德雷福斯关于实践应对之意向性的现象学概念的核心承诺，构成了对哲学传统更为激进和成功的挑战，而他自己从未愿意承认这一点。我们居于其中的世界，没有神奇的语言，没有去语境化的理论，也没有超个体共识的共同体。

28

第二章　以民间心理学应对他人

西奥多·沙茨基

休伯特·德雷福斯对背景技能在人类活动中的作用、范围、意义的考察，为研究人类生活的学生所熟知。基于对现象学家马丁·海德格尔和莫里斯·梅洛-庞蒂著作的解释，德雷福斯敏锐而果断地证明不可能以任何纯粹的计算或形式化方式探讨这些技能。他进一步认为，这种不可能尤其破坏了认知科学的主导范式，使社会科学不太可能通过自然科学的模式取得成功，并且他提倡排他式的道德规范，而不是基于规则的道德规范。有时，德雷福斯将这些背景技能暗示性地称为"应对技能"。该名称清楚地表明，这些技能通常使人类能够或多或少地成功处理日常生活中遇到的事物、事件和情境——而且不经意地思考和弄清应该做什么①。

德雷福斯通常关注人们如何应对周遭事物，而不是应对其他个人。例如，当他讨论国际象棋、汽车驾驶和模式识别时会聚焦于行动者应对的情境和对事物的安置（arrangements），而不是在这些安置和情境中出现的人。德雷福斯并不否认人们与他人交往的重要性，但他并未对这一现象给予更多关注。

本章将他人置子舞台的中心，把德雷福斯对技能和人类活动的解释与某些普遍的言语和思索行为相并列，行动者通过这些行为来"应对"他们的同伴。我认为德雷福斯的解释违反了这些常见的语言实践，但是调节解释和实践在某种程度上改变了解释，从而也使之得到强化。

本章不可能全面考察人们相互之间的应对方式。不仅应对是多面性现象，人亦是如此。我们在本章第二节的开头描述了本章所探讨的应对方式。就人而论，我们现在感兴趣的是人的能动性（agency）方面。我所说的"能动性"是指做（doing）。因此，我的评论聚焦于处理他人所做之事及其原因。虽然应对能动性并未耗尽应对他人的精力，但这种名义上更狭窄的焦点在范围和意义方面则是相当广泛的。在当代对心智和行为的研究中普遍存在的反"笛卡儿主义"已经摒弃了将心智视为空间、阶段或事物的观点。（围绕"笛卡儿主义"的引文承认，通

---

① 原文缺失了注 1，根据内容似乎应该在此处。——译者注

常带有这一标签的观点可能被不恰当地赋予了笛卡儿。）人类活动可以填补这一拒斥所造成的概念和研究空白。对作为实体之心理状态的普遍解释——在本质上是对行为的解释，心智与行为形成了单一领域这一命题，以及将心理学重新命名为"行为科学"都证实了这一转变。德雷福斯是这一焦点变化的坚定支持者。例如，他写道，自我是"一种公共行为模式"，是"社会实践的一种子模式"[2]。海德格尔也强调类似的观点，他的现象学在德雷福斯的思想中发挥了相当重要的作用。根据海德格尔的观点，在日常生活中，人们主要是在其所做之事中与他人相遇（encounter）[3]。因此，与他人打交道首先是，而且在很大程度上是与行动者打交道的问题。

第一节　德雷福斯论能动性

在考察应对之前，最好先考察一下所要应对的现象。德雷福斯通过区分*有意*（deliberate）*和无意*（nondeliberate）活动来说明能动性。他所说的"有意活动"是行动者在行动时注意到的活动（72）[①]。这类活动的一个例子是聚精会神地弹钢琴——当一个人动手按下琴键时会思考自己在做什么。相反，无意活动是指一个人在不注意自己所做之事的情况下进行的活动。例如，一位熟练的钢琴家在演奏乐器时不考虑自己的动作[4]，而是沉浸在音乐或其他要紧或关切的事情之中。德雷福斯强调，相当大的一部分日常生活是无意的。诸如弹钢琴等熟练活动，刷牙等习惯性活动，在床上翻滚等随意的、无思考的活动，以及坐立不安等自发的、具有情感负荷的活动，通常都是无意的[5]。他进一步声称——值得注意的是——有意活动通常产生于对持续沉浸应对（absorbed coping）的某种"中断"的反应。

有意和无意活动之间的差别应与人类活动的哲学解释所突出的其他两种差别区分开来：意向/非意向与自愿/非自愿。当一个人故意并且有目的地采取某一行为——当这一行动是行动者打算执行的某种东西时，该行为是意向的。与此相对应，非意向行为是指行动者在不知情或无目的的情况下进行的行为。另一方面，自愿行为（voluntary action）大致在行动者的掌控之中，其中"可掌控"意味着要是行动者选择了这一行为，她可以不完成。相应地，非自愿行为则不受行为人对它的任何控制。

虽然这些定义需要改进，也无法消除困难的情况，但它们足以区分这两对对立词与有意和无意活动的区别。事实上，后一种二分法贯穿于其他两种二分法。

---

① 括号中的数字是 Hubert L. Dreyfus, *Being-in-the-World: A Commentary on Heidegger's Being and Time, Division I* (Cambridge: MIT Press, 1991)中的页码，余同。——译者注

所有有意行为都是意向的，很多——但不是全部——无意行为也是如此（例如，熟练的钢琴家进行演奏和紧张地敲击手指）。然而，是否全部有意的行为都是自愿的，这值得商榷。如果我们将"控制"解释为行为者不服从于强制（受他人或社会环境强迫），困难是显而易见的（例如，邪教成员集体自杀）。即使将"控制"解释为不涉及外在于主体身体（可能有假肢或借助仪器来加强）的任何情况，仍然可以想象非自愿有意行为的情况（例如，吸毒者吸食可卡因）。此外，一种行为的实施（例如，在拥挤的剧院里大喊"着火了！"）在其情境下可以算作另一种行为的实施（例如，引起骚乱），这种方式保证了某些无意行为是非自愿的（取决于原始行为的特征）。身体反射行为在此是一个不同的实例。

关注、知识的目的性和控制构成了人类活动的三个不同、渐变的维度。我提及这一点是因为，意向性和自愿性（voluntariness）是当代以及先前对能动性的说明中普遍接受、最受关注的两个维度。继海德格尔、梅洛-庞蒂和早期萨特（Sartre）之后，德雷福斯关注了在传统解释中通常被忽视或者至少基本上未予置评的维度。虽然这一维度的存在不容置疑，但它的存在究竟意味着什么却值得商榷。

根据德雷福斯的观点，有关行为决定的不同解释与这两类活动相关，这是接下来要论述的内容。无意活动的确定属于应对技能的范畴：无意活动是一种全神贯注的应对，行动者在运用技能处理她所遇到的现象时产生了这一活动。

> 我们都是我们日常世界的主人。细想一下你进入一个熟悉的房间时的体验……我们对房间正常行为的感觉，是我们在许多房间里摸爬滚打形成的与房间打交道的技巧，这给予我们一种相关感。除非我们是清洁工，否则我们不会去处理灰尘，除非天气闷热，否则我们也不会注意窗户是开着还是关着，在这种情况下我们知道恰当的做法。我们有关处理房间的专业知识每时每刻都决定着我们利用什么或通过忽视什么来应对……这一整体的亲缘性将我们过去对这个房间的经验映射到我们当前的活动中，结果是，在每一场合中合适的事物作为突出部分被知觉地经验到或仅仅引出需要做的事情[6]。

上文表明运用技能需要一种结构化的可理解性。根据海德格尔对介入（*因缘*，*Bewandtnis*）的解释，德雷福斯认为，无意活动被朝向目标的定向影响/安排，而目标决定了这一活动是什么。为了说明这一点，作为解释海德格尔的一个步骤，也是为了成为一名好老师，他以课堂上用粉笔在黑板上无意地画图表为例。[7]这些"为了……""为了什么"，以及"目的是……"——更为传统的术语、意图、任务和目标[8]——将他的活动定位于构建他所适于做什么的意义之上：结合当前的情况，它们详细说明了在黑板上书写是*有意义的*，也就是说，这是适当且必需的事情（考虑到有关的情况和目的以及目标）。换句话说，它们决定了什么可以被称为影响无意活动的*实践可理解性*。

当人们不假思索地行动并由此运用其技能时，他们只做了对自身有意义的事情，而不去刻意关注自己在做什么。对他们有意义的事情具有某种结构，而且是由他们对某些目标的定位所决定的。另一种说法是，除了中断（breakdown）之外，虽然某人在某一特定的生活领域应对自如，但她只是根据情境做了对自己有用的事情，而不必去思考或关注她手头的事情。因此，技能并不是存在于具体活动背后的无结构能力，这些能力是根据具体的活动来定义的。相反，它们是具有目的论结构的熟悉性、准备状态与技巧，是无限灵活的主动性（initiative）与反应的基础。[9]

德雷福斯强调，尽管一个人在无意行动时会追求目的、任务和目标，但是她既没有清晰地意识到它们，它们也没有以某种"心理表征"的形式呈现出来。正如德雷福斯所津津乐道的，即使行动者心中没有目标，行为仍然是目的性的。这意味着，当行动者无意行动时，她不只是没有注意她在做什么；更一般而言，她也没有注意和明显意识到自己的意图以及为什么这样做。换言之，她没有明确意识到影响她的活动的实践可理解性的目的论结构。例如，在一篇关于塞尔的文章中，德雷福斯将无意活动描述为"未对目标进行表征"的行为[10]。除了一个人所做之事及其原因之外，将无意活动定义为没有加以关注似乎也与周围的知觉环境的特征有关，虽然这一定义并不完全清晰，而这些特征与一个人正在做的事情直接相关。[11]

另一方面，当人们有意地行动时会关注自己的活动。无意活动中缺失的显觉知（explicit awareness）在此处显现。此外，根据德雷福斯的观点，如果全神贯注的熟练应对（absorbed skillful coping）不再可能，便会产生有意活动。此处一个突出的例子是中断——持续应对中遭遇困境的体验。当钢琴弦或粉笔断掉，或者当钢琴家忘记了乐谱，或者老师的身份受到好奇的学生质疑时，行动者开始清楚地意识到她的活动——她正在使用的乐器、她在做什么、她想要完成什么，或者她做事的目的。如果这种显觉知伴随着她将要做的事情，那么她的行动便是有意的。

而且，德雷福斯所理解的显觉知碰巧是心理或意向状态的两个典型特征之一。德雷福斯因此声称，在中断的情况下出现了"带有指向对象内容的心智"。[12]"如果门把手卡住了，我们发现自己刻意地*力图*转动那个门把手，*渴望*它转动，*期待*门被打开，等等（当然这并不意味着我们一直在尝试、渴望、期待等）。"[13]更一般地说，"每当情境需要被刻意关注的时候，心智内容就会出现"。[14]事实上，*只有这样*才会出现区分心态（mentality）的主-客对立。因此，一位深思熟虑的行动者会根据自身的心理状态来导向其活动。有关这种状态，德雷福斯最喜欢列举两个例子：一是当一个人努力做某事时伴随着活动的自我指涉（self-referential）体验（他分析了塞尔的行动意向性）；二是信念与欲望相结合产生行动（戴维森的行动观）。有必要补充一点，根据德雷福斯的解释，运用技能是无意行为的基础，只有以此为背景，心理状态才能存在并对有意行为产生作用。

然而，人们不是仅靠当下的心理状态来区分有意活动。德雷福斯写道，这类心理状态产生了有意行为——更准确地说，它们产生了这些行为所包含的身体活动。当门把手被卡住的时候，某个人集中气力转动门把手是想要把门打开，同时相信使的力气大些就能打开门，打开门这一行为的意向引导人们反复进行尝试。此外，正如德雷福斯所指出的，每种心理状态的内容——某人打算做什么，事情如何着手，需要做什么——对行为者而言是明确的。因此，有意行为不仅因为行动者关注自身的活动而区别于无意行为；而无意行为依赖于技能的运用，有意行为则是由心理状态所引起的（心理状态是明确意识到某些事情的因果有效状态）。因此，当某人故意、有目的地行动时，她心中有一个目标，即她清楚地意识到自己要完成的事情（这一目的可以说是她的某一愿望的内容）。

这一讨论清楚地表明，德雷福斯对能动性中心（agency centers）的解释与现象学家的研究相吻合，他区分了两种觉知：主题的与非主题的。一个人主题地意识到 X，在那些情况下，X 对她就是明显的。正如德雷福斯所强调的，这种觉知（awareness）被给予主-客对立，因为当一个人在主题上意识到 X 时，不仅 X 对她来说是在场的，它对她来说也是在场的。也就是说，当某人明确意识到 X 时，她也认识到自己意识到了 X，也即她是觉知的主体。这就意味着，正如康德所指明的，某人清晰地意识到 X（是显觉知的主体）这一事实，其本身对于下一时刻具有清晰觉知的人而言，总是主题的。因此，这就是为什么德雷福斯认为主-客分离——以及心智——只产生于有意行为。只有在这里才会出现一种主题觉知，即自我觉知（self-awareness）。

相反，当一个人无意行动时，她不会主题上意识到自身的活动。非主题觉知是对没有明确理解之事物的把握。缺乏任何明显存在的对象意味着没有什么东西以这种方式显现。因此，在对 X 的非主题觉知中，某人没有认识到自己意识到了 X——那种自我觉知并未出现，因而没有产生主-客分离，而主-客分离是主题觉知的特征。因此，如果一个人无意地行动并且对她的活动产生非主题觉知，"心智内容导向对象"的情况便不会发生。世界上仅存在熟练的完全沉浸（skillful absorption）。这并不意味着一个人不能在主题上觉知到她早先非主题觉知到的东西。但这确实意味着，只有在发生这种转变时，某人才会认为自己是一个主体。[15]

与海德格尔一样，德雷福斯辩护称，主题觉知的前提是其非主题家族（nonthematic kin），他补充道，可以设想一个从未表现出主题觉知的社会，即社会成员从来不会有意地行动或者怀有明确的计划或目标。[16] 然而，在目前的情况下，我比较关注德雷福斯的主张，即主题觉知只是有意行动的一个特征。很明显，由于有意行动涉及关切，因而它包含着主题觉知。但在我看来，从现象学角度而言，行动者总是在主题上觉知到某物或其他事物。例如，某物可以是身体的感觉、某人所使用的工具、某人正在进行的动作、感知环境（perceptual environment）中的某物、某个人的情绪、另一个人的行为或主张、某一谈话的主题、某人打算做什么、所打算之事的原因、某一过去的事件、一项未来的任务、理智方面的困惑，抑或是某一幻想的内容。更为重要的是，一个人可以通过不同方式在主题上觉知这些事物，例如，通过感觉、感知、注意、想象、关注、构思、思考并将它们铭记于心。当人有意地行动时，他的主题觉知通常包括身体感觉、感知的对象和事件、过往的事件、未来的情景以及对话和知识主题。行动者无法在主题上觉知到自己的活动。因此，有意活动和无意活动之间的区别不在于主题觉知的存在与否，而在于一个特殊的多维度现象——活动本身的主题觉知发生或未发生。鉴于德雷福斯有关心理状态的概念，可以推断心理状态并不只与有意行为相联系。

值得注意的是，在这种语境中，感知在德雷福斯的解释中的作用比较模糊。他承认无意行为过程与人们对周围环境的感知联系在一起。例如，他在解释专家知识时持续讨论的一个主题是熟练应对，包括问题求解的无意行为，往往是对相似的感知格式塔的回应。事实上，可以清楚明白地认为，熟练应对和通常的无意活动一般取决于对环境（包括其具体特征）的知觉把握。例如，仔细想想熟练的滑雪者。为了到达山脚，她在滑雪时可能不需要关注自己在做什么，或者这样做的原因。但是，当她滑下来的时候，她仍然需要察看邻近的地形，密切注意障碍物，并留心其他滑雪者，简言之，密切关注她周围的环境。此外，依照德雷福斯的说法，无意行为过程不仅仅依赖于感知。他在批判塞尔时将无意行为中的经验描述为"我们对内部和外部环境的感知与我们的身体运动之间的因果联系的经验……"。[17] 最后，德雷福斯有时将感知描述为心理状态。[18] 在其他时候，知觉被认为是存在的"对世界的敞开性（openness），它使寻视（looking）或努力看的衍生体验［即心理状态——TRS］成为可能"。[19]

我不清楚如何梳理这些声明。如看、观察、倾听、感觉、品尝和凝视等主题知觉行为与梅洛-庞蒂的知觉概念之间的区别是显而易见的，梅洛-庞蒂的知觉一般表示世界向某人的显现。但是，知觉在无意行为中公认的作用引入了明晰性，而这种明晰性本不应该存在。例如，当滑雪者察看地形、注意障碍物并留心其他滑雪者时，她清楚地察觉到各种不同的事情并作出相应的具体动作。然而，根据德雷福斯对无意行为的分析，这些动作不应该为主题知觉行为所导引。（奇怪的是，德雷福斯没有提及知觉注意力在无意行为中的作用。）如前所述，由于主体总是在主题上意识到某物,因此无意行为总是在最低限度伴随着一种"心理状态"。此外,每当行动者将*注意力*集中在与她所做之事直接相关的周围环境(例如,地形或她正在读取、修理或测试的工具[20]),我们便不再清楚她的行为是不是无意的。显而易见的是,她的活动由一种心理状态"导引",如此一来,由德雷福斯所主张的方式确定的是有意行为的特征。因此,如果这样的行为被定性为无意行为,这就表示心理状态可以引导无意活动。另一方面,如果这些行为不能算作无意行为,那么无意行为的范畴所包含的行为比德雷福斯认为的要少。

第二节 应对能动性

人们就像应对任何事情一样通过行动应对着彼此。这里的行动包括命令、通知、呼叫、训斥、询问、回答和说服等指向他人或以对他人的熟悉或了解为基础的言语行为。当然,人们也通过言语行为之外的行为(或不做任何行为)来与他人打交道。这样的行为包括拥抱、微笑、指点、移交、躲闪、放慢脚步和装模作样。除了这些外显的行为之外,还有乔治·唐宁(George Downing)所谓的"身体微观行为"——身体活动、姿态和定位,通常是潜意识的,这些行为建立了具有特殊情感调性(affective tonalities)的人际关系(例如,安慰或使紧张),在人与人之间进行情感交流,并且有助于训练儿童的身体表现能力和对自身情绪系统的管控能力。[21] 此外,人们还通过操作或指向非人类的非语言行为来与他人打交道,例如,调低百叶窗或在后院的四周构筑篱笆。

人们相互打交道的行为也表达并构成了对能动性的理解。然而,与应对相类似,理解并不是一种单一的现象。*作为*认知,理解的能动性主要是把握某人正在做的事情,理解他这样做的原因,想象自己做同样的事情(假设某人是站在行动者的立场上),成功地向另一个人解释这其中的部分或全部内容,并将其他人的活动融入某些技术解释图式。德雷福斯强调熟练应对的重点在于,理解他人可以被认为是"与他们相处"。了解另一个人不仅仅是在认知上理解她的能动性,也要在日常生活中与她和谐相处。这类实践理解也有不同的形式。一种形式是回应他人的挑衅与怪癖,以保持文明、和谐以及良好的关系;另一种形式是持续并成功地参与共同的或相互关联的活动。应对这些事情的人可被认为彼此相互理解,其中一种感觉可用德语表达为:*他们在一起(Sie verstehen sich)*。因此,人们相互打交道的活动不仅表现和构成了对他人的认知理解,而且实际上是对他们的实践理解。即使人们可能生活在一起而不会明确关注彼此,这也不能排除他们是相互理解的。

下面我们集中讨论一种对能动性的理解，换言之，这种理解存在于对他人使用一般"心理状态"语言的描述之中，这种语言有时称为"民间心理学"。这种语言的例子有"看""痛苦""害怕""幸福""欢喜""希望""期待""打算""相信""想要""思考"。这组表达包含了德雷福斯用于表示他统称为"心理"（或"意向"）状态的全部术语。然而，与本章开头捎带提及的一个论点一致，即心智/行为是一个单一领域，我所理解的这种语言不仅包含心理术语，如上述术语，而且还包括活动术语。因此，我将这种语言称为"生活条件（life-condition）语言"而不是"心理状态语言"或"民间心理学"。[22] 在任何情况下，理解特定意义上的他人是将他们纳入利用这一词汇所带来的概念框架。人们对他人（以及他们自己）所做之事及其原因，以及他们对他人生活的想象投射（imaginative projections）（即移情）之结果的理解，通常都是由生活条件词汇表达的。

人们相互打交道的一个重要方式在于利用这些生活条件词汇言说和思考他人，这构成了对他人在做什么以及所做原因的理解。这里涉及的最为突出的言语行为是描述、解释、预测以及疑问。当然，这种言语行为所表达的特定理解也表现在人们与他人打交道的行为范围更加广泛。然而，在当前的语境下，这一事实将被搁置一旁。相反，由于不久将出现的原因，我打算关注这里所涉及的言语行为。这些言语或思考行为在日常生活中的突出表现表明，理解他人的生活条件是人类共存的核心。

我首先要指出的是，描述、解释、预测、质疑和思考能动性，也可以利用从人文科学借鉴来的技术术语。当人们从事这些科学实践以及在其他情境之下便会发生这种情况，比如心理学家利用其专业语言与她的孩子交谈。我还应该承认，更为一般地运用技术词汇（如"抑制"）似乎会威胁到任何有关生活条件词汇具有明确界限和定义的观念。然而，一般而言，特定词语究竟是技术术语还是属于人际理解的普遍实践，随着时间的推移，这些问题都会得到解决。此外，无论发生多少次有争议的概念迁移，一个明确区别于技术术语的普遍的心智/行为术语的硬核依然存在。事实上，本章所利用的心智和行为的所有术语都明显属于这一核心。

描述、解释、预测、质疑和思考他人的行为可以是无意的，也可以是有意的。正如维特根斯坦所强调的，说话是无意活动的一部分（用他的术语来说就是"反应"）。德雷福斯同意这一观点："在没有扰乱的情境中，语言通常被通透地使用，比如当我说'六点见'的时候。"[①][23] 首先，无意的言谈就是不对所说的话加

---

① 译文引自：（美）休伯特·L. 德雷福斯. 在世：评海德格尔的《存在与时间》第一篇[M]. 朱松峰译. 杭州：浙江大学出版社，2018：249.

以关切；其次，没有关注一个人在说这些话时（描述、解释等）所做的事情，以及最后，没有关注一个人这样做的原因。（因此，无意说话就是立即进行一种无意的言语行为。）相应地，当某个人注意到她说的话，她在说这些话时所做的事情，以及/或她这样做的原因时，她的言谈便是有意的。同样的区别也适用于思维。一个人可以思考某些事情，比如下周的滑雪之旅，而不用关注自己的想法、思考的行为以及思考的原因。当然，人们也可以关注这几项中的某一项或多项。例如，一个人考量或思考某件事情时，这是普遍为人所知的。

虽然德雷福斯承认人们可以无意说话，但他可能想抵制进一步的主张，即他们在描述、解释、预测、质疑和思考其他人时可以利用生活条件术语进行有意的言说和思考。他对活动的感知现象学描述揭示出许多每时每刻的活动都是持续的、无意的应对方式，在这种方式中，行动者在没有关注他们的活动的情况下成功地处理了事情和情境，并且实现了既定目标。同样地，人们可以合理地推测，持续不断、时时刻刻与他人打交道，能够而且往往相当于是无意的熟练应对。因此，人们似乎只有在以无意的、熟练的方式与他们打交道的过程中发生干扰或中断的情况下才会描述、解释、预测、质疑和思考他人的能动性。因为只要一个人熟练地与他人打交道，就没有必要产生这些行为。因此，尽管可以无意地使用语言，但是描述和解释他人（以及此处可能涉及的所有其他言语行为）似乎总是有意行为。

人与人之间的互动以及活动的相互交织中出现的中断肯定会引起有意的解释、质疑和对他人的思考行为。然而，我们回顾一下对有意行为与无意行为之间的区别所下的定义，因为这对于使用语言也同样适用，它将语言行为区分为有意行为和无意行为，其中，行为者在某些行为中会注意所使用的语言、使用这种语言做什么以及为什么这样做，而在另一些行为中则不会。在这个意义上，只有一小部分利用生活条件表达方式来描述和解释他人的行为才是有意的。在某些情况下，当人们不清楚该对别人说什么，或者一个人所说的是由明确的知觉审视或其他人的观察所导引时，这种行为可能是有意的。然而，在大多数情况下，人们只是简单地描述或解释而不去思考或关注自己的话语，不关注自己在做什么以及为什么这样做。真实的情况是，一个人通常*根据*她的观察、了解或其他人的经历来完成这些行为。然而，这并不意味着这些行为是有意的。它甚至不意味着在无意应对中发生了干扰或中断。

现在，关于利用生活条件词汇描述、解释和思考他人的有意或无意行为的一个关键事实在于，这些行为都同样指向有意和无意活动。如果一个人问第二个人第三个人在做什么，第二个人的回答将使用相同的行为术语，而不管所涉及的活动是有意的或无意的。如果提问者追问第三个人所做的事情的原因，那么第二个人所使用的词汇量也不会受到该活动之有意或无意特征的影响。有意行为与无意行为之间的真正区别，并不是与这种区分相协调的两个不同概念图式在活动中的相互应用。事实上，"有意"和"无意"这两个词（以及两者间的区别）都属于单一的英语之生活条件表达方式。我想补充一点，研究人类生活的人在从事科学实践时，可以使用技术性词汇有意地或无意地言说。这一混合依赖于他们对词汇的熟练程度、他们所交谈的对象，以及研究对象的异常或偏离程度。

　　然而，如上所述，德雷福斯声称，对决定的不同解释适用于无意和有意活动，由"信念"、"愿望"和"意向"等术语标明的生活条件只伴随着有意行为。因此，德雷福斯对活动的现象学解释与我们在谈论和思考彼此时使用这些术语的离散实践之间不相一致。（在声明这一点时，我假设，当利用生活条件术语对某人的描述是真实的时候，由使用的术语指明的与此人相关的条件就得以通用。）在这种情况下，我认为德雷福斯别无选择，只能质疑普遍语言实践的合理性——将生活条件术语普遍应用于无意行为肯定是不合理的。尽管他没有以这种方式处理这些问题，但事实上他确实对这种做法的合理性提出了疑问：

　　同样，我们也不能像从亚里士多德到戴维森和塞尔的传统哲学家们那样，认为只是由于我们的行动概念要求如下一点，我们在我们的说明中就有正当理由来设定信念和欲望：当我们找不到引起我们行动的有意识的信念和欲望的时候，一个行动依据信念和欲望也应当是可说明的①。24

　　然而，这正是人们在利用生活条件术语解释、描述……彼此的无意行为时经常做的事情。但是，正如这段引文所表明的，德雷福斯很乐意将"我们一般的行为概念"让予戴维森和塞尔这样的理论家——他们将生活条件图式应用于有意和无意行为。他暗示，这一概念是真正的有意行为的概念25。因此，将其应用于无意行为现象是不恰当的。这意味着，日常使用的生活条件词汇往往不合理且没有根据。

　　思考者质疑一般言语方式时，后维特根斯坦时期的哲学家们对这个问题变得较为敏感。在这一语境下，重要的是区分对普遍信念和对谈话方式的质疑。就生活条件话语而言，这一差别是对人们关于这种状态的"常识"信念的质疑和对实际使用生活条件语言的质疑之间的区别。维特根斯坦通过考察有关术语的使用情况，对关于这些状态的某些普遍的"笛卡儿式"信念提出了疑问。取消式唯物主义对生活条件词汇的心理（而非行为）部分提出了疑问，原因在于人类的理论对

---

① 译文引自：（美）休伯特·L. 德雷福斯. 在世：评海德格尔的《存在与时间》第一篇[M]. 朱松峰译. 杭州：浙江大学出版社，2018：105.

其使用的影响不够充分。德雷福斯对这一相同心理词汇的使用提出了疑问，对他而言，心理词汇的使用属于活动的一种重要类别。

德雷福斯的挑战在于将恰当的现象学和对生活条件以及生活条件词汇的错误理解相结合。从现象学来看，德雷福斯当然是正确的，许多人类活动主要是在缺乏主题觉知的情况下进行的。我使用"主要"一词是因为，如前所述，除了不寻常的情况外，人们一直对某些或其他事情具有主题觉知，即使他们所意识到的事情与其活动没有直接联系。尽管如此，德雷福斯的观点是正确的：在许多情况下行为是非反思的，这意味着人们在行动之前，既没有明确地思考应该做什么，也没有在行动发生时有意识地密切关注他们的活动。

然而，根据德雷福斯的观点，心理生活条件是一种因果有效状态，某物在这种状态下向某人开显。因果效用和明晰性（explicitness）都是现代思维普遍归属于心理的特征。当人们利用生活条件的表达方式谈论和思考彼此（包括他们自己）时，这两种归属都经受不住仔细的审视。在这里，关于这一重要问题的研究，维特根斯坦在《哲学研究》后期的评论中关于心态的论述，对这一问题进行了最好的探讨。虽然讨论这些评论远远超出了本章内容的范围 [26]，但是关于利用心理状态术语则需要提及两个显著的发现。

首先，从维特根斯坦在别处的讨论可以看出，并不是所有心理状态词汇的使用都等同于心理状态的归因（attributions）。例如，正如维特根斯坦在《论确定性》一书中所记录的，"信念"一词被用于表达一系列行为和成就，包括向某人保证某事是真的，强调说话人的不完全确定性，以及表明可以相信某件事并将信念状态归于某人（包括自己）。其次，当某人利用生活条件术语描述、解释和提问人们（包括她自己）时所发生的情况是——以包容和敷衍的方式陈述事件——她通过与特定的人、事物和事件相关的具体情况，表达或询问事物在持续存在过程中的状态或走向 [27]。例如，快乐的归属表达了某种身体表现形式，以及弥漫于人们应对事物和这些事物吸引人们的方式之间的兴奋表情。同时，信念的归属也表达了事物如何在某方面或别的方面与某人相一致的方法。在被归属的条件下，也就是说，快乐和相信的状态，对人来说就是事物以某种方式存在和发展。

根据这些研究结果，心理状态不是因果有效状态（至少不是有效因果关系意义上的状态）。在这些条件下——即事物以某种方式存在和发展——并不能通过引起这种活动对其加以控制。更确切地讲，人们通过确定对自己所做之事有意义的东西来安排活动。例如，假设由于有人在得知签订和平条约后很高兴，相信其他人可能会庆祝，因而想加入其中，所以她才会前往市中心广场。在这个例子中，我们的假设是，因为事情的现状和发展对她来说是这样的：她是快乐的，她相信并想要这些东西，所以她这样做是有道理的。我要指出的是，请罗伯特·布兰顿

（Robert Brandom）*原谅*，容许我对他最近关于维特根斯坦的评论有不同看法，实践可理解性及其确定（determination）不是理性的"应然"（oughtness）或适当性意义上的规范现象[28]。对某人有意义的事情不需要在理性上多么合理，尽管在许多情况下，人们选择的行为与理性建议相一致[29]。事实上，实践的可理解性依赖于布兰顿对规范与因果区分的*因果*方面——尽管这仅意味着，用亚里士多德的话来说，它类似于形式而不是有效的因果关系。无论如何，获得确定的生活条件甚至以上述方式组织活动所表明的事实是：心理状态的归因通过用语言表达决定活动的可理解性来解释活动，也就是说，通过语言表达使某些行为对人们是有意义的。在上文引用的例子中，具体说明有关快乐、信念和意图来解释未来庆祝者的行为，就是具体说明有关它们确切地阐述了为什么这一行为对她有意义，也就是说，用语言表达说明事情以何种方式存在以及如何发展，使得这一行为有意义。这并不是要说明有关它们通过选择离散状态来实现这一点，这些状态的结合"产生了"（即引起）行为。

此外，一个人无须明确地意识到对她而言事物以何种方式存在以及如何发展。根据生活条件所形成的表达方式，意味着无论是生活条件还是其内容，都不需要向人们展现自身包含的东西。例如，想要庆祝的人在任何特定时刻都不需要主题地察觉到她想加入的活动或她渴望庆祝这一行为，也无须察觉她相信他人庆祝的可能性，或者察觉她相信这一事实。当然，她清楚地意识到条约的签署激起了她庆祝的喜悦和欲望，因为她是在了解这一点之后才前往市中心的。而且，最重要的是，为了确定行动者处于这样或那样的心理状态——例如实践可理解性，行动者在主题上觉知对她而言事物如何存在以及发展并不重要。事实上，关键在于事情以何种方式表现，以何种方式存在及发展，以及这如何决定她做什么才是有意义的。事物如何存在并持续作用于人们是人类生活的一个维度，这一维度不断地影响并组织着他们的活动，而不管他们在何种程度上主题地意识到它。

那么，按照德雷福斯的说法，心理状态不是（有效的）因果有效的主题状态。对于某些人而言，获得一些此类状态就是事物以一种特定方式存在和发展。而且，不管人们对自身及所处环境明确察觉到的东西有多少，由于事物以何种方式存在和发展与他们相关，所以他们都会像他们做的那样行动。将描述性、解释性、预见性以及疑问性的心理活动词汇应用于有意和无意活动表明了这一点。因此，当人们无意地行动时便会获得与他们相关的各种心理状态。

一旦撇开德雷福斯对这里所讨论的条件的错误概念，例如，使用生活条件词汇对人进行描述和解释等常见做法，就与现象学关于行为中缺乏主题意识的观察是不相容的。坦率地说，这是因为生活条件术语在描述、解释、质疑、预测和思考他人（或某人自身）时的作用不是标记、反馈或阐明主题觉知这一现象及其意义——这些术语所指明的状态不属于意识的范畴。此外，我强调，普遍的实践与现象学描述之间的这种协调并不依赖于从上述讨论的维特根斯坦文本中提取的有关生活条件术语的特别说明。任何对生活条件和民间心理学术语的分析，如果一般不要求这种术语所标明的状态，①处于状态之中的人必须明确状态及其内容，且②状态由其因果力来界定，那么这一分析便可以实现这种调和。[30]

虽然常见的语言实践并不符合德雷福斯有关心理状态的非现象学概念，但我相信，他对技能的现象学分析确实适用于这些实践。这里的要点是，德雷福斯主张技能支配着无意能动性（nondeliberate agency），它也以这种方式支配着语言的*使用*。的确，儿童会快速成为使用这个词汇的"专家"，因为那符合德雷福斯关于技能五阶段理论中对第五阶段的描述[31]。然而，他们如何成为专家则是一个具有争议的经验性问题，目前的讨论尚不能得出结论。我所要补充的是，我对语言实践和现象学描述的调和，并没有支持德雷福斯关于技能的论述所反对的认知理论。对人们而言事物以何种方式"存在"和"发展"，这不是认知科学可以探讨的那类现象。

第三节　结　　论

我要谈谈从上述反思中得出的两个结论。首先，德雷福斯对能动性的解释具有一定的讽刺意味。德雷福斯出色地描述了人类活动的熟练、无意维度，这与他的愿望紧密相关，他通过研读海德格尔与梅洛-庞蒂的著作得到了滋养，在意识的自我阐明领域超越了人类存在的"笛卡儿"中心。现象学描述表明，人们往往不会在主题上察觉到自己的活动，只有当无意的熟练应对不再可能时，他们才会在主题上察觉到自身的活动。鉴于几个世纪以来心智和心理状态与意识和意识状态之间的古老联系，在此基础上我们有理由认为，心智、心理状态和主体仅存在于有意行为之中。更重要的是，由于无意行为不是由心理状态调节或引导的，因此，其他缺少这一状态之显性内容的东西必须控制无意行为。技能或技巧作为缺失的元素还要进一步探讨。

此外，鉴于克服"笛卡儿主义"的兴趣，该论点的说服力在于存在一种指向世界的受技能控制，且缺少主体和心理状态的导向性，只有当这种导向性被证明是有意的，抑或是主体/客体、"在（世界）之中"的模式预设了这种导向性时才会增强这种说服力。此外，德雷福斯认为导向性的有意模式具有一种所谓"纯粹沉思"的详细阐述形式，其中包括人类在内的实体都被视为客体，也就是说，将实体理解为被称为"发生性"（occurrentness）（*现成状态 Vorhandenheit*）之一般范畴的示例。由于这正是主体和心理状态具有的存在类型，那么存在于（being-in）的主客模式是基于无意的应对模式这一论题，便立刻解释了"笛卡儿主义"产生的过程及其曲解人类活动的原因。有关熟练的无意行为的观念不仅具有现象学的说服力，而且也具有重要的哲学意义。

　　然而，德雷福斯在根据心理状态而不仅仅是意识和觉知来描述有意/无意的区别时，他并不是完全反对"笛卡儿主义"。事实上，他所做的是接受对心智的"笛卡儿式"解释，并利用现象学描述限制这一解释的范围。笛卡儿主义解释不在于将因果力归于心理状态，而在于心理状态的对象较为明确，即主张心理状态就是意识状态。这种观点（指前面的观点）在德雷福斯将意识、主题觉知和心理视为相同概念的地方体现得最为明显[32]。人类生活的非"笛卡儿主义"解释确实必须将意识和主题觉知等现象从核心问题中移除。但是没有必要连同心智也一并取代。笛卡儿及其后继者没有创造心智这一概念；而且必定存在关于心智的非"笛卡儿式"说明以及心理生活条件词汇所指明的状态。所以超越"笛卡儿主义"*也*意味着超越"笛卡儿式"的心智概念，也就是将其同化为意识，并把心理状态视为意识状态。（此外，超越这类概念意味着超越作为空间、物质或装置（apparatus）的心智概念。）具有讽刺意味的是，在德雷福斯关于能动性的解释中，他完全理解超越"笛卡儿主义"的蕴意——"海德格尔突破传统的企图集中体现在他在所有领域（包括行动）中超越主体/客体的区分的努力上"。[①][33]但德雷福斯本人并不是在所有领域都坚持这一目标。他尤其不寻求在心理领域超越主体/客体区分——即使他将知觉描述为此在对世界的敞开性是理解知觉看起来像什么的证据。正如上文所讨论的，维特根斯坦的方式是将心性理解为事物对人而言是以何种方式存在和发展的，这是以生活条件语言表达的一个存在维度（而且在活动中表现得更为广泛）。

50

　　第二个结论是，德雷福斯有关确定能动性的解释需要进行修正。人们并非*只*在有意行动之时才会有相信、打算、恐惧、希望、感知等行为。*每*当一个人采取行动之时便会获得各种生活条件，而这决定（即明确规定）了她所做之事。虽然德雷福斯认为主题意向性是在透明应对（transparent coping）的背景下发生的，这一点非常正确，但获得心理状态指令的无意活动也同样正确。

　　尽管从表面看，后一种观点与德雷福斯的技能概念相容。正如在第一节所讨论的，当人们在无意活动中运用其技能时，他们会做对其有意义之事。而且，对他们有意义的事情是由目的决定的。我们在第二节已经表明，将心理状态归因于

---

　　① 译文引自：（美）休伯特·L. 德雷福斯. 在世：评海德格尔的《存在与时间》第一篇[M]. 朱松峰译. 杭州：浙江大学出版社，2018：61.

人，是将决定其活动可理解性的因素用语言表达出来。换句话说，获得这类特殊状态的部分原因在于，特定的行为在特定的情境中具有其意义。因此，德雷福斯所描述的确定有意义之事的无意活动现象的某一方面，相当于人们获得了特定的心理状态，这本身就是使用生活条件术语所表达的事物状态。然而如前所述，行动者在有意和无意地行动时都具有生活状态。这意味着，*在这两种情况下*，人们所做之事对他们而言都具有意义，而在这两种情况下，何为有意义取决于事物对于他们而言是以何种方式存在与发展的。事实上，有意和无意行为在这一点上的唯一差别在于，主题意识在前者中发挥着更为突出的作用，也就是说，人们在有意行动时可以在主题上更加明确地觉察到是什么东西决定了可理解性。因此，德雷福斯单独归于无意行为的现象，即做有意义之事，实际上是所有行为具有的属性；德雷福斯将获取生活条件限定为有意活动，实际上规定了所有活动。获取心理状态（可以）确定（即具体说明）实践可理解性。因此，人类的全部活动都*同时*取决于技能的运用，而且由获取某些心理状态来规定。生活条件论不是技能论的一种替代选择，而是对它的补充。

因此，这意味着，无意和有意行为之间的区分不是特别重要。这仅仅是那些很少以及几乎没有显觉知与具有更多显觉知行为之间的区分。除了正在进行的相当数量的主题觉知外，在决定和解释领域中没有任何东西能够产生这一区分。人类的许多活动都是无意的，这是一个明显的事实，德雷福斯比其他任何人都更清楚地表明了这一事实的意义。他的背景技能概念很重要且影响深远。事实上，由于它适用于有意和无意行为，所以这一概念的影响比他声称的更为广泛。同时，只有当大众心理学以"笛卡儿式"的方式被曲解时，背景技能概念才会取而代之。与其他人打交道是一个应对行为者的问题，他们通常很少关注决定他们所做之事有意义的问题。有人可能会认为，他们的这种行为方式是成为一个熟练行动者的关键因素。

戴维·斯特恩

第一节　从实践谈起

"从实践谈起。"[1] 以实践为起点的重要性这一主题贯穿了德雷福斯关于海德格尔、认知科学以及人工智能的大量研究。从实践出发可以使我们发现意识、意向性、规则遵循、知识和表征等诸多现象如何预设了技能、习惯和习俗，因此，这些现象不能被充分清晰地说明。在吸收了海德格尔、梅洛-庞蒂、布迪厄、福柯以及维特根斯坦的观点后，德雷福斯主张的这些现象包含某个无法进行形式分析的实践维度，因而不能作为我们试图理解自身和世界的自主出发点。本文的主要目的在于批判性地考察德雷福斯的实践概念以及他主张的实践至上观点。我们为什么要从实践出发，而这样做又是如何得出我们不可能对我们的实践能力予以形式分析这一结论的呢？

斯蒂芬·特纳（Stephen Turner）的《实践的社会理论》批判了转向实践的研究，并提供了一个有益的出发点。该书的开头部分是两段经典的引言，第一段引自维特根斯坦的《论确定性》，第二段引自德雷福斯：

"但是，我得到我的世界图景并不是由于我曾确信其正确性，也不是由于我现在确信其正确性。不是的，这是我用来分辨真伪的传统背景。"

"海德格尔认为……除了在共同的社会实践背景之下，即使人们有意地行动，并因此具有信念、计划、遵守规则等，他们的心智也无法指向某物。"

实践看起来是 20 世纪哲学的合点（vanishing-point）。这个世纪的主要哲学成就，现在被广泛理解为有关实践的主张，即便它们最初不是用此种语言表述的。[2]

在观察到实践概念源于社会理论领域后，斯蒂芬·特纳注意到，实践概念最近变得极为普遍，不仅在哲学领域，而且在文学批评、女权主义学术研究、修辞分析、科学话语研究、人工智能和人类学等诸多领域也是如此。然而，要使这一合点成为焦点是极为困难的：

但是这一概念非常难以捉摸。什么是"实践"？维特根斯坦说的"我用来分辨真伪的传统背景"指的是什么？什么是"世界的默会图景"？这些不是日常的对象。而且它们被赋予了额外的、神秘的属性——"共享性"或"社会性"。我们应该认真对待这一说法吗？是否真的存在我们应该认为可以共享或继承的客体化事物？或者这些只是修辞手段？如果是这样的话，我们为什么愿意将它们作为解释如真理或意向性等重要事物的一部分呢？它们代表着什么，使它们能够在我们的思维中扮演如此重要的角色？[3]

斯蒂芬·特纳在开篇就已经暗示了接下来要详述的两难境地：实践要么是本质上需要澄清的实质的、共享的对象，要么是虚幻的，不过是"修辞手段"而已。然而，他认为对实践的解释预先设定实践是心理实体，它解释了社会成员的共同行为模式并在社会范围内传播。他继而主张，实践作为一种"共有事物"的概念是不连贯的，"在因果关系上不甚合理"。因为某一共同实践须在"人与人之间传递。但是，合理的实践技能习得并未在因果关系上支持相同的内在事物和实践可以在另一个人身上再现这一观点"[4]。如果我们认为实践类似于默会信念（tacit beliefs）——实践、实践整体论以及隐藏的背景实践，即在因果关系上对我们的行为负责的隐含、内在的对象，那么，实践的社会理论这一概念便不甚合理，而且在理解如何将同样的事物从一个人传递给另一个人方面存在着难以克服的困难。如此，斯蒂芬·特纳无疑是对的。

我们与其听取斯蒂芬·特纳的建议去排斥实践概念而赞成谈论"习惯"，即不预先设定一个隐蔽的、因果有效的对象的行为模式，倒不如问问是否有一种设想实践的方式可以规避这些倾向性。对德雷福斯的实践概念产生了最重要影响的两位哲学家是海德格尔与维特根斯坦，他们对一些哲学家进行了深刻的批判，这些哲学家为了解释我们的言行而设定了内在对象。事实上，斯蒂芬·特纳反对将实践设想为隐含的内在对象，这一观点明显类似于维特根斯坦对内在心理对象概念的批判。

第二节　理论整体论与实践整体论

德雷福斯追随海德格尔与维特根斯坦将实践视为一种公开的行为、言行模式；和他们一样，德雷福斯也非常反对从神秘的内在对象方面看待实践。海德格尔在其《存在与时间》一书的开头中总结了他认为不能将社会实践理解为客体，或作为隐含在个体头脑中的信念系统的理由。按照德雷福斯的解读，海德格尔认为我们在实践中的共识，我们对*"存在的前理论理解"*[5]不能被设定为某一信念系统，因为它根本不包含信念：

> 除了技能和实践外，没有什么信念需要明确。这些实践并不源于信念、规则或原理，因而不需要予以明确或阐明。我们只能对实践中的已有解释作出说明……我们永远不可能对存在的理解做出完满的解释，因为我们栖息（dwell in）于存在之中——它无处不在，离我们最近，亦最远——还因为不存在任何需明确的信念。[6]

德雷福斯大约在十年前写的一篇论文很好地阐述了这些承诺的本质，以及这些承诺对于《整体主义与解释学》中的实践概念的理解。德雷福斯在这篇论文中比较了两类整体论——理论整体论和实践整体论，前者认为全部理解都是理论之间的解释问题，后者认为理解"包含明确的信念和假设，而这些仅在特定的背景和共同实践的背景下才有意义"[7]。奎因的解释观是他所选择的理论整体论的范例；海德格尔《存在与时间》中的解释学是他实践整体论的主要范例：

> 奎因式的*理论界*源于海德格尔所谓的*先见*（Vorsicht），即全部的证实都产生于理论之中，并且无法走出整体的假设与证据循环。另一方面，海德格尔的*解释学循环*认为，整个理论活动不仅产生于外显或内隐假设的背景，而且产生于实践（*先有*）背景之上，这些实践不需要——也确实不能——被列为理论的具体前提，但其已经对证实作了界定。因此我们的全部知识，甚至我们理解背景所做的尝试，总是受到我们所谓的内隐本体论的影响，一种在我们的实践中作为对待事物和人的行为方式的"本体论"，而不是作为我们偶尔认为是理所当然的背景假设而存在于我们的头脑中的"本体论"。[8]

> 根据海德格尔与维特根斯坦的本体论解释学，当我们理解另一种文化时，我们便会共享它的*技能*（know-how）与区别，而不是就正确的*假设*与信念达成一致。这一协调不是通过翻译，也不是通过破译代码，而是通过旷日持久的日常互动产生的；结果不是理论的通约，而是海德格尔称之为的"寻找立足点"和维特根斯坦称之为的"寻找自己的出路"。[9]

这种实践背景不是某种信念上的一致，而是行为与说话方式的一致。正如维特根斯坦所言，"人们所说的有真有假，他们在语言上是一致的。这不是观点上的一致，而是生活形式上的一致"。[10]没有这些共同的技能，人们就无法交流。理论整体论者则会回应说，即使这样的背景是必要的，

> 人们能够依据进一步的心理状态分析那种背景。只要背景惯例包含着知识，它们就必定奠基于隐含的信念；只要它们是技能，它们就必定由默会的规则产生。

这就引出关于意向状态的整体网络的概念，这是一个默会的信念系统，这个网络系统会为有序的人类活动的每一个方面，甚至是日常的背景实践都提供基础。[11]

反过来，实践整体论者会回应说，假设我们的实践背后一定存在某种理论：每当我们无法找到明确信念时便假定默会信念，这样做法是错误的：

> 构成背景的并不是显性抑或隐性的信念，而是在我们与事物和人的日常交往中所表现的微妙技巧中呈现的习惯与风俗……实际上，尽管人们经过思考会将背景的各个方面视为具体的信念，例如关于人们站立间距的信念，但这些行为方式不是以信念的形式为人所理解，也不是作为信念在我们的行为中发挥因果作用。我们只是在做我们被训练过的事情。此外，当实践转化为命题知识时便失去了原有的灵活性。[12]

显然，这很大程度上取决于一个人如何看待这一背景联系内的技能，德雷福斯在解释他的技能概念时采用了某些补充性的解释策略。其中一个策略是诉诸其他哲学家的解释，他们赋予了技能一种基本角色；在我引用的这篇文章的语境中，德雷福斯将讨论的"微妙的技能"注释为福柯的"微观实践"，将其与维特根斯坦的名言——"我们的行为是语言游戏的基底"[13]相联系；德雷福斯不久后又简短地引用了海德格尔的"原初理解"[14]概念，通过这一概念来讨论实践作为理解的非认知前提的作用。事实上，人们能够以这种方式理解《在世》的诸多内容，即德雷福斯对《存在与时间》的第一部分的评论。补充性策略会利用显著的技能实例，该策略对不熟悉这些哲学家的读者特别有利，因此在《计算机仍然不能做什么》一文中尤为突出。游泳、骑车和滑雪都是运动技能中最受人青睐的例子；国际象棋是智力技能的典型实例；对话能力是社交技能首选的例子。每个例子都具有其自身的优势，但是流畅地进行对话时所涉及的微技能（microskills）在这里尤为重要，因为它们可以说明，某人要想成为一个十足的健谈者需要对一种文化熟悉到何种程度。这些技能体现了对整个文化的诠释：

> 无论我们是否有意掌握了游泳的原理，我们都可以学会游泳。同样，我们是通过成长于其中来习得社会背景实践的，而不是通过形成信念和学习规则。这种社交技能的一个具体例子是与该文化中的另一成员保持合适距离所涉及的对话能力，这取决于对方是男是女、是老是少，以及谈话是否涉及交易、示好、友谊，等等。更广泛且更为重要的是，这些技能体现了关于人之为人的意义，什么是物质对象，以及一般来说何为实在等问题的完整的文化诠释。这就是为什么海德格尔在《存在与时间》中将体现于我们实践中的文化自我诠释称为"原始真理"（primordial truth）。[15]

然而，在我们更仔细地研究引用社会技能的具体实例这一论题之前，考虑一种更为直接的策略会对我们有所帮助：说明何为实践，它们为何重要。

第三节 何为实践？

在此，我们不妨翻阅一下与海德格尔的著作同时发表的一篇立场论文，这篇论文一开始就准确地论述了对实践本质的这些担忧：

我们从实践而不是从意识谈起。什么是实践？实践中有什么？它们是如何结合在一起的？我们与实践有什么关系？[16]

以下段落对他（海德格尔——译者注）关于这四个问题的回答进行了简洁的总结。第一个问题的回答是：

1. 实践是*社会技能*。我所说的技能是要获取实践的两个方面。①技能不是基于表征（即信念或规则），也不能从形式结构的角度加以分析或由形式结构所生成。它们是社会通过个人进行传递，而不必通过意识进行传递（福柯、布迪厄）。②技能之间有着丰富的相互联系，因此，修正技能系统的任何部分都会引起对其他部分的修正。

我所说的*社会技能*是指技能的交汇，也就是说，每个人的做事方式大致相同。如果存在偏差，他们不会受到强迫和拉拢。人们只是自然而然地随波逐流。社会实践是一个人的所作所为。如果你选择它作为主题，便可以理解*规范*，尽管将这些规范付诸行动的人并未将他们的实践视为规范。现代规范具有福柯称之为*规范化*（*normalization*）的特殊性质。规范似乎以真理为基础——行事要有正确的方式。规范不仅仅是一个人的所为，而且是一个人的*应为*。这不是社会技能结构的一个必要方面；它是*现代*社会技能结构的一个方面。[17]

请注意，答案的第一部分已理所当然地认为论证的结论会是这篇论文的重点："技能不是基于表征（即信念或规则），也不能从形式结构的角度加以分析或由形式结构所生成。"这篇文章的剩余部分简要论证了这一结论。问题的关键并非人们不是通过清晰的指令或规则来教授技能这一点，而是事实上许多技能都不能通过这种方式加以获得。相反，正如德雷福斯在此处所言，它们是"传递的"：一个人以盲从因袭的方式习得"所做之事"，"人们只是自然而然地随波逐流。"第二段是关于技能的社会特征，德雷福斯认为虽然不能以个人主义方式应对技能，但是技能活动的社会维度可能只是一个循序渐进的问题，因此并不预先假定对规范的理解规范（一个人在特定情况下的所做之事）以及规范性（人的应为）。相反，规范和规范性产生于并依赖于一种更为原始的条件：人们倾向于以大致相同的方式共同行事。然而，强调行为训练只是其一，因为社会化地融入一组实践无异于是对存在的理解，一种我们具体表现出的理解。这便引出了后来德雷福斯自己提出的一些问题，从中可以看出，实践概念具有极其深远的哲学意蕴：

2. 实践中有什么？人们在社会实践中所理解的什么是人、什么是对象、什么是制度，这些都结合在一起就是理解什么是其所是。

3. 我们与实践的关系是什么？事实上，这是一种错误的提问方式，因为它暗示了我们的存在先于实践。更准确地说，我们就是实践。它们（实践）为我们建构了行为的可能性*活动空间*（spielraum），而且这一可能性空间不是与我们相联系的东西，而是*具身*于我们的东西。"我们是实存的世界"（world existing），海德格尔会认为……我们是一个澄清者或敞开者这一观念是我对将自我作为先验，或者将更好作为超越的诠释。[18]

60

我们先不谈德雷福斯关于实践的第三个问题：它们如何结合在一起？因为它是有关实践对某一共同结构的共享程度的问题，因此，最好在总体方法的轮廓更清楚后再考虑。[19]下面的段落凝聚了我们刚刚进一步考虑的思路，把我刚才概述的内容用几句简洁且貌似简单的话语总结了出来：

要解释我们的行为与规则，人类最终必须求助于日常实践，简言之，"这就是一个人所为之事"。归根结底，全部智能行为都必须回归到我们对自己的认识之上。我们永远无法使用清晰的规则和事实来明确地表述这一点；因此，我们不能编写程序使得计算机具备那种技能。[20]

鉴于德雷福斯对日常实践概念的构想非常丰富，虽然讨论倾听"回到我们*的本质*"本身不会使人误导，但肯定会被认为是非常理所当然的，因为这在很大程度上取决于人们如何理解对"我们是什么"的诉求。解释我们为什么做我们所做之事会有很多话要说，解释这一概念的方法可以在维特根斯坦的《哲学研究》一书中找到，这本书中反映了许多这类问题：

共同的人类行为方式是我们借以对自己解释一种未知语言的参照系。

——我又怎样对某人解释"合乎规则"，"一致"，"一样"的含义呢？——对一个只会讲法语的人，我会用相应的法语语词解释这些词汇。但对一个还不具备这些*概念*的人，我会通过*例子*或通过*练习*来教他使用这些词。——这时我教给他的东西并不比我自己知道的少。

"无论你怎么教他继续把装饰图案画下去，——他怎么知道他自己将怎样继续下去？"——那我又怎么知道？——这说的要是："我有没有根据？"那么答案是：我的根据很快就会用完。接着我将行动，没有根据。

"我怎样能够遵从一条规则？"——如果这不是在问原因，那么它就是在问我这样来遵从这个规则的道理何在。

如果我把道理说完了，我就被逼到了墙角，亮出我的底牌。我就会说："反正我就这么做。"①21

但是，在这里，如果不是以前，人们想问：我们为什么会"被逼到墙角"？我们为什么不能明确地表述我们通常认为是理所当然的事物并用实践的例子来教授呢？德雷福斯与《存在与时间》的作者海德格尔相类似，与《哲学研究》的作者维特根斯坦则不同，他认为我们不应该完全止于这一点，即使一个能言善辩的人已经做了所有解释，他仍然会有很多要说，这一点与海德格尔类似，但异于维特根斯坦。对于为什么不能使用明确的指令或规则，而必须"通过个人……进行传递"来教授技能，我们尤其需要一个解释。诉诸"我们是什么"或认为"反正我就这么做"，与其说是论证，倒不如说是一个预留的空白（placeholder），从而假设这一问题已经得到说明。我们会在下文考虑使用不同的方式来捍卫这一主张。

第四节　背景实践为何不能完全明晰？

关于我们的背景实践不能使用理论予以说明，"解释学和整体论"提出了两个主要原因。

1. 背景无处不在，我们不能将其作为分析的对象。
2. 实践包括技能。22

背景"无处不在"，因为它与我们生活的方方面面都关系密切；正如本章第二节开头德雷福斯在引用海德格尔式的措辞所指出的，我们"栖息"于背景之中。我们只能使用明喻的方式来说明这一点：背景实践就像水之于鱼，或者像我们看到的光，或者是我们所看到的有利位置，近在咫尺，作为背景却又远在天涯，我们无法与之达成一个临界距离。然而，德雷福斯随即证明，他对第一条论点的赞同预设了第二条论点，因为"如果仅仅由于某人自身背景的普遍性而使得背景实

---

① 译文引自：（英）路德维希·维特根斯坦. 哲学研究[M]. 陈嘉映译. 上海：上海人民出版社，2005：95-98.

践无法利用理论，那么它（背景实践）可以成为另一种文化的理论分析对象，或者可能是自身文化的另一阶段的理论分析对象"。[23] 事实上，一旦有人以这种方式证明该论点有资格成立，便不清楚还剩多少理由，如果有的话，因为这一资格（qualification）解蔽了这样一种可能性，即我们自己可能会在发展过程中达到某一阶段，在这个阶段，我们与自己理所当然地认为我们可完全阐明背景还相距甚远。毕竟，如果无法明确说明背景的唯一原因在于，一个人在任何理解行为中总会认为某些事物是理所当然的，那么该论点最好能试图表明没有人能看见所有东西，因为人们总是不得不从某个地方看，而人们无法看到从哪个地方看。

这个问题似乎确实影响了查尔斯·泰勒（Charles Taylor），他试图表明一个人可以完全清楚地说明背景这一观念"在原则上是不连贯的"：

> 如果我们要理解某个存在者［具有参与能动性］的体验，那就必须始终有一种我们可以涉入的语境。因此表达仍要假设背景……我们现在做了一些，那么为什么不一点一点地，最终做完所有的事情呢？但是，如果我们将其视为可理解性的一项常设条件，我们便必须予以关注……那么这一概念的不连贯性就会变得清晰……我们可以明确解释［背景］，因为我们并非完全没有觉察到它。但是解释本身便假设了背景。正是我们以参与主体（engaged agents）的方式介入这一背景，使得完全解释变得不连贯。[24]

虽然"普遍性"论点比较重要，因为它解蔽了背景实践在我们生活中的作用，但其本身并不能像泰勒所相信的那样予以充分表现。即使它成功地表明我们在原则上不可能将一切表述清楚，也不能表明原则上无法清楚地说明任何事情。这导致我们回到第二个论点：不能使用理论阐明背景，因为实践包括技能。

63　　正如我们在本章第二节所看到的，从构成信念的角度分析，回应实践整体论之标准理论的整体性策略在于将实践视为某一信念系统。德雷福斯第二个论点中转向技能的要点在于，技能不是意向状态，因而缺少此类分析所能解释的内容。德雷福斯详细探讨具体技能的寓意之一在于让我们看到，技能在我们的生活中发挥的作用与信念迥然不同——试图将其同化为清晰的命题态度将会歪曲技能的习得方式，以及技能在我们行为中的作用。根据里恩（Rylean）的观点，技能不能还原为知识。在这里，考虑一些耳熟能详的不适合形式分析的熟练活动的例子会对我们有所帮助：

> 我们大多数人都会骑自行车。这是否意味着我们可以制定具体的规则来教别人怎样骑车呢？我们该如何解释摔倒的感觉与转弯时轻微失衡的感觉之间的区别呢？在这种情况发生前，我们真的知道自己会做什么来回应某种摇摆不定的感觉

吗？不，我们不知道。我们大多数人之所以会骑自行车是因为我们拥有一种所谓"诀窍"的东西，这是我们在实践中获得的，而且有时是种痛苦的经历。我们并不能通过事实和规则掌握这种技能，如果可以，我们会说我们"知道"一定的规则可以让人精通骑车。

日常生活中还有其他数不清的方面不能还原为"知其然"。这样的经验涉及"所以然"。例如，我们知道如何在各种各样的场合——办公室、聚会和街道上与家人、朋友及陌生人进行适当的交谈。[25]

在这里，骑车是运动技能的一个实例，我们知道如何做这件事情，但却无法使用程序来说明如何做这件事。文章结尾得出了一个关于社会技能的类似观点：实践知识参与了社会交往。也许，这两种技能之间的界限并不像人们最初认为的那样分明。对于初学者而言，骑自行车主要是一个身体协调的问题，但之后，学会在路上骑车几乎像与人交谈一样是一种社会技能；我们在日常交往中的许多肢体动作与平衡自行车的动作一样是不经思考的。不管怎样，这两种情况都是使用技能做某事的例子，断言无法彻底地表达技能。"我们不能以事实和规则的形式获得这种知识"，但是这一事实又能给予我们多少安慰呢？这里似乎包含着两个尽管相关但却不同的观点。首先，这里有一种现象学观点：至少在很大程度上，我们并未将如何骑车或进行适当对话的知识作为明确制定规则的问题来体验。尽管人们可能时常会说"偏向你想转向的一侧"或"不要主导谈话"之类的言语，但这只是冰山一角。即使这些明确指示依赖于理解人们如何让自行车转弯，或者什么是主导谈话的因素，但我们常常会对如何用语言表达我们所做之事完全不知所措。其次，与此密切相关的是一个技术性问题：事实上，尽管我们尽了最大努力，但我们仍未能对这些技能进行形式分析。

在这一点上，理论的整体论者会辩护称，在我们骑车或交谈的能力背后必定存在一套默会规则或程序，而上一段提及的现象学和技术困境只是表明所讨论的规则是无意识的，或者难以具体说明，而非它们不存在。无论是在意识中，还是迄今对其数据的研究中，都没有发现这些规则，这并不能说明它们是无法找到的。但是，这样便产生了另外两个问题。一方面，如果一个人依据某些人实际可能遵循的规则进行分析，

那么，认知主义者要么必须承认运用这些规则的技能，要么面临着无穷的倒退。或者，如果他认为一个人在运用规则时不需要规则或技能，他只需要做规则要求做的事情……一个人只做情境所需要做的事情，无须求助于规则，为什么不接受这样的事实呢？[26]

另一方面，如果理论整体论者像计算机建模那样试图用形式的非心理规则取代日常规则，那么问题就出现了，那就是要明确规定该规则所针对的基本元素：

65

形式规则必须表征为操作程序。但是，似乎没有任何基本的运动或观念能够成为这些规则发挥作用所需的基本元素。例如，即便是身体技能，人们有时也是通过遵循决定着一系列简单动作的规则来学习的，当行动者愈发熟练时，便会将简单动作抛之脑后，而只存在一个统一、灵活、有目的的行为模式……如何为游泳或语言言说所涉及的技能构造形式规则，人们对此毫无头绪，更不用说我们在理解存在时所体现的技能了。信念系统、规则系统或形式化程序似乎并不包含实践背景；事实上，背景似乎并不包含于表征之中。[27]

另一相关的观点是，即便我们能够给出如何开始行动的一个形式说明，我们也无法应对新出现的和不同的情况，或无法在应对突如其来的情况方面表现出创造力。实践比信念更为灵活；真正的专家面对突如其来的与普通或常规的情况完全不同的挑战，可以创造性地、别出心裁地做出反应，而常规的反应则是不充分或不恰当的。能够创造性地应对具有挑战性的情况是人类专家与"专家系统"之间的一个显著区别。最后一个截然不同的理由认为，技能无法予以明确表达的原因在于，某些社会技能主要是那些涉及维持抑制性和压迫性社会结构的技能，如果将其以自我意识的方式表达和主题化，那么这些社会结构便会分崩离析。这一主题在福柯与布迪厄的著作中表现得极为突出，但在德雷福斯的著作中却很少被关注，也许是因为这种不可言说性（inexpressibility）总是针对某一种特定的文化，而且他主要感兴趣的是为什么某些技能在任何情况下都无法予以明确表达。

到目前为止，我们主要考察了实践包括技能这一观点的消极影响，以及为什么无法充分明确地表达技能。这是《计算机仍然不能做什么》以及《超越机器的心智》主要关注的问题。但是，我们也可用某种更为积极的方式看待所讨论的观点：人们可以视其为描述技能在我们生活中的作用的一个契机，这种方法在《在

66

世：评海德格尔的〈存在与时间〉第一篇》对解蔽、解释的前结构和意义的解释中表现得较为突出。技能活动是整体的，与其他技能和生活方式相联系，因此，获得技能是被社会化从而进入社交世界的一个重要问题。

德雷福斯对技能活动的海德格尔式研究所涌现的最重要的一个寓意在于承认实践优于理论这一想法是错误的，因为背景技能，即我们对世界的熟知，同样是理论活动和实践活动的前提条件：

每当我们通过使用、审视的方式解蔽实体，我们必须同时对我们的环境具有普遍熟练的掌握。正是这一背景使日常应对成为可能……我们一般的背景应对、

对世界的熟知、海德格尔所讲的原初超越（originary transcendence），就是海德格尔通过我们理解存在所表达的含义……海德格尔明确指出，这种对存在的理解比实践或理论更为基本：

　　无论我们如何看待知识，它都是……*朝向存在者的某种表现（comportment toward beings）*……但是所有存在者之*实践-技术的互通（commerce）*也是*朝向存在者的一种表现*……朝向存在者的全部表现——无论是最常被称为理论的明确认知还是实践-技术——都有对已涉及的存在的理解。因为只有在对存在的理解中，我们才能作为存在者与某个存在者照面（encountered）……[28]

　　正是发现了这种对存在的理解而不是对实践活动的理解的优先性（primacy），海德格尔才被正确地确立了对西方哲学的独特贡献[29]。

第五节　结　　论

　　也许关于"我们一般的背景应对、对世界的熟知"的解释所提出的最为棘手的问题是：这里讨论的"我们"是指什么？换言之，我们在谈论*谁*的实践？这种方法是否预设了某一特定共同体或群体作为其主题？是否应该将这里的"我们"与其他群体的"我们"进行对比，或者它普遍地指涉了任何人？对存在只有一种理解，还是有多种理解？

　　海德格尔的著作《基本问题》理所当然地认为他的主题是对存在独一无二的理解，而不是对存在的某一种理解。后来，海德格尔认为"朝向存在者的表现"是西方所共有的理解，抑或是"那些擅长于创造历史之技能的文化"，而德雷福斯、斯皮诺萨和弗洛雷斯正是以这种方式作为他们《开辟新大陆：企业家精神、民主行动和团结精神的培养》的出发点。[30]

　　因为"我们就是实践"[31]，这是关于德雷福斯所解释的主体——"我们"的性质问题，同时也是关于德雷福斯的解释对象——实践的性质问题。这样，我们便回到德雷福斯在本章第三节一开始提出的四个问题中的第三个问题，即"它们是如何结合在一起的？"

　　3. 这些实践如何结合在一起？这个问题还引出了其他的问题：*总共有多少种实践？是所有实践相结合，还是仅一部分？你如何描述那些组合在一起的部分，以及被遗漏的方面？*例如，实践是否像一个形式系统中的要素一样结合在一起，或者它们是否由于重叠的相似性而在与范例的不同差异中结合在一起，或者是否存在可将它们予以组合的其他模型？[32]

67

请注意，与德雷福斯的其他三个问题不同，这个问题将他引向了若干更深层次的问题，而不是一个肯定的答案。在 1997 年 NEH[①]的实践研究所，德雷福斯以类似的方式处理了关于实践的优先性以及实践的本质问题，但他着眼于有关实践如何随时间变化的不同解释，而不是实践在单一时间内的特性。他首先概述了技能的概念和背景实践，我们已经在前面的三个部分作了全面评述。这便引发了关于技能改变和发展方式的不同概念的讨论：它们（技能）是变得更加专业化和稳定，阐明了实践内部的东西（goods），还是后来的发展与以前的行动方式不连贯？在转向从实践开始的伦理-政治后果问题后，德雷福斯就实践如何随时间变化，以及实践在何种程度统一或分散、整合或传播，提出了五种有竞争力的观点，并认为每一种观点都具有实质的伦理和政治影响。他的看法可简要归纳为以下五点[33]。

（1）稳定性（stability）。（维特根斯坦、布迪厄）实践是相对稳定的且不易变化。变革可能是由创新者发起的，也可能是"大势所趋"，但实践中并没有发生这种变革的内在趋势。其结果要么是保守地接受现状，要么是变化的革命性规定。

（2）清晰表达（articulation）。（黑格尔、梅洛-庞蒂）实践的目标在于澄清和连贯，并会随着我们技能的发展而变得愈发精练。政治上的进步主义（progressivism）与辉格史（whiggish history）[②]因此产生，尽管人们认识到通往进步的道路并不总朝这一方向。

（3）适当集聚、本有发生（ereignis）。（德雷福斯对后期海德格尔的解读）当实践遭遇反常时，我们会产生一种原始冲动，借鉴边缘或邻近的实践从而修正我们的文化风格。这支持了那些最能为自由民主的社会带来这些变化的人，例如企业家、政治协会、具有号召力的领导人以及文化人物。

（4）撒播（dissemination）、延异（différance）。（德里达）有许多同样恰当的行为方式，每一种新情境都需要在黑暗中实现飞跃。其结果是对差异较为敏感，放松用以往规范对当前和未来行为的控制，并开始意识到我们所实现的飞跃，而不是使用辉格史将之湮没。

（5）问题化（problematization）。（福柯）实践发展中的矛盾行为是适当的。

---

① 美国国家人文科学基金会（National Endowment for the Humanities）。——译者注
② 这是编史学中的一种解释方法，源于英国的"辉格党"，其对待历史解释的立场是：以今论古，也就是以今日之观点、立场来审视历史事件。与此相反的是"反辉格解释"，即以古论古，也就是回到历史当中去解释历史事件，这是对历史事件解释的一种理想方法，虽好，也应该如此，但难以实现，因为我们无法回到过去，也不能不受到当代世界观、历史观的影响。这就是编史学中的两难困境。语境论的历史观之所以受到青睐，与这个两难困境不无关系。——译者注 可参见：魏屹东. 科学思想史：一种基于语境论编史学的探讨[M]. 北京：科学出版社，2015：第一篇"语境论的科学编史学". ——译者注

试图解决这些问题会产生进一步的阻力。这样便产生了一种极度活跃的悲观主义：表现出了似乎必然的偶然性，并参与抵制既定秩序。

实践理论与伦理-政治承诺之间的一组联系丰富而富有启发性。然而，我希望在结尾谨慎一些。首先，我们需要对这些关于实践如何发展的问题给出单个统一的答案，这种想法是错误的。多元主义承认一些实践旨在变得更加复杂和微妙，而其他实践分裂为彼此冲突的倾向，这不是更合理吗？与其在这些解释之间做出选择，也许它们都有自己的适用范围。其次，对于实践的任何此类说明是否必须具有确定的伦理-政治含义，这一点还远不够明晰；这在很大程度上取决于理解实践的任何特定概念的背景。例如，海德格尔的实践概念被用于支撑各种不同的广泛的政治议题。即便我们可以从实践出发，我也怀疑这是否能决定我们的归宿。

69

第四章　现象学的局限性①

约翰·塞尔

本章主要评论了德雷福斯对海德格尔的论述。[1]为了使讲英语的哲学家理解海德格尔的研究，德雷福斯可能比其他的讲英语的评论家做了更多工作。大多数英美传统的哲学家似乎认为海德格尔往好里说是一个故弄玄虚的糊涂虫，往坏里说是一个顽固不化的纳粹分子。在很大程度上，德雷福斯已经有效地以一种讲英语的哲学家可以理解的语言来陈述海德格尔的观点。就此而言，我们都很感谢他。

在他评论海德格尔的著作中，他的一种修辞策略就是将我的观点与海德格尔不适当地进行对比。然而，他总是错误地陈述我的观点，我相信他的误解并非偶然。德雷福斯难以真正理解我的立场，因为他认为我未能以某种方式去研究现象学。他似乎认为，对意向性的分析必须总得是现象学的，而且他似乎也认为对意向性而言，只存在两种可能的一般途径：胡塞尔式的与海德格尔式的。由于我与海德格尔的观点大相径庭，他便认为我的观点必定与胡塞尔相类似。我确信他读过我的著作，但他似乎认为自己已经先验地理解了我的作品，或者我应该说他*总是已经理解了我的著作*。他的讨论揭示了一件事，即我在某种程度上从事的逻辑分析活动完全不同于他所描述的现象学。现象学充其量只是逻辑分析的第一步，但仅仅是第一步。在发展他所赞同的海德格尔立场时，我认为他无意中揭示了哲学中现象学方法的局限性。对于现象学来说，事物对于能动者而言是怎样的，"让事物显现自身"（32），这是至关重要的；但对于逻辑分析来说，这只是第一步。

我必须说，自己并未阅读足够的胡塞尔、海德格尔或一般现象学家的著作，因此对他们实际所说的观点没有一种可理解的看法。当我说"海德格尔"时，我意指"德雷福斯描述的海德格尔"，"胡塞尔"与"现象学"亦如是。

本章由四个部分组成。首先（最乏味的部分），我会纠正一些（不是全部）对我的著作的误解。其次，我会批评海德格尔-德雷福斯对于熟练应对的解释，因为我认为他们的解释并不一致。再次，我将试着展示他们正利用的现象学方法所

① 这一部分内容参考了：（美）约翰·塞尔. 现象学的局限性[J]. 成素梅，赵峰芳译. 哲学分析，2015，6（5）：3-19.

特有的缺点。最后，我力图将我考察这些问题的方法与德雷福斯描述的现象学加以比较。

我的某些努力在于纠正误解，因此重要的是，我没有误解德雷福斯。他友好地同意检查每一个解释，从而确保我没有误用或曲解他的观点。他持有，或者至少在最初出版他的书时持有我认为他持有的所有观点。

第一节

德雷福斯一贯误解的一个早期例子在于他的这一主张，即我认为意向性是"具有心理内容（内在）的自足主体与独立客体（外在）"之间的关系（5）。德雷福斯也将其称为意向性的"主体-客体"概念（105）。他应当担忧的是，我从未使用像"自足主体"这样的表述（其实我不太确定它的意思）；我也没有把自己的观点描述为"主体-客体概念"，应该更让他担忧的是，我明确表示反对内在与外在的隐喻。他描述的不是我的观点，确实与我的立场不相一致。在我看来，理解意向性的关键在于由意向状态的内容和使意向性产生作用的背景能力所决定的*满足条件*。你永远不会从德雷福斯对我的观点的拙劣模仿中理解这些核心原则。你也得不到这样的观念：在我看来，现象学未必揭示了满足条件或背景。

在描述我的背景概念时又有一处失实之处，德雷福斯说道："塞尔的唯一选择要么是'主观意向性'，要么是'客观的肌肉机理'。"（103）当然了，背景既不是主观的意向性，也不是客观的肌肉机理。德雷福斯继而认为我的两种范畴是心智与身体。由于我耗费了多年时间来努力克服心身二元论，所以这是他所做出的一个极为错误的主张。

继续列举：在另一个显著的误解实例中，德雷福斯说道，在我看来，我正看到一幢房屋抑或伸手去拿盐，无论什么时候，我都在进行一种心理解释。这甚至与我的观点相去甚远。对我而言，解释行为的字面案例相当罕见，它们肯定不是识别房子所具有的一般特征或伸手去拿盐。他又说，"依据胡塞尔与塞尔的观点，只要存在一种意向关系，那就必有一个'接受（关系）的自我'"。[2] 我从不使用像"接受（关系）的自我"这样的表述，坦率地说，我不知道德雷福斯意指的是什么。他说"我一定要向自己说明我的身体运动是为了产生具体的事件状态"，他将之描述为"主动赋予意义"。[3] 这样的概念不同于我的思维方式，正如我们将在下面所看到的，"向自身说明事物"的整体概念，确实与我将意向状态作为心理表征的概念有很大不同。

德雷福斯说道："在塞尔的分析中，所有行为都伴随着某种行为体验。"（56）

73

这更是错的。第一，我明确否认所有的行为都需要行为体验。[4]第二，当它们确实发生时，这样的体验不是一种"伴随状态"。这一点很重要，我稍后会作阐述。

他又一次说道，根据塞尔的观点，"如果我们找不到产生行为的意识信念和愿望，我们便有理由假设它们包含在我们的解释当中"（86）。我没有这样断言，实际上我明确否认意向状态先于所有行为。

下面是德雷福斯误解我的观点的另一个例子。他说："如我们所示，海德格尔也会拒绝接受塞尔的主张，即甚至在没有愿望的情况下我们*心中也必定有*满足条件。"（93，我强调的部分）"心中有"完全是德雷福斯的发明，所以他没有给出页码索引也就不足为奇了。他接着说道："现象学的考察证实，在各种广泛的情况下，人类以有组织、有目的的方式与世界相联系，并没有什么表征状态的*恒常伴随物*，即具体说明行为要实现的目的。"（93，我强调的部分）例如滑雪或弹钢琴等技巧性的活动。

他的批评基于对我的观点的根本误解，这彻底暴露在这一批评中："即使行动者*心中没有*［我强调的］*目的*，活动也可以是*有目的的*。"（93）的确如此。但为什么他会认为在我看来，目的性一定是行动者"心中有"的某些东西？

这些有关"恒常伴随物"、"心中有"以及"心理表征"的错误表述都是重要的误解，对于理解德雷福斯对我的观点所作的有问题的说明，以及他的有问题的海德格尔式理论而言，我的确相信这些错误表述都是关键的。他认为，当我在说意向状态表征其满足条件时，我把表征视为一种"心中有"的东西，是我的活动的"恒常伴随物"。他之所以这样认为，是因为他假设，如果存在表征，那么它们必定是现象学意义的存在。但那与我的观点相去甚远。对我来说，表征不是一个本体论，更不是现象学的范畴，而是一个功能性范畴。正如我在《意向性：论心灵哲学》的开头所言，"我完全没有在本体论意义上使用'表征'概念。它只是从言语行为理论中借用的这一系列逻辑概念的简称"。[5]

当我尝试着做某件事时，表征并不是尝试之外的东西，不是恒常的伴随物，相反，尝试（我称之为行动中的意向）正是对我所做之事的表征（在我的意义上），因为它确定了什么是成功、什么是失败。德雷福斯坚持声称，在我看来，行动中的意向产生了行动。但这不是我的观点。我的观点是，行动中的意向是行动的一部分。它是行动的意向部分，正是行动的事实使行动具有意向。我稍后会详述这一点。

简而言之，德雷福斯试图将我理解成一位现象学家，然后给出现象学的选择，他试图将我理解为好像是胡塞尔，然后他阅读胡塞尔的行动理论，假设了一组更高阶的心理表征来作为所有意向行为的"恒常伴随物"。由于德雷福斯认为我在试图做并且不知为何没有做现象学研究，因此他的误解是系统性的。当我讲"表征"、"满足条件"、"因果的自指称性"以及"行动中的意向"时，他认为我说的是行动者的现象学。不是的。我说的是意向现象的逻辑结构，逻辑结构通常并不流于表面，一般仅通过现象学是难以发现的。

顺便提及，德雷福斯经常批评胡塞尔的行动理论，而且说他与我的理论有多么类似。但他从未引用胡塞尔所谓的行动理论著作中的任何段落。如果能看到胡塞尔原创的行动理论就好了。我竟是这样的无知，甚至不知道胡塞尔有一套完善的一般行动理论。在他的许多著作中，是哪一本详细阐述了这一理论呢？有时德雷福斯会说，胡塞尔*会有*或*可能会有*和我类似的观点。会不会是他创造了一种行动理论（我的）并归之于胡塞尔呢？我不得不说，如果这就是德雷福斯所断言的，那么在我看来，这似乎不太负责任。一个人不能说另一个作者会说什么或可能会说什么，应该只讨论他实际上说了什么。

正如我提醒读者注意的那样，仅仅列出一系列对我的观点的曲解是很无聊的。这份清单的趣味源于这一事实，即它揭示了哲学的两种研究方式之间的区别，而德雷福斯却如此执着于现象学，以至于他确实看不到我不是在研究现象学。我从事的一项研究进行逻辑分析，而且这项研究与现象学大为不同。他的误解在于，好像有人认为罗素的摹状词理论主张任何说"法国国王是秃头"之人的"心中一定具有"作为"恒常伴随物"的存在量词。罗素曾分析了句子的真值条件，而且在这项研究中，言说者的现象学虽然不完全，但在很大程度上是不相关的。我将逻辑分析方法扩展至句子和言语行为之外，以分析信念、愿望、意向、感觉经验以及意向行为的满足条件；而且扩展到的这项研究尽管不是完全但很大程度上与现象学无关。但是，如果不超越现象学，你便发现不了这些现象的逻辑结构。正如我们之后所看到的，海德格尔现象学的问题不在于它的错误，而是它的肤浅和不相关性。

正如我所言，意向性是人们"心中所有"的一种"恒常伴随物"，最后的这个误解可能是德雷福斯的现象学研究（即《在世：评海德格尔的〈存在与时间〉第一篇》）的关键，所以我想用这本书引入更重要的讨论部分。这本书的一个主要论题是将我的理论与海德格尔的理论进行对比，根据我的理论，意向内容在产生身体运动和其他满足条件时发挥了因果作用，海德格尔的理论则认为，除了少数几种反常的情况外，没有这样的内容。简言之，德雷福斯将"熟练应对"与意向行为进行反复比较。下面是有代表性的一段文字。

像布迪厄一样，约翰·塞尔认为社会科学中的形式与因果解释必然失败，但他和胡塞尔一样，认为问题在于，意向心理状态在人类行为中起着因果作用，因此，任何与人有关的科学都必须加以考虑。然而，正如海德格尔与布迪厄所强调

76

的，由于人类的许多行为可以而且的确是在无需心理状态（即信念、愿望、意图等等）的持续性的熟练应对中发生的，因此，为了在人类科学中寻找对预测的基本限制，意向的因果联系似乎不是一个恰当的出发点。关键在于，即便不包含意向状态，人类所选择的客体的特殊类型，也依赖于无法表征的背景技能。（205）

77　　　我认为这一段有很多错误之处。我并未声称社会科学的因果分析一定会失败。相反，我坚持认为，意向的因果关系是理解社会现象的正确分析工具。我没有拒绝形式的描述。相反，我将形式化的数理经济学视为 20 世纪社会科学中伟大的智力成就之一。稍后我会详述这一点，但现在我想讨论它的核心主张。这一段和其他段落都强调"持续的熟练应对"行为与"包含"心理状态的行为之间的对比，一般的主张是，正常的行为根本不包含任何心理状态。该主张有一个明确的反对意见，即只有在这些问题的意义上，持续的熟练行为"总是已经"包含了心理状态：这种行为可能成功，也可能失败，而成功和失败的条件内在于所考虑的问题中。我现在转向考察这一观念。

第二节

　　　任何读过德雷福斯著作的人都有这样的印象：他一定耗费了大量的时间打篮球和网球，最重要的是，钉钉子。但是，作为他在伯克利的同事，我是了解他的，我可以说他醒着的大多数时间都用来阅读、写作、交谈和讲授哲学和其他问题。这一点很重要，因为对于德雷福斯来说，他的"持续熟练应对"几乎都是语言学的。事实上，我在上一节引用的那段话是德雷福斯研究持续熟练应对的一个典型例子。因此，我们来试着将德雷福斯关于熟练应对的说明应用于这个范例，其中，熟练应对体现在熟练应对的理论之中。根据德雷福斯的观点，我们应该接受当他在写这篇文章时，大概也是他重写、编辑和校对这一段话的时候，他的*心中没有任何心理状态：没有"信念、愿望、意图等"*。坦率地讲，我发现这个想法是不可能的。我相信，德雷福斯在写这一段的时候，他是*有意这么做的*，也就是说，

78　他意图写这一段文字。此外，我认为他写这段话时"*相信*"这是真的，并且"*渴望*"说出他要说的东西。这一段文字的形成如此"包含"了像信念、愿望和意图这样的心理状态，如果没有它们，他根本写不出这一段话。更糟糕的是，我相信所有这些熟练应对都是有意识的。

　　　难道他真的想让我们接受在他写这段话的持续的熟练行为中没有任何信念、愿望、意图等想法吗？在我看来，这就像是意向心理行为的典型例子。在哲学史上，似乎很少有人提出如此自相反驳的观点。完全不是对比熟练应对行为和意向

行为，而是他自己语言中的熟练应对的例子，例示说明了意向行为，因为它包含在言语行为的表现当中，所以他的熟练应对表达了信念、愿望和意图。

那么，这里发生了什么呢？德雷福斯的理论怎么会与他的实践有如此大的出入呢？我认为这一解释就是我之前建议的。他认为，如果心理状态是"被包含的"，那么在现象学意义上它们必然作为一种"持续的伴随物"而被包含。他的图景是，熟练应对就像女高音歌手歌唱，心理状态就像钢琴伴奏，他怎么也想不明白，为什么我似乎是在说，没有钢琴伴奏，女高音歌手便无法唱歌。这便解释了他试图陈述我的观点时所使用的生硬词汇。他说"*我必须告诉自己，我的身体活动意味着产生了一种事件状态*"。[6]如果这意味着什么的话，那它一定意味着我有更高阶的思想，这些思想是我的意向行为的恒常伴随物。但这并不是我的观点。有时女高音歌手只是（故意）唱歌。

因此，有人可能会说，列举语言的例子是不公平的。也许德雷福斯并不想让我们把言语行为视作一种形式的熟练应对。也许，它们是一个例外，他仅仅是用"熟练应对"掩盖前语言的情况。这种方法的问题在于，几乎全部的人类行为，当然也包括他举的例子，都渗透着语言。如果没有语言负载的活动，你就不可能打篮球、打网球。首先，在这样的活动中，球员们相互之间必须不断地执行言语行为，而且还有很多其他的符号成分。例如，篮球运动员必须知道比分，他必须知道自己在哪支球队，必须知道自己在进行哪场比赛，他们是区域联防还是人盯人防守，还有多少进攻时间，比赛有多长时间，有几次暂停，等等。所有这些知识都是球员"熟练应对"的一部分，而且都是以不同的语言方式进行表达的。

我本人对意向性的研究直接来源于我对言语行为的研究，因此我从未被这一观点所吸引，即你可以在完全忽略语言的情况下考察意向性。

有鉴于此，我们来看看德雷福斯对于打网球或打篮球这样的事情是怎么说的。下面是德雷福斯描述的网球运动员的样子："我们不仅觉得我们的运动是由知觉条件引起的，而且它是由这样一种方式引起的，即被限于减少偏离某些满意格式塔的感觉。现在我们可以补充说，这种*满意格式塔的本质无法被表征*。"[7]

我想，任何临床医师都会认为德雷福斯描述的是一位聋哑网球运动员，他似乎还遭受了海马体双向病变的折磨，使他对比赛没有任何整体感。考虑一下德雷福斯描述的网球运动员和现实生活之间的对比。假设在现实生活的情境中，网球运动员刚刚搞砸了比赛，教练问他："该死的，发生了什么？"那么他会说什么呢？他难道会说"教练，这不是我的错。我什么都没有干，更准确地说，我的动作是由知觉条件引起的，而那些条件没有减少对某种满意格式塔的偏离感，而这种满意格式塔的本质完全没有表现出来"？

或者，难道他会说这样的话吗？——"教练，我在第五局很唐突地接落地球

79

是因为我那时太累了。当我无法集中注意力时，我便无法获得我的第一次发球"。德雷福斯所举例子的问题不在于它是错的，而是它偏离了要点，因为它没有达到这样的层次，即网球运动员（以及篮球运动员、木匠和哲学家）在进行"熟练应对"时会有意识地努力做一些事情。网球运动员首先是要努力赢球，并且他努力通过如接到更有难度的发球和击打更接近底线的落地球来赢球。所有这些行为都是有意向的，全都*包含*"信念、愿望、意图等"，而所有这些都被德雷福斯的描述排除在外。

80　　既然这是德雷福斯与我之间的一个重要问题，那我便来陈述一下我所认为的网球运动员通常在参加锦标赛时的心中所想。一个典型的竞技网球运动员具有以下几种意向内容：首先，他和教练必须聚在一起决定自己应该参加哪些比赛。这会产生无穷无尽的讨论。这些没有意向内容吗？最后，他们决定参加某一场比赛，而且他参赛了。这些更多的是意向性。关于如何到达赛场、乘哪辆车、谁来驾驶等问题也都会争论不休。此外，参加锦标赛的网球运动员对与其进行对抗的对手非常感兴趣，他和教练会非常仔细地谋划他的比赛战术。所有这些谋划，自始至终都负载着意向性，直到他怀着极度紧张和焦虑的心情走进赛场。我们现在置身于比赛中。德雷福斯描述了些什么呢？根据他的说法，网球运动员的体验是这样的："我只是通过在球场上体验到的态势张力来使我运动。"

　　以下是我认为他更有可能在心中所想的事情："我应该能够击败这个家伙，但在第二盘比赛中我当前落后两局。第二盘是我发球，他以 5 比 3 领先，分数是 40：30。我最好保住我的发球局，因为我可不想在这一局平分。"所有这一切在他脑子里"一闪而过"，没有想到每一个——甚至任何一个——字。[8]但这些想法都是他猛冲接球时浮现在脑海中的。坦率地说，他被动地"使自己运动"这一观念，在我看来，是完全不可能描述任何一项严肃的竞技活动的真实情况的。一项严肃的竞技活动在一切方面都充斥着意向性。

　　我认为德雷福斯会坚信，即使这里存在着所有这些意向现象，也必定存在着许多更为"原初的"微观实践。当需要详细说明这些实践的时候，德雷福斯却又相当含糊，但是让我们来提及一些吧。网球运动员必须能够握紧球拍在球场上移81　动。当他在说话的时候，也必须可以移动他的嘴和舌头。除非他做过这些实践，不然他便无法说话，无法打网球。

　　在我看来，此处有很重要的一点，但现象学方法无法予以说明。该要点是：所有的意向活动都是依靠*能力*背景进行的。这些能力使实践成为可能，而且实践不是与意向现象分离的东西，而是意向现象的实现方式。例如，为了更用力地击球，我必须能够握紧并挥动球拍；为了写这篇文章，我必须能够在键盘上移动我的手指。这里有两个要点：第一，意向性上升到了背景能力的层次；第二，它在练习中成为那种能力的基础。例如，我的行动意图（我正努力去做的事情）是将球打到靠近底线的地方，但这样做的时候，我的附带动作是有意的，即便它们不在我要做的层次。所有这一切都在《意向性：论心灵哲学》中做了详细的解释。德雷福斯除了没有回答这些论证之外，还拒绝这种分析。

　　我认为德雷福斯对熟练应对的描述是不充分的，他对意向行为和熟练应对之间的对比是错误的，因为熟练应对恰好完全是意向行为。如果我是对的，那么错误便显而易见，这是什么原因呢？

　　这里谈论三个问题。

　　首先，正如之前提到的，他认为，如果熟练行为中存在意向性，那么在现象学意义上它必定是以一种伴随物而存在，作为除了行动之外的思维过程的第二个层次而存在，例如实际唱歌时的钢琴伴奏。但这是一种误解。我并不是开车去上班并且做一个讲座，然后才有一套有关驾驶和讲座的第二层次的思想，相反，驾驶与讲座正是我的意向性所采取的形式。他关于"心理表征"的所有讨论都基于这一错误观点。

　　除了身体动作之外，还存在着有意识的行为体验作为行动的一部分，对这种观点的最简单的证明就是把正常情况（比如，我有意识地故意举起我的胳膊）与怀尔德·彭菲尔德的案例进行对比。彭菲尔德可以通过利用微电极刺激运动皮层的相关部分使脑损伤患者产生身体运动。现在，在日常情况和彭菲尔德的案例中，身体动作是相同的。那么两者有什么区别呢？在我看来，做事（我称之为行为体验）的体验和仅仅观察发生在一个人身上的相同身体动作之间，存在着明显的区别。

82

　　引入意识导致了下一个要点。错误的第二个原因在于他未能接受意识。熟练应对本质上是有意识的还是无意识的？在《在世：评海德格尔的〈存在与时间〉第一篇》一书中，德雷福斯似乎认为，此在不需要是有意识的，意识对此在而言并不重要。但这是不对的。除了少数几个奇怪的癫痫病例，所有的熟练应对都需要意识。只有当你意识到自己正在做的事情时，你才能熟练地应对。他在后期的著作中承认了这一点。但是，这一让步具有重大的逻辑意义。假设他承认以下几点：为了演讲，开车到我的办公室，或者，我必须有意识地打一场网球，并且意识是这些活动不可或缺的一部分。但另一方面，有意识，必定就有意识内容。在所有这些情况中，内容决定了我所要做之事的成败条件。也就是说，我没有做讲座，而且除此之外，我有着作为音乐背景的意识，更确切地说，有意识的意向性内容决定了讲座的内容。也可能有很多不同层次的意识。当我有意识地开车去办公室时，我可能也在有意识地计划着我的讲座。一旦你承认意识对于熟练应对行为是必不可少的，那么你便已经承认行为之中有某种意向内容，因为意识是内容的载体。它不是某种"伴随物"，它是行动必不可少的一部分。也就是说，意识内容决定了所考虑行为的成败到底是什么。它决定了我所说的满足条件。当然，这并不意味着满足条件在意识状态下具有现象学的明晰性，例如，需要大量的分析才能获得某些有意识心理现象的因果自指称性（causal self-referentiality），我现在转而讨论这一点。

在一个主要误解中，德雷福斯写道，"［在］日常的熟练应对中，有觉知但不存在自我觉知。也就是说，没有自我指称的行为体验，因为这是塞尔所理解的（胡塞尔也会这么理解）"（67）。这段话将自我意识等同于自指称性，因而揭示了我一直呼吁关注的现象学与逻辑分析之间的混淆。行为体验的自指称性与自我觉知的现象学无关。自指称性是一种纯粹的逻辑特征，它与意向状态及其满足条件之间的关系有关。德雷福斯认为，自指称性意味着自我觉知，这一事实表明他完全误解了我的理论。任何动物都具有意向行动和感知的能力，它们都具有因果自指称性的意向状态。但自我觉知是非常复杂的，可能仅限于灵长类动物和其他高级哺乳动物。当然，自指称性和自我觉知之间没有联系。此外，这里对"觉知"这个术语的使用以及觉知与自我觉知间的对比，都揭示了德雷福斯在意识方面的问题。觉知通常意味着意识。但是，如果是这样的话，我们便面临着我所呼吁关注的那些问题。如其所言，熟练应对需要觉知，而觉知就是意识，而意识在这样的情况下总具有意向内容，那么德雷福斯关于熟练应对不具有意向性的主张便陷入了自相矛盾。

错误的第三个原因在于方法，至少由德雷福斯的胡塞尔和海德格尔版本所践行的"现象学"方法是不充分的。它之所以全无价值，是因为它只能告诉我们事物在某种层次上看起来是怎样的，而没有对现象进行逻辑分析。我想在下一节更详细地阐述这一观念。

我将自己对德雷福斯关于"熟练应对"之描述的反对意见作如下总结：

他给出的有关熟练应对的实际描述是如此模糊，以至于你不可能完全说出他的内心所想。但只要你详细地阐述出来，你就会发现它一定是错的。因此，我们详细地阐述一下。假设我正进行某种熟练应对，例如锻炼身体。我正在做俯卧撑、原地跑步，等等。请注意，我可以在这样的熟练应对中思考其他的事情。我可以在做这些事情的同时思考哲学问题。当我在进行这些锻炼时，它们无须是我关注的核心。我之所以提及这一点，是因为它是德雷福斯所举许多你能做一件事的熟练应对例子中的典型实例，因为你做这件事很熟练，所以你可以同时思考其他事情。

现在，我们来询问一下锻炼时的这种熟练应对。

（1）首先，它是有意向的吗？

这个问题的答案显然是肯定的。所以我们要问下一个问题。

（2）什么事实使它成为有意向的呢？

在回答这个问题之前，让我们转到下一点。

（3）行动者在进行熟练应对时是否有意识？

这个问题的答案显然是肯定的。但这导向我们的第四步。

（4）只要有意识，必定就有意识内容。[9]

现在，关于意向性的第一点和第二点，以及关于意识的第三点和第四点，这两条研究线路正好在这一刻汇集到了一起。意识的内容和与意向属性相对应的事实，恰好结合在了一起，因为正是意识的内容决定了我是在有意进行体育锻炼。例如，我有意识地努力做俯卧撑，我的意向成败取决于我事实上是否在做俯卧撑。这相当于是说，在某些条件下我会成功，在另一些条件下会失败，这是我意识内容的一部分。但当我说活动具有*满足条件*时，指的正是这一点。努力或行为的意识体验决定或表征了满足条件。现在，德雷福斯在"表征"这一概念上遇到了不少麻烦，所以让我说，正如我在他批评我的段落中所说的那样，这个词对我的阐述来说是无关紧要的。表征不是有意识应对的*伴随物*，它只是应对的意向部分。

坦率地讲，我看不出有谁可以否认以上任何一点。海德格尔与德雷福斯似乎否认表征。但德雷福斯否认表征的方式在于，他首先假设在他的意义上，该观点赞成某种额外的"心理表征"，即作为活动的一种恒常伴随物。但正如我们所看到的，这与我对这些事情的思考方式格格不入。其次，他接着描述了对于行动者而言事情似乎是什么样的，在行动者如此之低的意识层次上，我们得不到实际的满足条件；我们不清楚行动者要做什么。这是因为描述是在如此低的层次上给出的，故而我们得到了所有这些令人费解的评论，即这个问题对于拉里·伯德（Larry Bird）等来说似乎是什么样的。我想说的是，那些事情绝大部分都是无关紧要的。对于那一层次的行动者来说，事情看起来是什么样的只是初步的兴趣。我们唯一感兴趣的是，在何种范围内它可以使我们理解这一要点：什么是满足条件？在什么条件下，行动者的意向内容，不管是有意识的还是无意识的，会成功或失败？

我上面说过，德雷福斯对熟练应对的描述是不连贯的。我现在可以确切地表明其不连贯的地方在于：一方面，他想坚持认为，持续的熟练行为不包括任何心理成分；但另一方面，每当我们试图描述任何持续的熟练行为时，我们都会发现它总包含了心理成分，这在他对"觉知"的讨论中体现得淋漓尽致，或者用我的术语来说，便是"满足条件"。任何足以确定满足条件的觉知，都必须是第二层次的，他试图通过这一假设来掩盖这种不连贯。它必须是"自我觉知"。但这与事实以及我对事实的描述均不一致。

85

第三节

我认为，德雷福斯的著作戏剧性地说明了现象学方法的缺陷，至少在他和海德格尔的实践中是这样。由于篇幅所限，我只举三个例子。

其一，用这种方法，甚至无法阐明哲学和科学中许多最重要的问题。

例如，语言学和语言哲学的核心问题是声音与意义的关系。当我说一句话时我发出了声音，这只是一个单纯的事实（称为事实 1）。我完成一项言语行为也是一个单纯的事实（事实 2）。事实 1 与事实 2 之间有什么联系？我如何从物理学到达语义学？德雷福斯认为，由于我们是在现象学意义上经验到声音是有意义的，所以这没什么问题。"因此，如果我们紧紧地接近现象，便可以解决胡塞尔/塞尔提出的问题，即如何赋予单纯的响声以意义。"（268）但是，现象学根本没有解决这一问题，它只是在逃避。假设我们在现象学意义上将声音体验为一种言语行为，那么问题依然存在：声音与言语行为之间是什么关系？现象学不仅遗漏了要点，而且，德雷福斯所举的案例也使人理解不了这一点。他假设这一问题与现象学有关，因而认为没有现象学问题，就没有问题。然而，无论事实 1 与事实 2 是不是现象学事实，它们都是单纯的事实。这个例子只是现象学系统众多盲点之一。这种无知延伸到了所有的制度实在——金钱、财产、婚姻、政府，等等。

其二，在可以看到这些问题的地方，海德格尔式现象学通常系统地给出了错误的答案。

下面的例子可以很好地说明这一点。当我早上开车去上班的时候，我靠马路的右手边行驶。这是为什么呢？我在靠马路的右侧行驶，而不是在路的左侧或路中间，这一问题的因果性解释是什么？这里有两个可能的答案。

（1）我是在无意识地遵守规则："靠马路右侧行驶"。

（2）我的行为只是一种熟练应对的惯常情况。我已经是一个熟练的司机，而且在美国，作为一名熟练的司机，我只是自动地靠右侧行驶。

现在，据我猜想，德雷福斯认为在这些答案中，第一个答案在现象学意义上是错误的，而第二个海德格尔的答案则是正确的；而且人们被迫二选一。我认为，片刻的反思足以表明这两个答案都是正确的。它们不是对同一问题的不一致的回答，而是对两个不同问题的一致回答。通常对我来说，似乎无论何时站在"现象学"的立场上，第二个答案显然是正确的。当我开车去校园的时候，我几乎从未想到过交通规则。除非路上有什么障碍物，比如路上有个洞或有车停在路上，我通常都是不假思索地在路的右侧行驶。但第一个答案显然也是正确的。我养成这一习惯的原因在于，为了遵守法律，我接受了靠右行驶这一普遍原则。如果我不知道交通规则，或者我住在英国，我便永远不会养成这个特别的习惯。请注意，第一个主张符合因果归因为真的所有条件。考虑一下这样的反事实条件：如果法律一开始就不是这样的，我也不会以这种方式开车。如果法律改变了，我的行为也会随之改变。如果被要求解释我的行为，我会诉诸交通法规。如果我不知道这一法规，我就不会这样做，等等。我在其他著作中已经指出[10]，我的背景习惯、意向和能力，因为规则而形成了它们的方式，当我运用这些能力时，也无须去思考这些规则。即使规则当时当地并非我的意识的一部分，行为对规则也是比较敏感的。

因此，既有可能是我无意识地遵守规则，使规则在产生我的行为过程中起因果作用，也有可能是我开车去上班时完全没有有意识地思考规则。但是，现象学不可能得到这两种真理。我的观点是显而易见的，但这样做的原因在于阐明德雷福斯的方法使他看不到这一点。正如他所描述的那样，现象学只能在某种非常低的表面（减少格式塔失衡，等等）层次上描述事物对我所表现的样子，而且得不到所发生之事的*逻辑*结构。对于驾驶来说正确的东西，对于大多数形式的熟练应对亦如是：刷牙、交税、打网球以及做讲座。所有这些情况都具有不同层次的意向性，而且在现象学意义上，在最低层次描述事情对行动者而言是什么样子，并不能理解所有这些层次。如果你认为我刷牙的行为完全是为了消除格式塔失衡，而不是为了防止蛀牙，那么你永远也不会理解我刷牙的行为。

其三，海德格尔哲学中的现象学与存在论之间具有一种系统的模糊性，这就产生了不一致。

德雷福斯在与我的对话和文本中都坚持认为，他与海德格尔完全都是科学与常识所描述的真实世界的实在论者。没有任何的相对主义。但他随后说了这样的话：“古希腊人敬畏由他们的实践所揭示的神，而我们必须*发现*基本粒子——我们并不建构它们。”（264）但古希腊人的实践并未“揭示”任何神，因为从来就没有神。古希腊人的实践是不可能在没有任何可揭示的东西的时候去揭示神的。人们也可以说，孩子们在圣诞节的实践“揭示”了圣诞老人。古希腊人*认为*宙斯和其他诸神是存在的，就像小孩子相信圣诞老人存在一样，但是真的必须这么说吗？在这两种情况下，它们都被误解了。我曾去过奥林匹斯山。我认为德雷福斯是想说，古希腊诸神是在古希腊人的实践中得到揭示的，事实上他确实也是这么说的，但这既是错误的，也与他的其他观点不一致。而“实践”无助于纠正谬误和不一致性。你不可能做到两全其美。你不可能是一个关于科学与现实世界的完全的实在论者，然后说一些与实在论相矛盾的话。就像他所说的（261），“科学不可能是*终极*实在的理论”。物理、化学、宇宙学等正是“终极”实在的科学。

88

89　如果它们本身失败了，那么就是失败了，到此为止。你不能接受它们的成功，然后又予以否认。

德雷福斯试图用这样的话掩盖这种不一致性："从海德格尔的解释可以看出，几部不相容的词典可能是真的，即揭示了事情本身。"（279）他甚至谈到了"不相容的实在"（280）。但严格地讲，词典（更不用说实在）绝不是相容或不相容、真的或假的；只有通过词典提供的词汇作出的陈述等，才可能是相容或不相容、真的或假的。两个不相容的陈述不可能都是真的。他没有举例说明不相容的陈述如何可能都真，而是推测亚里士多德的终极因可能会被证明更加"发人深省"。但这无济于事。如果亚里士多德的终极因存在，那么说它们不存在的理论就完全是错的。再重复一遍，你不可能两全其美。

第四节

我在分析意向性方面的研究与胡塞尔和海德格尔完全不同，我意欲通过解释这一差异来结束这场讨论，因为德雷福斯的许多误解都源于他未能理解这种差异。

在我看来，胡塞尔与海德格尔都是从事基础主义研究的传统认识论者。胡塞尔试图寻找知识和确定性的条件，海德格尔则在努力寻找可理解性的条件，而且他们都利用了现象学方法。我的意向性理论没有类似目的，也没有利用类似的方法。我参与了大量课题，其中一个可以合理地认为是逻辑分析，在这个意义上，罗素、塔斯基、弗雷格、奥斯汀以及我早期有关言语行为的研究，都是逻辑分析的例证。我从我们所知晓的某些事实出发：宇宙完全由力场（"终极实在"）中的物理粒子构成，而且这些粒子通常会构成系统。我们这个小小的星球上的某些系统是由有机化合物所构成的。这些碳基系统是通过自然选择进行生物进化的产
90　物。它们中的一些仍然生机勃勃并具有神经系统。这些神经系统的一些还具有意识和意向性。而且至少有一个物种甚至进化出了语言。

现在我的问题是，从逻辑角度看，语言和意向性是如何确定真值条件以及其他满足条件的？作为自然现象，尤其是生物现象，它们的作用机制是什么？明智的哲学以原子论和进化生物学为*出发点*，以我们与活生生的身体同一这一事实为出发点，并由此开始。不要说这些只是"科学的"真理，它们只是单纯的事实罢了。说它们是科学真理就表示可能存在其他类型的与它们一样好，但不一致的真理。但是，科学是以方法之名而发现真理的，而且真理一旦被发现，它就明显是真的。例如，如果上帝存在，那么这便是像其他事情一样的事实。认为上帝存在是某个本体论领域的事实、某种*宗教*事实，而不是*科学*事实，这是错误的。如果

上帝和电子都存在，那么这些只是现实世界中的事实而已。

你从这一事实出发，我们是具身大脑，在我们的身体和剩余的世界之间有一个纯粹的物理边界——我们的皮肤，我们与自己的身体同一，我们的意识和其他意向现象是位于我们大脑内部的物理世界的具体特征。哲学从物理学、化学、生物学和神经生物学的事实出发。没有人会在这些事实背后试图寻找更为"原始"的东西。现在，请记住这一点，关于胡塞尔和海德格尔，我们可以说些什么呢？对了，我从德雷福斯所说可以看出，他们对神经生物学或化学抑或物理学说不出任何东西。他们似乎认为，知道事情对行动者而言是什么样子是很重要的。在我看来，他们之间的区别就变得非常微不足道了。胡塞尔认为，意向性是先验主体与意向对象之间的主客体关系。海德格尔认为没有这样的区别，只有此在的熟练应对，根据现身情态（Befindlichkeit）和被抛状态（Geworfenheit）也能发现并抛入此在。但在我看来，为了获得关于生物体包裹的生物大脑意向性的逻辑结构的充足理论，这两个或多或少都与此无关。

通过现象学根本不可能揭示这种逻辑结构。例如，在批评我的观点时，德雷 　91
福斯喜欢引用篮球运动员拉里·伯德以及登山运动员无经验的、内省的报告。在拉里·伯德和登山运动员看来，他们只是在对环境做出反应，他们甚至无法将自己与环境区分开来。但是，那又怎么样呢？这应该是对什么问题的回答呢？我们知道，他们的身体（因此是他们自己）与环境是不同的。篮球和高山都没有轴突。我能想到的唯一的一个问题，也就是这个问题的答案：在现象学意义上，当行动者进行一些正常的持续性的、熟练的应对活动时，事情对他来说似乎是什么样的？但是现在，因为这些数据只有在研究的一开始才有用，我们为什么要关心它对于行动者而言似乎是什么样子？我认为，除了说德雷福斯没有超出这个问题的关于意向性的研究课题之外，他无法回答这一问题。现象学在很大程度上正与这一问题有关。一旦他回答了这个问题，他对现象的意向性便无话可说了。

在过去的一个世纪，哲学的一大教训就在于逻辑结构通常不会流于事物是怎样的表面。描述理论、言语行为理论和意向性理论都是你以事物看起来如何为出发点的例子，但随后必须更为深入地挖掘，才能得到潜在的结构。

德雷福斯的一些评论近乎神秘。例如，在我上面引用的一段话中，他说道："背景技能……不可以被表征。"（205）但这可能意味着什么呢？任何事物皆可表征。实际上，他只是把它们称为"背景技能"来表征背景技能。在这种情况下，他的意思必定是背景技能并不*存在于*表征之中。但那又如何？世界上只有很少的东西存在于表征之中，但这并不意味着它们不是可表征的。这个错误不只是一个小失误。不只是他意指"不存在于表征"，然后错误地补充道"不是可表征的"；而是我认为，我们实践的可能性条件存在着严重的混淆。我们实践的可能性条件 　92

在于我们是有意识的神经-生物学意义的动物。我们的物种是通过进化发展起来的，我们在基因和文化意义上被赋予了某些应对能力。我们为什么不能研究这些应对能力以及它们的神经-生物学基础？完全没有任何理由。德雷福斯所描述的现象学方法中的严重混淆在于，它无法从原子物理学和进化生物学的最基本事实出发。他觉得自己必须以此在持存的熟练能力为出发点。"存在独立的真实事物，客观的时间和空间，并且断言能够与事物本身的方式相一致——然而，这些实在以及从它们身上揭示出来的超然立场，并不能解释我们详述的有意义的实践。"（281）但为什么不能呢？为什么对事实的考察不能解释"我们详述的有意义的实践"？完全没有理由。德雷福斯与海德格尔认为，由于研究以实践为前提，因此实践不能被研究。但是，这是一个谬论。正像我们用眼睛研究眼睛，用语言研究语言，用大脑研究大脑等。所以，我们可以用实践研究实践，我们的确可以，正如我所做的，用背景来研究背景。

第五节

德雷福斯对哲学做出了许多有价值的贡献。例如，人们会想到他对传统人工智能的有力批判。在我看来，当他以自己的心声进行陈述时，他的研究是最好的。我认为，我们应该感谢他试图阐释那些头脑不如他清晰、才华不如他的哲学家的工作，尽管我们可能会重视这些阐释工作，但我希望在未来的岁月里，他不会忽视自己的巨大天赋。[11]

第五章　背景实践、能力和海德格尔的解蔽

马克·A. 拉索尔

休伯特·德雷福斯与约翰·塞尔都认为，意向状态的内容只能依赖非意向或前意向背景。尽管他们各自对背景的描述和论证有着惊人的相似之处，但是归根结底，他们对背景工作机制的解释却大相径庭。当我们比较他们对背景概念的解释时，这种差异最为明显。对于塞尔来说，背景是能够生成意向状态的"神经元结构"——因此，他更喜欢将背景解释为一组能力。而对德雷福斯而言，背景是一组实践、技能和活动。相应地，或者更确切地说，他们对背景的本质给出不同解释的原因在于，对背景如何解释意向状态的理解不同。我认为，塞尔与德雷福斯之间关于前意向背景的说明非常相似，造成二者分歧的最重要根源是背景的解释功能。

在本章，我首先简要回顾了塞尔和德雷福斯关于背景之间的某些差异——这些差异不经意间导致塞尔与德雷福斯围绕背景的主题展开的论战经常言过其实。然后，我将说明，德雷福斯对塞尔背景的误解是如何导致他对塞尔的批评失之偏颇的。不过，最后我认为，对海德格尔的"解蔽"概念的重新解读——德雷福斯错误地将其注释为"背景应对"——让我们发现了塞尔的背景概念之中有一个真正的缺陷。

第一节　背　景　实　践

追随海德格尔、维特根斯坦以及梅洛-庞蒂，并预测了塞尔有关背景的主张，德雷福斯早已在《计算机不能做什么》一书中指出，意向性只有在一组前意向身体技能、一个有意义的有序世界（或情境）以及无表征的人类目的和需求的背景下才是可能的。[1]德雷福斯辩护称，这一背景不能单纯依据可表征的事实或规则来分析：

我们对自身行为的解释上，必定迟早依赖我们的日常实践，而且简单地说：

"这就是我们所做的"或"这就是人之为人的意义所在"。因此，归根结底，全部可理解性和所有智能行为，都必须追溯到我们是什么的意义，根据这一论点，这必然会引起的倒退，是某种我们永远无法明确知晓的东西。[2]

但是，背景的不可知性并不意味着我们对此无话可说。事实上，在对海德格尔所作评论的导言中，德雷福斯主张，海德格尔应该在《存在与时间》一书中被理解为将背景的"复杂结构"展示给日常的意向行为。[3]

在德雷福斯或海德格尔的说明中，背景理论的任务在于"使我们能够理解事物的意义"；背景实践"为人们选择对象，作为主体理解自身，以及一般地理解世界和他们的生活提供了必要条件"（4）。他们通过向我们展示具有意义的对象，并通过阐明事物显示意义的方式来做到这一点。必须要牢记的是，德雷福斯对背景的论证是作为对心智的认知主义模型的回应而发展起来的。根据该模型，心智与世界的关系，以及心智理解自身和周遭世界的能力，被理解为信息处理的问题。世界被认为存在于独立的元素中，这些元素以感官材料的形式冲击着心智，而它们本身对人类主体没有意义。心智的作用在于表征世界的独立元素，然后处理这些表征或少量信息，从而获得一个结构有意义的世界。德雷福斯一般将认知主义视为笛卡儿以来盛行的心智观与世界观的一个特例：

在笛卡儿的本体论中，宇宙的最终建筑材料是自然科学所理解的自然的元素（单纯自然）。但是，人们也可以尝试着根据感觉材料、单子，或者像在胡塞尔那里那样，根据"谓词意义"之间的关联——这些关联与这些基本元素宣称要指涉的那个世界的诸原始特性之间的关联相应——来说明一切。当谈及依据"一个关系系统"——它"首先被设定在'思想的一个行动'之中"——而领会世界的时候，海德格尔心中所想的也许就是原子主义、理性主义传统的这一最后阶段。这一胡塞尔式的筹划在如下的新近尝试之中达及了顶点：把世界和其中的对象理解为诸特性的一个复杂混合，并把心灵理解为含纳着对这些特性以及表象它们之间关系的规则或程序的象征性表象。[①]（108）

然而，认知主义模型有两个关键缺陷，这导致德雷福斯设想了实践的非意向背景。首先，德雷福斯指出，该模型将我们遇到的世界描述为一组未经现象学证实的毫无意义的原子要素："事物并不作为独立的、现存实体而被理解，我们把独立的功能谓词附加给了这些实体……没有任何东西对我们是可理解的，除非它

---

① 译文引自：（美）休伯特·L. 德雷福斯. 在世：评海德格尔的《存在与时间》第一篇[M]. 朱松峰译. 杭州：浙江大学出版社，2018：131-132.

首先作为已经被整合进我们的世界、融入我们的应对实践之中的东西而显现。"（114-115）。简而言之，只有在非同寻常的情况下，我们才能将事物视为"现存实体"。

当然，认知主义进路的诱人之处在于，它诉诸我们的直觉，也就是就人类的信仰与关怀而言，世界本身的秩序并无意义。如果我们要接受德雷福斯的现象学，并且拒斥心理过程使世界具有意义这一观念，我们需要一些其他解释来说明事物如何被我们理解为是已有意义的情况。正如上述引文所示，德雷福斯的答案是，把自然实体看作是通过"应对实践"的背景有意义地"整合"到我们的世界之中。

认知主义模型的第二个缺陷，或许也是更深刻的缺陷是，它无法解释如何通过对原子信息比特的规则处理得出近似于我们理解的世界。即使你拒斥德雷福斯关于日常经验的现象学，该论点也是适用的；人们可能会认为，现象学只是忽略了信息处理，因为后者产生于潜意识层面。当然，认知主义者可能会说，我们经验的世界当然已经具有意义，但这只是有可能，因为我们的心智已经使其变得有意义了。德雷福斯在《计算机不能做什么》和《在世：评海德格尔的〈存在与时间〉第一篇》中所作的回应是，指出我们对世界的理解是整体和熟练的。我们对事物的整体主义理解，使我们难以发现建构我们所知的任何规则支配的方法是如何获取最简单的理解形式的。德雷福斯以桌子为例阐明了这一点： 96

> 只是给一张桌子的表征添加这样的事实，即它是用来吃饭和坐的地方，这只是其中的一小部分，它还涉及其他设备，以及界定"桌子"含义的因缘。这样的功能谓词不足以让一个传统的日本人应对我们的桌子，甚或完全理解桌子在西方通常扮演的角色。所有阐明桌子属性的命题都会有其他情况不变的条件，而那些条件又会有其他情况不变的条件，等等。（117）

此外，德雷福斯指向了"技能论证"。当我们试图捕捉我们所了解的世界的内容时，我们发现，大部分知识仅仅存在于我们应对世界的技能当中——也就是说，我们在某一给定情境中"应对通常所显示情况的意愿"。如果我们要把心智视为少量信息的处理过程，那么我们就必须把这些技能当作规则，它是我们对在世界上遭遇的无意义要素的反应。此外，人类技能不仅对物体作出反应，而且会对情境作出反应，因此，我们需要增加规则以尽力定义不同情境，以及情境如何改变我们对情境中的事物做出反应的方式。但这一方法推动着我们无限倒退，因为规则的应用本身依赖应用规则的技能。如果我们根据应用更多规则来尽力掌握 97 这些技能，那么……当然了，这样做的错误在于将我们对设备整体的理解，以及对设备的反应能力视为受规则支配。德雷福斯解释道："由于我们的熟悉性（familiarity）不在于大量的规则和事实，而是在于以恰当的方式对情境做出反应的倾向性，所以不存在需要被形式化的大量常识知识。［将技能形式化为规则］这一任务不是无限的，而是无望地被误导的。"（117-118）德雷福斯总结说，在心理规则领域，我们需要使意向活动基于实践背景，这些实践只是让我们倾向于以恰当的方式去行动。

总之，在德雷福斯对海德格尔哲学的诠释中，他以实践背景解释了我们世界中的事物如何表现其意义，以及我们如何能够使行动为人所理解。事物根据其融入我们实践的方式而被赋予意义。我们之所以能够行动，是因为我们的背景实践使我们能够以某种方式应对我们在漫游世界时所遇到的人和物。

德雷福斯认为海德格尔区分了两个层次的背景实践——应对特定事物或设备的实践，以及应对设备的整体语境的实践。在某种程度上，这一观念似乎非常符合常识。当然，一个人不能应对特定的设备，除非他"对我们周围世界有一种一般的技巧性把握"，这些特定的设备在我们的周围世界中有其自身的重要性（105）。这个过程如何起作用，德雷福斯举了一个很好的例子：

> 例如，当我走进房间时通常会应对屋内的一切。使我能够做到这一点的不是我具有的一套关于房间的信念，也不是一般房间及其包含之物的应对规则；而是对房间如何正常表现的理解，一种处理房间的技能，这是我在许多房间漫步和踟蹰的过程中所产生的。这种熟悉程度不仅涉及行动，也涉及静观（not acting）。除非我是清洁工，否则在应对房间时我不会熟练地清理灰尘，也不会注意窗户是打开还是关着的，除非屋子里太热了，在这种情况下，我知道怎样做恰当的事情。我处理房间的能力决定了自己要利用房间做什么，以及忽略房间后我会做什么，同时我也应该准备好在适当的场合使用它。[4]

在德雷福斯看来，海德格尔因此认为，有必要设定使特定的局部应对得以可能的背景——"使得特殊的应对活动在当下世界的显现成为可能"的背景（186）。这种背景应对或解蔽使发现得以奠基，这一过程是通过"准备在特定的环境之中对任何通常情况下可能出现的东西做出恰当回应的状态"（103）让我们施展使用特定器具的熟练能力而实现的。

与此同时，德雷福斯煞费苦心地指出，背景应对与具体应对在本质上是相同的：

> 但是，另一方面，原初的超越性（在世、展开）不是完全不同于存在者层次上的超越活动（应对具体事物的通透活动、揭示活动）的东西；毋宁说，它与作为所有有目的关联行止之整体背景而起作用的那种应对活动是一样的……为了能够使用用具，人们需要找到自己的行事方式，而找到自己的行事方式不过又是应

对活动。任何具体的应对活动都发生在更一般的应对活动的背景之上。在世的确在存在论上是先天的——在海德格尔的特殊意义上的先天的（a priori）——作为具体活动之存在论上的可能性条件，然而，在世不过就是有技艺的活动。^①（106-107）

因此，根据德雷福斯的海德格尔式解释，人类的意向性组合主要是我们在掌握事物所处情境的基础上，对周围世界的特定事物做出巧妙的行动和反应。可以说，通过让我们聚焦于这种环境中的相关与适当的事情，背景应对（或解蔽）使我们能够透彻地处理具体的事物（或发现）。最后，应对背景（即解蔽＋发现）使具有确定内容的具体主题状态成为可能，因为只有在事物与世界的背景熟悉程度的基础上，才有可能以我们具有确定内容的意向状态的方式指向事物。简言之，德雷福斯的背景通过解释何种活动有必要将自身的具体内容给予这些状态的方式来"说明"意向状态。

德雷福斯声称，正是"定向应对"与"背景应对"之间的区分，使海德格尔对背景的描述和塞尔的背景能力概念相比具有一个关键优势。但是，在我们回顾德雷福斯对这一观点的论证之前，我们需要看看塞尔对背景的解释。 99

第二节 背景能力

塞尔以最为严谨、完善的形式给出如下背景假设：

全部有意识的意向性——全部思维、知觉、理解，等等——仅仅相对于一组能力确定了满足条件，而这些能力不是也不可能是完全意识状态的一部分。实际内容本身不足以确定满足条件。⁵

乍一看，似乎塞尔对意向状态的背景条件做了与德雷福斯相同的解释——也就是说，塞尔似乎也想知道具体的意向状态如何获得其内容（用塞尔的术语来说，就是它们如何确定满足条件）。塞尔经常利用德雷福斯的术语描述确定满足条件的背景能力。例如，他经常将能力解释为"从事某些实践、技巧、做事方法等的能力"⁶。

更重要的是，塞尔与德雷福斯一样，在为背景辩护的过程中提到了意向状态的整体主义，抑或是理解意向状态时应用的假设规则所带来的倒退威胁。塞尔认

---

① 译文引自：（美）休伯特·L. 德雷福斯. 在世：评海德格尔的《存在与时间》第一篇[M]. 朱松峰译. 杭州：浙江大学出版社，2018：129-130.

为，他相信必定存在背景的原因之一是，某一意向状态的内容和满足条件只能通过指涉其他意向状态予以阐明。但是，如果我们试图将内容所包含或排除的东西当作一组命题予以具体说明，我们会发现摆在自己面前的是一项无穷无尽的任务。塞尔很好地说明了这一点，他暗示，即使对最简单话语的诠释也存在困难：

> 我想说的是，语句的字面意义*根本没有*完全确定其真正的含义。"她把钥匙给了他，他开了门"这句话的字面意思很容易解释成，他用她的钥匙*撬开*了门；这把钥匙重 200 磅，像一把斧头。或者，他把门和钥匙都吞了下去，并借助肠道的蠕动收缩将钥匙插进了锁里……关键点是，阻碍这些解释的唯一因素不是语义内容，而是简单事实，即你对世界的运行规律具有一定了解，你具有应对世界的某些能力，而这些能力不是，也不能作为语句的字面意思的部分。[7]

这个问题完全可以推广到其他意向状态。问题在于，如果我们试图依据其他意向状态来具体说明某一特定意向状态究竟包含和排除的是什么，我们便会一直不断地列举事物。如果我们试图将应用于世界的意向内容视作规则支配的，我们便会陷入无尽的倒退。这个背景意味着终止我们意向状态内容的倒退和无限的具体化过程。或者更确切地说，它在这一过程开始之前便将其终结了。

重要的是要弄清，不只是在我们试图解释他人的意义或行为时会产生这一问题（尽管这可能是最易于发现这一问题的情况）。当然，我们解释自身的方式与解读他人的方式是不同的。但是，我们仍然需要能够表明，如何在确定的描述下定向在世之物。某人为了进行解释可能会讲一个与之类似的故事——我们内部存在某些规则，它们决定了我们会被定向于周围世界的哪个方面。但是，如果选择这种方式，我们需要利用规则来确定规则，然后又需要新的规则，等等。我们又一次发现自己被迫设定了一组无限的规则来解释一些我们并未遵守规则而做的事情——我们就是这么做的。德雷福斯笔下的海德格尔与塞尔都借助非表征、非规则性的背景终结了这一倒退。

正如我强调过的，塞尔经常依据实践谈论背景。例如，他提出以下论点来说明背景实践使得我们的话语有意义的必要性：

> 另外一个支持背景的论证是：英语或其他自然语言有完全不可解释的日常语句。我们理解所有词的意义，但我们不理解句子。例如，如果你听到"萨莉切山"、"比尔切太阳"、"乔切湖泊"或"萨姆切建筑"等句子，你会很困惑这些句子的意思是什么。如果有人命令你"去切那座山"，你真的不知道怎么去做。发明一个背景实践来确定这些句子的字面解释是容易的，但没有这样的实践，我们不知

道如何应用句子的字面意思。[①8]

换句话说，因为我们关于切割的意向状态要有内容——从而确定满足条件——塞尔认为我们必须具有相关种类的切割的背景实践。

既然塞尔认为谈论实践与技能的背景只是简略地表达了产生我们意向状态的神经生理学结构，因此至少从德雷福斯的角度看，这似乎比较令人费解。事实上，引入非表征*能力*正是为了尽可能地避免对实践、假设、技能等层次的背景作出解释："所谓能力，我指的是一般的本领、意向、倾向及因果结构。重要的是要看到，当我们在谈论背景时，我们讨论的是某一类别的神经生理原因。由于我们不知道这些结构如何在神经生理层次起作用，所以我们被迫从更高的层次来予以描述。"[9]

塞尔的能力背景解释了意向状态，说明了它们如何能够不用在意向层次进行某种计算而确定满足条件。例如，我们无须以解释的方式理解语言；相反，我们对话语具有一种"即时的、正常的、瞬时的理解"（至少对我们流利使用的语言来说是这样的）。[10] 同样地，意向行为通常不是为了做某件事而应用规则，我们就是这么做的："对许多机构来说，特别是当我成为机构内的运作专家后，我就知道做什么。我知道做什么合适，而无须参考规则。"[11] 当然，德雷福斯和塞尔在这一点上意见一致。

然而，与德雷福斯不同的是，塞尔只是想利用背景解释"就这样做"（just doing）的意向行为或"就是有"（just having）的意向内容。为了在某种程度上重构塞尔的论证，倒退的威胁表明，我们的意向状态不能借助某种计算或基于规则的过程来确定满足条件。因此，这是意向状态的一个逻辑条件，至少大部分时候这些条件足以确定意向内容，而无须明确诉诸其他意向状态。背景通过给予我们某种意向状态的直接生成机制来满足这一逻辑条件。现在的实践、活动、技能以及关于世界的诸多事实，都有助于确定满足条件，但都只是以间接的方式。这些事物通过在我们体内引发某种神经生理状态而起作用，而意向状态正是靠这种神经生理状态来确定其满足条件：

现在，我一再称之为背景的东西实际上导源于由关系构成的完整的汇集，而每一个生物-社会性存在物都和围绕它的世界具有这种关系。假如没有我的生物性构造，没有我置身其中的社会关系集，我就不可能具有我实际具有的背景。但是所有这些关系，生物的、社会的、身体的，所有我们置身其中的事物都只与背

---

① 译文引自：（美）约翰·R. 塞尔. 心灵的再发现[M]. 中文修订版. 王巍译. 北京：中国人民大学出版社，2012：143.

*景的产物有关，因为它对我产生了影响，特别是它对我的心-脑产生了影响。*①12

当塞尔坚持认为背景是心理的之时，确实如上文所言：由于背景是产生意向状态的能力，即使这种能力是由我们与世界中的其他人或事物的交互所塑造的，但离开这一世界，能力依旧如此。

事实上，从塞尔的角度看，德雷福斯诉诸的实践背景并不能解释我们处于某一意向状态，因为我的特点就是以这样那样的方式行事——比如，我开车靠右行驶——并不能说明我现在相信某一具体的事情——比如"我在路的错误一侧开车"。我可以具备驾驶的全部必需技能，我可以学习所有交通规则，等等，但是，如果不指称某些因果机制让我产生具有满足条件的信念，便仍不会指称任何实践、技能和活动来解释我处于的那种状态。

第三节　德雷福斯对塞尔的背景能力的批评

我们现在可以回顾德雷福斯对塞尔的背景版本的批评，以了解它是如何进行的。我首先要指出的是，我打算搁置由德雷福斯的熟练应对实践背景所引发的德雷福斯与塞尔之间的分歧。正如我们所见的，德雷福斯同意塞尔的观点，即当我们处于一种"主题"意向状态——具有命题内容和确定的满足条件的意向状态——背景实践使我们处于那种状态成为可能。然而，在每一种情况下，我们的意向行为能力在多大程度上要求具有表征内容和确定的满足条件，在这一点上德雷福斯与塞尔之间存在着分歧 13。我希望避免这场争论，从而将注意力集中于德雷福斯的主张，即塞尔的背景不足以描述意向性的必要条件。

我尤其想探讨两种具体方式，根据德雷福斯的观点，德雷福斯/海德格尔的背景在解释意向行为方面要优于塞尔的背景。我认为这是更为有趣的反对意见——塞尔的背景无力解释海德格尔所谓的"解蔽"，在考虑这一意见之前，让我先迅速处理德雷福斯的这一观点，他认为塞尔关于背景是心理的主张是错误的。德雷福斯解释道：

海德格尔与塞尔有关意向性论述的基本区别在于：对于海德格尔来说，心理内容与对象的关系（本体的超越）以一种根本不是关系的存在模式（原初超越）为前提，而塞尔则以心理内容与事物之间的关系为基础，认为在某种意义上，背景即便不是信念系统，也仍然是心理的。（347，n.8）

---

① 译文引自：（美）约翰·R. 塞尔. 意向性：论心灵哲学[M]. 刘叶涛译. 上海：上海人民出版社，2007：157.

尽管人们对此有一定了解，但德雷福斯没有详细阐述这一反对意见。如果塞尔认为背景是心理的，这表示它与信仰、欲望等心理状态具有相同的作用方式，那么这肯定是错误的。即便塞尔本人解释的背景也不能代替我们与周围世界的表征关系。然而，正如我们所看到的，塞尔认为背景是"心理的"，并不是认为它与更多相似的心理状态具有相同的结构；意向状态是我们的神经生理特征，在这个意义上，他的意思是，我们处于某一具体意向状态的倾向是内在于我们的。事实上，塞尔承认，我们的背景"能力"依赖于习惯、实践、技能和我们周遭世界的状态。但他认为，产生我们意向状态的结构是具体的，而不用考虑使意向状态具有这一结构的习惯、技能和事物：

> 我具有一个特定的意向状态集合这一点，以及我具有一种背景这一点，在逻辑上并不要求我在实际上与我周遭的世界具有特定的关系，尽管作为一个经验事实，我不可能具有下述情况下我的确具有的背景：我没有一种特殊的生物史，也不与其他人有一组特殊的社会关系，而且不与自然对象和人工物品有任何身体上的关系。①14

为了论证背景在这一意义上不是心理的，我们需要表明，不能仅仅根据神经生理学结构对其进行具体说明。

由于德雷福斯没有进行这样的论证，我将转向他对塞尔的背景版本的第二个反对意见。根据德雷福斯的观点，塞尔的背景版本缺乏海德格尔所谓的"解蔽"或德雷福斯所谓的"背景应对"的意义。因此，德雷福斯声称，塞尔的说明无法合理地解释在世存在的现象学：

> 然后，在回应胡塞尔和塞尔以及他们对主体/客体意向性的排他性关注的时候，海德格尔指出：为了通过使用或沉思存在者而绽露它们，我们必须同时运用对我们周围世界的一种一般的技巧性把握。即使是有一种努力或行动的经验（海德格尔没有在他的经验中发现它）伴随着具体的锤打动作，似乎也不存在一种带有其满足条件的行动经验伴随着背景性的定向、平衡等活动，而这些活动作为在世使对具体事物的使用得以成为可能。很难搞清楚对在世的一种胡塞尔/塞尔式的意向主义的阐述会是什么样子的。塞尔好像不得不做出如下似乎不合情理的断言：一个人的在世——"不是有意识的和有意向的"——依然不知怎地是由行动中的意向所引起和引导的。为了避免这一断言，塞尔不把背景看作持续不断的应对活动，而只是看作一种能力。但是，一种能力的观念遗漏了展开活动——恰恰是它

---

① 译文引自：（美）约翰·R.塞尔.意向性：论心灵哲学[M].刘叶涛译.上海：上海人民出版社，2007：157.

引导着海德格尔把背景看作一种原初的意向性。[①]（105）

因此，这一论点似乎是，任何具体意向行为的条件是一种意向地应对作为整体的世界，以及该世界中特定子世界的能力。因为对于塞尔而言，全部意向行为都由某种表征内容所引导，而由于"背景应对"——我们对"自身环境的一般熟练掌握"——不可能具有这样的表征内容，因此，塞尔似乎无法解释"背景应对"。

相反，德雷福斯主张，海德格尔确实解释了不同于任何具体意向活动的背景应对或解蔽。德雷福斯特别解释道，他的背景应对的意义在于使海德格尔能够根据烦（care）的结构说明解蔽："恰恰是由于烦的结构，就是后面我们将会看到的解蔽性的结构，持留于背景之中，所以像胡塞尔和塞尔这样的哲学家才在他们对心智状态的阐述中忽略了它。"（105）

但是，如果说背景应对或解蔽确实只是更多的应对活动，比如我们熟练地使用特定用具的能力，那我们尚不清楚这一描述会给塞尔的背景增加什么内容（也许，除了确定背景地形的一个新特征）。这就是问题所在。根据塞尔的主张，我们的背景能力促使我们在适当的时候做该做的事情。当我们开口说话时，我们无须注意到我们谈话的背景，无须有意识地决定我们应该说些什么。我们只是脱口而出。同样地，当我们在餐厅吃饭时，我们只需做好与菜单、服务员、账单和我们的食物相关的一些事情，便可以在餐厅这一背景中应对自如。它没有为这些活动的前景形式增添任何内容，也就是还存在一个针对整个房间的普遍活动。简而言之，塞尔准备这样回应德雷福斯，他可能会问，为了在这样的背景下应对世界，还有什么比进行具体的活动更为合适的吗？我们"说做就做"的能力正是塞尔所说的背景能力概念，与其他意向行为不同的是，它不是具有表征内容的问题。正如塞尔坦承的那样，这些背景能力是非表征的。如果情况是这样，而且德雷福斯除了简单的行动之外，无法对背景能力包括的内容作出任何有益的解释，那么有一点还不清楚的是，海德格尔对于解蔽行为的描述是否能对塞尔有关背景能力的解释有任何的补充。

然而，我认为，海德格尔关于解蔽的说明确实增加了一些塞尔版本的背景能力所无法解释的东西。在我看来，德雷福斯的问题源于他的错误举动——主张解蔽只是更为熟练的活动。在后面的章节里，我希望证明这构成了对海德格尔关于解蔽之说明的某种误解。而这反过来又使我表明海德格尔之于我们理解背景的贡献是什么。我要强调的是，我这里所提出的对海德格尔的解释与德雷福斯的解释

---

① 译文引自：（美）休伯特·L. 德雷福斯. 在世：评海德格尔的《存在与时间》第一篇[M]. 朱松峰译. 杭州：浙江大学出版社，2018：127-128.

之间的实际分歧是很小的。事实上，我继承了德雷福斯依据烦的结构对世界的解蔽性所做的一般性解释。我承认这种结构是我们能够在特定情况下接触特定事物的背景。我不赞成将解蔽视为一种与我们使用具体用具相等同的活动。虽然我在这里的重点不是海德格尔的解释，但值得指出的是，我采用了海德格尔有关解蔽之说明的一些特点来证明我的主张，即解蔽不是一种活动。

第四节　海德格尔的解蔽

　　这里有三个主要原因使我相信，海德格尔从未打算将解蔽理解为关于一般情况的应对活动。首先，我发现德雷福斯对发现与解蔽之间所做的区分，并没有受到海德格尔实际使用这些术语的支持。德雷福斯认为，发现和解蔽都是一种积极的应对方式，唯一的区别在于，解蔽应对的是整个语境，而发现应对的是具体事物。但这并不能构成区别，因为发现本身就是对整个语境的某种应对。海德格尔认为，事物的发现性（discoveredness）在于它们在整体用具中保有一席之地："存在者作为它所是的存在者，被指引向某种东西；而存在者正是在这个方向上得以揭示的。"①15因此，事物的意义是事物在相互关联的事物与实践的整体导向范围内具有的关系函数。因此，虽然海德格尔经常提到发现了某些具体的内世界性实体（intraworldly entity），但是，对发现的更为基本的分析与对用具总体性（totality）的原始开显（uncovering）相关。海德格尔写道，在"用具的任何单项显现它自己"之前，"用具的整体性已经被发现了"。16这是因为，正如海德格尔所主张的，与其他事物和人类实践的"因缘"（involvements）构成事物本身。如果是这样，那么"只有在先行揭示了因缘整体性的基础上，才可能揭示因缘本身"。②17因此，德雷福斯之解蔽的区分特征在于应对整个环境的主张是错误的，因为这种应对已经是发现的一部分。

　　使我相信海德格尔不会将解蔽理解为应对活动的第二个理由在于，海德格尔相信，我们甚至或者可能在最真实的中断（breakdown）情况下——也就是说，在积极的应对停止的情况下进行解蔽活动。对于德雷福斯而言，解蔽的范例是一种状况，在这种情况下，整个情境可以在我们理解世界的方式的基础上向我们无缝显现。"我们是我们的世界的主人，"德雷福斯解释道，"总是毫不费力地准备

---

　　① 译文引自：（德）马丁·海德格尔. 存在与时间[M]. 修订译本. 陈嘉映，王庆节译. 北京：生活·读书·新知三联书店，2012：98.

　　② 译文引自：（德）马丁·海德格尔. 存在与时间[M]. 修订译本. 陈嘉映，王庆节译. 北京：生活·读书·新知三联书店，2012：100.

着去做恰切的事情。"[①][18]但是，海德格尔的解蔽范例是在忧虑（anxiety）的情绪中发现的。海德格尔告诉我们，"处于忧虑状态"，"原始而直接，世界即世界"。他解释道：

> 比如，情形并不是这样，世界首先通过思考它（世界），就是它本身，而获得思想，而不考虑在世内的实体，然后在这个世界面前产生出忧虑；相反，情形是，忧虑作为心态的样式，首先把世界作为世界开显出来。[19]

108   正如德雷福斯出色地解释了忧虑的一个典型特征：我们根本无法应对它。关于忧虑，德雷福斯解释道，"没有什么可能性诱惑此在。停止的不是此在为了某个目的使用着某件用具而通透地突入将来，停止的仅只是消散"[②]（179）。结果很明确；要么海德格尔对解蔽概念的使用不一致，要么解蔽是不同于透明背景应对的东西。

拒斥德雷福斯将解蔽视为某种活动或行为的最后一个原因是这样一种简单事实，即他从不使用"解蔽行为"或"解蔽活动"等用语。相反，德雷福斯将解蔽描述为开显（opening）和可利用，或者协调和处理。当我们使用某个主动动词时，它通常表示一种"时间化"（temporalizing）。当然，下一个明确的任务便是解释这些想法的可能意义。

在接下来的内容中，我应当注意到自己的分析在总体上与德雷福斯趋同。如果用一种比我目前提供的更温和的方式来解读，人们会注意到，当德雷福斯认为解蔽是"相同类的应对（作为发现）功能是所有目的性行为的整体背景。"（106），他并不是说我们利用世界的方式与利用内世界对象的方式相同。他不是这个意思，因为他知道海德格尔意指的世界不是一个我们可以操纵或利用的对象。因此，我们不能像应对诸如圆珠笔或锤子等在世之物一样应对世界。相反，当德雷福斯认为背景"应对"是"充当所有目的行为的整体背景"时，他仅表示，在世界被解蔽的情况下，我们对某些行为做好了准备，但对其他行为准备不足。我们质疑德雷福斯将解蔽解释为一种活动的唯一原因是为了清楚地说明，这样一种解释可能会缺失海德格尔对塞尔的神经元背景版本的回应。剩余的任务是明确地指出海德格尔的解蔽意义，以及解蔽概念如何给解释意向性背景带来一些东西，而这正是塞尔自己依据产生意向状态的能力解释背景所缺乏的。

---

① 译文引自：（美）休伯特·L. 德雷福斯. 在世：评海德格尔的《存在与时间》第一篇[M]. 朱松峰译. 杭州：浙江大学出版社，2018：126.

② （美）休伯特·L. 德雷福斯. 在世：评海德格尔的《存在与时间》第一篇[M]. 朱松峰译. 杭州：浙江大学出版社，2018：217.

我们首先评论塞尔与海德格尔观点的相似之处。当然，当塞尔将背景描述为 109
某种能力时，他并不*仅*指一种能力，即一种做某事的假设能力。在某种意义上我
可以说拉丁语，但要实现这一能力我需要付出大量努力。正如塞尔本人的解释，
他意欲确定在适当情况下可以激活的某一子类能力："我所指的能力是本领、性
情、倾向。"[20] 对于海德格尔来说，解蔽是指同样一种激活应对技能的能力——通
过解释我们对"解蔽性的存在能力［seinkönnen（可能存在）］"的理解，或注意
到心境"协调"或"处理"我们朝向世界的某些可能性的方式，来指出这种能力。
那么，对海德格尔和塞尔来说，背景是一种在世界内做出特定回应的能力。活动，
甚至是透明的应对活动，都不是意向状态最基本的背景，而是仅在这样的背景下
方有可能。

因此，海德格尔可能会反对塞尔的背景，并不是因为塞尔将背景描述为某种
能力。相反，海德格尔的反对意见是，将背景描述为*神经元能力*，对于理解人类
特有的意向状态而言是错误的描述层次。海德格尔认为，意向状态是时间性的。
只有在时间背景下才能意识到某一活动是*人类*活动。但是，意向状态和行为的时
间背景既不能根据意向内容来理解，也不能通过假设具有意向内容的物理能力来
解释。

在《存在与时间》第 68（b）节中，海德格尔提出了一个问题，如第 68 节标
题所示，"一般解蔽状态的时间性"。换言之，第 68 节的目的在于证明世界的解
蔽状态的每一结构性时刻——共同为话语表达的理解、现身（disposedness）
［befindlichkeit（现身情态）］以及沉沦①[21]——是如何在时间上开显的。海德格尔
解释说，如果能做到这一点，结果将是"时间性构成了'此有'的展开状态"，
因为"在'此有'的展开状态中，世界也一同得到解蔽"。[22] 海德格尔执行的策 110
略在于说明，"*除了基于时间性*"，任何展开状态的结构性时刻都是不可能的。[23]

例如，海德格尔通过提醒我们在忧虑中被解蔽的世界，是"在其中只有在没
有参与的情况下才能获得自由的实体"[24]，从而论证了情绪的时间解蔽性本质。
海德格尔的意思并不是说忧虑中的我们会认为周围的事物没有意义。正如德雷福
斯所解释的，"世界并非不再是一个指涉的整体……。相反，世界从焦虑的此在
（Dasein）那里坍塌了；它隐退了。没有任何可能性可以吸引此在。"（179）。
换句话说，我们不再认为自己能够意向地行动，或者说如果这么做，我们需要付
出很大努力。这反过来又使生活成为不可能，使实现一种有意义的活动过程成为
不可能。正如海德格尔所指出的，忧虑所解蔽的世界是一个具有独特时间性特征

---

① 此段译文译者参考：（德）马丁·海德格尔. 存在与时间[M]. 修订译本. 陈嘉映，王庆节译. 北京：生
活·读书·新知三联书店，2012.

的世界——也就是说，它是一个这样的世界，在那里忧虑不可能"将自己投射到存在的潜能（potentiality-for-Being）上，这种存在的潜能属于存在，并最初被建立在某人所关切的目标上"25。也就是说，忧虑中的人不可能向未来投射，因为忧虑"把自己带回到最本己的被抛境况中"。26 关键是，我们无法凭借我们关于周围事物之信念的意向内容来充分理解忧虑——事实上，忧虑是不变的。它也无法由于我们没有偶然利用这些信念而得到理解。相反，忧虑的令人不安的特征在某种程度上基于以下事实，即当某人忧虑时，即便他关于如何应对具体事物的背景理解没有发生变化，他也无力应对这些事物，而且一个人无法应对的原因在于他发现自己与自己的习惯和实践之间的关系比较模糊——这是因为他发现它们根本没有根基（ungrounded）。要理解这一经验，不仅要考虑主题的意向行为，还要考虑产生意向内容的能力。此外，还需要解释在世之中的我们如何在时间上，但并非完全意向地被引导（即没有确定的内容决定满足条件）27。

111 在这个例子的语境中务必要注意的是，反对的理由并不在于塞尔没有解释情绪对意向状态的影响。事实上，塞尔不可思议地重复着海德格尔与德雷福斯有关语言的观点，他同意"情绪提供的是整个意识状态的色调或色彩……。在我看来，正常人类的意识生活的特征是，我们总是在这种或那种的情绪之中，情绪弥漫到我们所有的意识形式的意向性，尽管它本身不是或不必是意向性的"。①28 塞尔很乐于承认情绪有时会影响某一意向状态或行为的满足条件（比如某人读取指示牌是为了摆脱无聊，而不是获取路线）。同样，他可以根据对背景能力的描述来适应情绪的影响。在海德格尔意指的忧虑状态下，塞尔可能会说，情绪表现为背景能力的某种变化。例如，依据意向内容或模式对忧虑的一种可能解释是，尽管之前我的能力既产生了我应该接电话这一信念，也产生了我打算接电话的意向，但我现在具有产生信念的能力，而没有相应的意向。29 但是，如果不考虑我们在世的时间立场，人们便会从根本上误解被这一情绪所笼罩的意向行为。当我被焦虑不安笼罩时，这不仅仅是我不打算接电话，而是*因为*我的世界不再控制我，我才不打算接电话。我不再能够向前投射关于实现我自身同一性的可能性，也不再能够透明地纳入我的正常活动过程之中。将情绪现象理解为附于意向内容的主观色彩或色调也是不正确的，除非人们认识到色彩或色调本身如何为行为揭示某些可能性，并且切断其他的可能性。但是理解这一点便是理解了情绪本身，而不仅限于神经生理学方面的认识，作为背景的一部分，情绪使某人倾向于某些意向状态，同时偏离其他意向状态。

---

① 译文引自：（美）约翰·R. 塞尔. 心灵的再发现[M]. 中文修订版. 王巍译. 北京：中国人民大学出版社，2012：112.

　　同样的时间性分析不仅适用于情绪，而且适用于理解——我们知道如何做事，知道什么是合适的、什么是必要的、什么是有意义的 [30]。根据海德格尔的看法，理解的背景时间化（background temporalizing）为具体行为打开了存在空间。换句话说，一种特定的意向行为不仅取决于行为本身（可以不依赖行为在主体生活中的作用而得到说明）的满足条件，还取决于行为对未来行为可能性的预测方式。例如，今天早上我在黑板上画了一幅图，这一行为的满足条件取决于，我向坐在教室里的人表达论点的这一意向之类的因素。但是，这种行为不仅仅是一种交往行为；它是我作为教师的一部分，而且受到学生之为学生的影响。因此，这一行为超越了交往意向并朝向对同一性的"未来"认识，而它（同一性）本身则不是我持有的意向对象。正如海德格尔所言，行动中的此在总是"自身保持一种实存的可能性"。[31] 每一行为都以在我们向自身投射的"在场的能力"（ability-to-be）中所占据的位置为标志。因此，意向行为的时间维度既不是行为本身，也不能通过模糊地指出产生意向状态的某些现实能力来予以理解。相反，它是作为世界的背景定位而存在——这一定位不仅确定了具体行为的满足条件，而且对于把它们（具体行为）理解为它们所是的行为至关重要。

　　对于海德格尔而言，如果说解蔽存在于什么，那人们可能会认为它存在于时间化（temporalizing）。正是时间性解蔽了世界。然而，时间性并不是像挥舞锤子或写信那样的活动，也不仅仅是一种能力。它更像是一种以某种方式行动的准备或意愿。这样的话，海德格尔的观点便与塞尔的相当不同。在我们的本领、倾向和能力中，某些能力可以根据情境的时间性结构做好准备。准备（readiness）和能力之间的区别与我早先所谓的"纯粹"能力与本领之间的区别是不同的。要理解这一点，想象一下某人可以讲一口流利的德语和英语，但从未接触过拉丁语。我们可以说这个人（只是）有理解拉丁语的能力（实际上她不懂），但是能够理解德语和英语。此外，当她在美国时通常会准备好听英语而非德语。事实上，如果有人开始对她讲德语，她可能的确需要反应片刻才能理解对方说的是什么。简言之，我的主张是，海德格尔的解蔽概念是为了表明：我们对我们周围世界的事物和人的积极反应，是如何凭借为通常在世界内所呈现的事物做的准备而成为可能的。塞尔并未对本领和准备作出深刻的区分。但是海德格尔认为，我们若想理解通常是什么产生了意向状态，那么准备才是决定性因素，而不是能力。

　　因此，时间化的观点凸显了塞尔的背景概念所遗漏的有关世界的世界性意义。它尤其表明了，只具备拥有意向状态的能力并不能适当地处理意向状态的构成方式，不仅是它们的满足条件，还有其在时间存在中的地位。这是因为它需要的不只是意向状态，还有意向内容模式，或方向适合的满足条件，以此来完全表征意向行为的本质。时间结构本身不是主题意向状态。因此，它不会解释行为，并指

112

113

出存在着产生意向状态的非意向能力。此外，人们需要指出人类存在的时间嵌入特征——这一特征不能用神经生理学结构予以解释。

我应当注意到塞尔已经预见了这一反对意见，而且他认为背景产生了具有"叙事形态（narrative shape）"的意向内容，也就是说，它将"事件序列"构造成了一个连贯的描述。他解释道：

> 我不仅感知到诸如房子、汽车和人这样一些事物，而且还具有对某种剧情的期待，这种期待使我能够同我的环境中的人和对象打交道。这些剧情包括例如一套说明房子、汽车和人如何相互作用的范畴；或者当我走进餐馆，事情如何进行的戏剧性范畴；或者当我在一家超市购物时所发生的事情的戏剧性范畴。更重要的是，人们在他们的生活中有一系列更大范畴的期待，例如，恋爱的范畴、结婚和建立家庭的范畴、上大学并取得学位的范畴等。①32

当然，这一切都是正确的。问题在于背景如何与塞尔之产生意向状态的神经能力框架相契合。塞尔承认不能将"预期场景"理解为一组意向状态。但在承认这一点之后他也应该认识到，正是我作为一名大学教授的背景意义，而不是做大学教授所做事情的神经生理学能力，才使我的活动具有了"叙事结构"。即使可以从科学方面准确地描述背景的物理实现，它也是理解意向状态和行为的错误的描述层次。33

114

---

① 译文引自：（美）约翰·R. 塞尔. 社会实在的建构[M]. 李步楼译. 上海：上海人民出版社，2008：114.

第六章　基础主义的问题：知识、能动性和世界

查尔斯·泰勒

第一节

反基础主义（antifoundationalism）似乎是我们这个时代公认的普遍信念。所有人似乎都认为，笛卡儿的伟大事业——从不可否认的基础建构确定性知识，是错误的设想。从奎因到海德格尔，再到后现代主义者，似乎都准备接受这一观点。

然而，这一广泛的共识却掩盖了观点上的巨大鸿沟。事实上有不止一种反基础主义的论证；从完全不同的基本观念出发，不同的方法会产生迥异的结论和非常不同的人类学与政治后果。此外，一般的反基础主义的各种构思方式，也是造成其他观点差异的主要原因。这些思想家在理解反基础主义的同时，认为其他人的关键概念对通常的反基础主义观点严重缺乏理解。

因此，对我而言，谈论"缸中之脑"有点像笛卡儿的黑暗时代，而我认为约翰·塞尔的这一立场仍未从我们确定的错误中充分解脱出来。我相信他对我的观点也有同样的赞誉之词。

理查德·罗蒂与我有着类似的论争，我们彼此都指责对方仍然受制于笛卡儿主义。[1]

在本章，我意图探讨当代哲学内部争论的一些关键问题，因为我认识到休伯特·德雷福斯在这一领域所做的巨大贡献。我尤其想到了他对人工智能的批判[2]；以及对海德格尔的评论。[3]但是，我不想把他直接牵涉到随后的讨论可能引发的论战中。

首先，我将对某些在我看来比较正确的反基础主义论点进行反思，然后，从这些论点转向其他一些重要的问题。

笛卡儿-洛克式基础主义之所以失败，是因为产生确定性的论证必须从确立要素（不管其他什么是真的，我确信：红色、此处、现在）到以整体为基础；但你

不能以产生这一结果的方式来分离要素。换言之，某种整体主义构成了障碍。但是，买家要小心！整体主义的类型几乎与巴斯金-罗宾斯冰淇淋的口味一样多，而这*不是*奎因-戴维森的整体主义。首先，这是证实的整体主义；表示命题或断言不能单独得到证实。它仅衍生出一种关于意义的整体主义，就用被观察主体的言语将意义的属性归于术语而言，就等于说，大多数其他主张不能单一地被证实，而只能同其他主张组合在一起。换言之，正如奎因对"表面辐照"和"场合句"（occasion sentences）的论述所表明的，奎因的整体主义这一论题其实接受了经典笛卡儿式经验主义的输入原子论学说。但是，我援引的整体主义更为激进。它完全削弱了这种输入原子论。首先，因为任何特定要素的性质都由其"意义"（Sinn，sens）决定，而意义只能在更大的整体中予以定义。更糟糕的是，更大的整体不仅仅是这类要素的聚合。

为了使第二点更为清楚：知识的基础主义重构中出现的"要素"，是一些显在信息（红色、此处、现在；或者"那儿有一只兔子"<"gavagai">）。然而，使得这些要素具有其意义的整体是"世界"，它是社会实践所组织的共同理解的场所。我注意到了这只兔子，因为我是在这些树和前面的空地这一稳定背景之下辨认出来的。如果我没有适应这一环境，也就不可能看到兔子。如果兔子窜出的整个背景都是不确定的，只是关注它在转圈，那么即使我头晕目眩了，也不会记录下任何显在的信息。但是，我适应这一场所并不是因为我有额外的显在信息——也就是说，尽管其他信息可能会起作用，但对场所的适应不可能仅在于此。这是我对有关应对能力的一种运用，是我在由文化滋养的身体存在中获得的某种东西。

因此，某种形式的"整体主义"是反基础主义者普遍认同的论题。当我们每个人都清楚地说明由这一论题推断出的显而易见的观点；或者更加清楚这种整体背景的本质时，所有问题都出现了。对某人而言，似乎是显而易见的事情，对其他人来说，似乎就是极不可信的。

我的论述内容如下。我们的应对能力可被视为包含了对自身和世界的整体感知；这种感知包括并承载着一系列相当不同的能力：一方面是我们持有的信念，这些信念目前可能在或可能不在"我们的心智之中"；另一方面是我们聪明地应对和处理事情的能力。理智主义使我们认为这两方面截然不同；但是，我们现时代的哲学已经表明，它们极为相似且相互关联。

海德格尔使我们懂得将我们的应对能力视为一种对世界的"理解"。事实上，在我们隐含地理解事物和确切明确地理解事物之间划定清晰的界线是根本不可能的。这不仅是因为任何边界都可以渗透，明确表述和理解的事物可以"沉降"为未阐明的专门技能，类似于休伯特·德雷福斯和斯图亚特·德雷福斯（Stuart

Dreyfus）向我们展示的学习方式[4]；我们对事物的把握也可以向另一个方向发展，因为我们会把以前只是活生生的东西表达出来。同时，对我们所处情境的具体理解混合了显在知识与未阐明的专门技能。

有人告诉我，一只老虎从当地的动物园逃了出来，现在当我穿过房子后面的树林时，对我而言，森林的深处与众不同地凸显了出来，它具有了某种新的效价，我现在的环境贯穿着新的力线，其中可能的袭击矢量占有重要地位。这点新信息使我对这一环境的感知出现了新的变化。

因此，对特定事物的整体理解，对零碎信息的吸收，是对我的世界的感知，它以多种媒介为载体：既定的想法，甚至从未作为问题提出过的事物，但这个整体却被看作一个框架，在这个框架中，形成的思想具有它们产生的意义（例如，人们从未质疑事物的轮廓，这使我甚至无法怀有世界诞生于五分钟前，或者它突然停在我的门前这些如此奇异的猜想），这种理解隐含于各种应对能力之中。就像我们的文化中的多媒体世界一样，尽管我们对事物的理解在某些地方显然适用某一种而非其他媒介（我知道马克斯·韦伯的资本主义理论，我会骑自行车），然而，事实上，就像我漫步于老虎可能出没的树林，媒介之间的界限是非常模糊的，许多最重要的理解都是多媒介事件。此外，由于整体主义在这里处于主导地位，我的任何一点理解都利用这个整体，而且间接来说，也是多媒介的。

也许，所有的反基础主义者仍然赞同我的主张。但很快，我的进一步推论会使我们分道扬镳。例如，在我看来，这种背景图景排除了我们把握世界的所谓表象或中介图景。关于图景存在许多不同的说法，但这个图景的核心观念在于，我们对世界的全部理解最终都是媒介化的知识。也就是说，这种知识通过某种"内在"于我们自身的东西，或由心智产生。这意味着，我们可以把我们了解的世界理解为与所了解的事物原则上可分离的某物。

这个分离显然是原初笛卡儿要旨的关键，我们现在都在试图扭转或解构这一要旨。一方面，人的头脑中具有一些假定的信息——观念、印象和感觉数据；另一方面，还有所谓影响我们的"外部世界"。二元论后来可以采用其他更复杂的形式。表征不再是"观念"，而是语句，这一重新审视符合奎因所主张的"语言转向"。或者像康德那样从根本上调和二元论。人们不是根据原型与副本，而是依据形式与内容、模具与填充的模型来定义二元论。

在所有这些形式中，有些可以界定为内在的，正如我们对认识的贡献，这样可以与外在的形式区分开来。因此，怀疑论问题或其变种仍在延续：也许世界并不是真的符合表征？或者我们可能会遇到其他人，其模式与我们截然不同，因此，我们无法同他们确立共同的真理标准？这为我们这个时代许多温和的相对主义奠定了基础。

但是，关于我们对事物多媒介理解的反思，应该一劳永逸地消除这种二元论。如果我们密切关注显信念的媒介，那么这一分离似乎较为合理。即便现在看不到月亮，我也可以持有关于月亮的信念，甚至在当前的思维中展现出来；即便这只是一种虚构，月亮可能并不存在。但是，对事物的理解包括移动和操控对象的能力，两者不能以类似的方式予以分离。因为和月亮信念不同，缺乏作用对象便无法实现这一能力。我无法在没有棒球的情况下运用我的投球能力。我只有在这座城市和这幢房子内漫步的过程中，才能展现这种漫步于城市和房间的能力。

我们忍不住会认为：这种能力不像我"头脑"中的理论信念，它并不在我的心智中，而是存在于我整个身体的运动能力中。但这一观点淡化了嵌入（embedding）的重要性。这里的核心是在此环境中活动的能力。它不只存在于我体内，还存在于我"在街上漫步的身体"中。同样，我的形体和声音本身不具有魅力和吸引力，只有在与别人交谈时它们才会引人注意。

将这些能力置于身体的强烈诱惑源于这样一个假设，即把能力置于身体可以提供关于这些能力的合理神经生理学解释。然而，一旦人们真正地摆脱了笛卡儿式二元论，该假设便不再是不言而喻的了。

120　这必然会完全摧毁表征性解释。我们对事物的理解不是内在于我们、与世界相对立的东西；而是在于我们与世界的联系方式，在于我们的在世之在（海德格尔），或向世之在（being-to-the-world）（梅洛-庞蒂）。这就是为什么从表征解释的角度来看，对事物存在（世界存在吗？）的全面怀疑是非常合理的，一旦你真的接受了这种反基础的转向（the antifoundational turn），这种怀疑便会不再连贯。我会怀疑自己应对世界的某些方式是否歪曲了与我关联的事物：我对距离的感知是歪曲的；我与这一问题或群体的过多牵涉，使我看不到更加重要的形势；我对自身形象的痴迷让我看不到真正重要的东西。但是，所有这些怀疑都只能在世界是我参与活动的全部场所这一背景下产生。除非消解我当初担心的定义，否则我无法认真怀疑这一点，而这一定义只有在这种背景下才有意义。[5]

这里我们来到了一个明显的岔路口。有些人认为，我们真正反对的只是基础主义，即试图"从基础开始"提供一种令人信服的知识结构。他们认为，你可以在奎因式整体论，或者更接近于旧时的怀疑论证的基础上，表明这是不可能的。但是，他们愿意保留我称之为的表征主义，即关于主体知识的说明，这种知识不同于世界本身。

对于其他人而言（包括我在内），解构笛卡儿主义的激动人心之处在于排除有关"主体"的描述。你可以在不涉及他/她所处世界的情况下对其进行状态描述（或在不对主体过多论述的情况下描述世界本身），这种想法是非常不正确的。

第二节

与我观点一致的某些人接受了我称之为的不成问题的实在论立场。我们对实在的表述可能会有盲点和失真。例如，我们可能会严重错误地表征他人的生活。但这些表述并非我们关于实在的全部理解。我们也与我们的世界接触，尽管我们身处其中，与他人接触，通过出现在他面前，我们在前者（世界）中行动，也必须与后者（他人）打交道或交流。因此，我们会受到现实或另一世界的挑战；我们渐渐明白有些东西是不合适的，我们得到的某些东西并不重要；而这可能是修正过程的开始。在不同的文化之间，这可能会产生视野的融合——尽管这种挑战的意义可能被不平等的权力关系所阻碍，殖民帝国漫长而悲剧的历史就是例证。

不成问题的实在论承认，我们的表征可能会（但很可惜，不是被迫的）有所改变以适应实在，也就是朝向真理去适应实在。在另一层面，它意味着我们的整个生活方式、表征和实践，可能会针对感知到的善而改变，在这一点，它与当代流行的道德非实在论观点大相径庭，后者受到怀疑解释学的滋养，并借着"后现代主义"流行起来。现在，我意图通过进一步研究世间主体概念之于我们的道德、社会和政治生活的意义来分析这一问题。

我们对世界了解的多媒介性质意味着我们无法理解自身实践的作用。布迪厄的"生存心态"（habitus）似乎是单独作用的实践层次的例子，没有更为明确的"理论"表述。例如，我们教育年轻人在长辈面前要毕恭毕敬，在适当的时候鞠躬，不大声说话，使用某种称呼形式。他们在这些过程中学会了尊重，甚至更加尊敬他们的父母和长辈。或者女人被教育和男人在一块儿时总是得低头看地，不能直视他们的脸，等等，因此，人们认为女人是居于从属地位的，不可以挑战男人。

但是，学会这种生存心态不是仅仅学会某些动作的问题，而是通过这类教育认识到某些社会意义。因此，某些恰当的情绪与态度和行为相一致，某些价值判断与他们的行为方式相一致，而其他的判断则有分歧。如果孩子们不懂这一点，那么他们就不会认识到社会意义。因此，如果我年轻时对长辈充满蔑视，即使我顺从他们时，自己也马上会意识到必须将蔑视隐藏起来，即我的鞠躬只不过是一种掩饰，我在遵守规范时内心是矛盾的，从内在而言我是一个叛逆者。

看到这一点的另一方式是，我并不只是通过某一中立的描述活动来顺从。这些活动意味着体现尊重。这就是为什么我会以敷衍的，抑或洋洋得意的方式进行这些活动，而我实际上比较厚颜无耻，因此违反了规范。

因而这里的生存心态是一种进入社会世界的媒介，具有其构成意义。而且还有其他进入方式，包括：关于老年人为何值得尊敬的"理论"报告；符号和公认的符号联系、长辈的头饰、他们参加的仪式等；老人讲的故事、传说、警世故事等。所有这些都相互影响和相互渗透。作为一个养尊处优的孩子，我所感受到的那种尊敬，会深深地烙印在一个模范长者的故事中，烙印在他的孩子们对他的爱戴和钦佩中，烙印在我还是个孩子的时候遇到的一些圣人对人的智慧会增长这一说法的惊人表述中。

这里的问题引人深思，而我尚无力解决。该问题依托另一重要论题的背景而产生，我也没有对该论题予以论证。事实上，在某种适当的广泛意义上，正是语言使我们有可能拥有我们所具有的人生意义——道德、政治、美学以及宗教。但是，这当然必须将语言置于足够广泛的意义之上，以囊括那些反映和表现这些意义的身体实践，例如，我们在上文提到的年轻人向长者鞠躬。意义内嵌于整个媒介、说明性言语、故事、符号、规则和生存心态等。问题在于，这种媒体的多元化是不是我们获得意义的必要条件；是否只存在不相关的故事、规则、符号、哲学以及神学的习惯性行为。我的直觉告诉我，答案是否定的。生存心态需要说明性言语中的符号和表述。

但是，这里关于可能性的局限，无论其真实性如何，我们实际上明显是凭借
123 广泛的媒介而生活；我们在自身的行为举止中学会尊重长辈，这也体现在符号、故事、忠告、道德理论中。

在我看来，这对我们的实践如何塑造我们的生活、它们如何在历史中发生变化、这种变化或对变化的抵制如何体现在我们的道德和政治奋斗中，都有一定的意义。它所表明的内容与人们普遍接受的一系列有关实践的理论与论述都不相符，这些理论和论述很大程度上源自伟大的"后现代"思想家，尤其是德里达和福柯。

这两位思想家虽然在各种问题上有很大不同，但在我看来，他们都在这一点达成共识，即提供了一幅我们的实践在历史中变化的图景——因此，我们的生活得以重塑——而与其他媒介无关。这就好像实践本身在变化、扩展、收缩、改变、取代自身，而不牵涉它们编码的人生意义，这一人生意义以符号、故事和对善的定义等得到了更充分的表达，根据这些（指符号、故事和善的定义等）实践彼此沟通并表征相互定义的关系。

德里达的撒播（dissemination）概念似乎隐含着类似的东西，实践在面对事件的偶然流动时会发生改变。例如，福柯在《规训与惩罚》（*Surveiller et Punir*）一书中似乎只是描述了规训的实践的发展，并未对实践的意义做任何解释。

这并不是说这些作者对这里包含的人生意义视而不见，因为他们可以发现一组新的实践如何能够让新的商品具有支配地位。现代学科造就了一个人们崇尚自我控制、长期得力的规划、坚毅的性格等的世界。如果这些理论家忽视了*这一联*

系，毫无疑问，他们的论述就会缺乏对我们无疑具有的相关性和吸引力。但奇怪的是，他们虽然意识到了意义方面的*结果*，但却似乎想否认任何*因果*作用可以带来决定性的变化。好像相互定义关系不是双向沟通。

当然，实践只是有这样的趋向而已。任何具有*语言*维度和*言语*维度，且结构和语言相类似的事物，都会随着时间的推移而产生无定向的变化；因为语言只有通过重复的言语行为才能保持自身的活力，而这些行为的变化是无穷尽的。当然，实践中也存在着一些不是由其体现的意义*所产生*的变化。我们非常清楚，有些做法可能会被边缘化，因为其他变化会带来一些未曾预料到的副作用。许多人重视当地的杂货店，店里的人认识你，在为周末囤货的时候你可以和店主闲聊，甚至可以了解当地的新闻；你不想让它歇业，但超市太方便了，而且价格便宜；你可以省下所有购物的时间和金钱，适时地买好所有东西，然后回家看你最喜欢的电视节目。

但是，某个领域会产生某种趋势和无形的变化，该领域中事情的走向也在很大程度上受到对人们很重要的意义的驱动，而无论意义有多么容易混淆，行为有多么欠考虑。真正的历史变化是一个所有这些事情同时进行的大熔炉，将某一维度抽象化完全是误导性的做法，更不要说写厚厚的几本书来解释从单一维度到现代性的关键转变了。

在这里，人们能够感觉到对某一相同或对立错误的反应，例如，错误之处在于认为现代性正如*计划的*那样产生了巨大的决定性变化。人们某一天从睡梦中醒来，决意成为自由、自主、理性的存在，于是他们开始改造自己。根据规训文化涌现出的前景，这一画面令人愉悦；这些历史主体——我们的祖先，恰恰表现出我们所钦佩的自控、长期的工具化行为、一致的品格等特征。这是辉格派对历史解释的实质；我们追溯文艺复兴和宗教改革时期的伟大先辈，他们是 19 世纪自由主义的原型。自由从一个先例扩展至另一个先例。所有的混淆、相互矛盾、灾难性的和不可预见的后果，以及偶然、趋势，等等，都被消除了。

趋势或"刚发生的"说明是对历史的辉格派解释的辩证否定。后者认为，历史对于意义是完全透明的，历史的展开就像在很好地执行一项计划。前者通过完全否认意向来作出回应。它们同属于平等而相反的扭曲。而且，我相信，它们也共有非常深刻的背景假设；它们同样无法设想历史中的有限意义行为；而这反过来又与自主性的整体观相联系；这可称为"费希特疾病"。

现在我试图以一个例子来说明这几点。规训的现代性（disciplinary modernity）的兴起或多或少会抹去诸如狂欢节（Carnival）这类实践。但狂欢节在里约热内卢仍然熠熠生辉。但无论我们如何看待这种当代形式，以及嘉年华（Fasching）等其他残存的例子，很明显，直到 16 世纪这类实践在欧洲都很盛行，然后被广泛废除，或衰落了。即便是英国和北欧各国等不太重视狂欢节的国家也有着类似的节日，如暴政之王（Lords of Misrule）或少年主教（Boy Bishops）。

所有这些实践的一个重要特征在于"世界颠倒了"。有一段荒唐的短暂间歇期，其间人们把常规秩序颠倒过来。傻瓜和平民统治世界，男孩是主教，放纵和混乱，甚至模拟暴力都出现了，美德、节制等都受到嘲弄。

这些节日之所以引人入胜，是因为它们的人本意义被置身于节日中的人们深切地及时感受到了——人们兴致勃勃地投身于这些节日当中——但也令人费解。对于我们现代人而言，这个谜团很难破解，因为节日并没有提出替代既定秩序的办法，类似于我们在现代政治中所理解的那样，即提出一种可能取代现行体制的事物的对立秩序。这种嘲弄基于这样一种理解：更优秀者、高手、美德、教会领袖等，应该统治世界；在这个意义上，幽默在根本上并不严肃。

娜塔莉·戴维斯（Natalie Davis）曾为这些设置在乡村的城市节日的起源进行求证，在那里，年轻的未婚男子群体可以公然进行嘲弄和破坏，比如喧哗。但正如她所指出的，这种嘲弄在很大程度上是为了支持居于支配地位的道德价值观。[6]

然而，对于所有接受秩序的人而言，表演和欢笑清晰地表现出某些东西，而一些深深的渴望，与这种秩序格格不入。这到底是怎么回事？我不知道，但我只想提几点意见，以便提出某些替代方法。

即便在当时，人们提出的理论就认为，人们需要秩序作为安全阀。美德与良好秩序十分重要，在这种本能压制下积聚的压力是如此之大，以至于若整个系统不至于分崩离析，就必须定期释放。当然，他们当时没有考虑情绪流这一术语，但是一位法国传教士利用流行的术语明确表达了这一观点。

和古代的风俗一样，我们是出于玩笑而不是认真在做这些事，因此每年一次的节日使我们固有的愚蠢显露出来并消失殆尽。若没有时常打开通风孔，酒囊和酒桶不是会经常破裂吗？我们也是旧的酒桶……[7]

也正是从那时候起，人们把这些节日与罗马农神节（Roman Saturnalia）联系了起来。似乎没有充分的理由追溯真实的历史联系，但是这里重新出现了类似的东西，这一假设在原则上仍是可接受的。这一相似活动背后的思维借鉴了有关农神节和其他类似节日的原则（例如阿兹特克人对世界的改造）。其理念是，作为这些节日之基础的直觉在于秩序结合了原初的混沌，它既与秩序相冲突，也是包括秩序在内的所有能量的源头。这一结合必须获得这种力量，它在诞生的最重要时刻做到了。但是，多年的日常生活粉碎并耗尽了这股力量；因而秩序本身只有通过周期性的更新才能维持，混沌的力量在更新过程中首先被重新释放，然后开始建立新的秩序。抑或某些类似于此的东西，我们很难完全明白。

　　当然，还有巴赫金（Bakhtin），他使欢笑显示出了乌托邦式的张力。欢笑如同一切界限的溶剂；身体将我们与每个人、每个物联系在了一起；这些正是狂欢节所庆祝的。肉体基督的再临（Parousia）是有预兆的。[8]

　　维克多·特纳（Victor Turner）提出了另一理论。我们所嘲笑的秩序很重要，但却不是终极的；终极是它所作用的社会；这一社会在根本上是平等主义的；它将每个人都包括在内。但是，我们不能取消秩序。因此，我们需要定期更新、重新致力于秩序，回复到它的原初意义，以社会的名义将秩序悬搁起来，社会在根本、终极意义上是平等的，而平等则是社会的基石。[9]

127

　　我之所以罗列这些节日是因为，无论每一种节日有何优点，它们都表明这些节日所在的世界具有一个重要特征。它包含了某种意义上的互补性，即对立到产生相互必然性，也就是说，对立状态不可能共存。当然，在某种程度上，我们都是以这种方式生存着：我们工作 X 小时，休息 Y 小时，睡 Z 小时。但是，令现代人心中不安的是，狂欢节背后的互补性存在于道德或精神层面。我们面对的不只是事实上的不相容，比如同时睡觉和看电视。我们应对的是那些具有正当性和不正当性、秩序和混乱的被禁止和被谴责之事。所有上述说法都有一个共同点，即它们假设了一个世界，且这个世界可能以宇宙为基础，宇宙中的秩序需要混沌，而且我们必须屈从于相互矛盾的原则。

　　这一世界中的时间不是"同质、空虚的时间"，本杰明（Benjamin）将其置于现代性的核心。尝试这种生活方式会招致灾难。时间是关键的；也就是说，时间线遇到关键节点以及性质和位置要求逆转的瞬间，然后是其他需要重新投入的时刻，以及其他接近基督再临的时刻：忏悔节（Shrove Tuesday）、大斋节、复活节。

　　因此，狂欢节之谜有一个特点，那就是必然的交替，或者关键的时间。这样，虽然作为一种实践的狂欢节并不像弥撒或国王入城仪式那样有多重媒介，因为后者在王权的宗教体系和学说中已被大肆理论化了，但它在这一层面仍然缄默；然而，我们不能仅在实践层面理解它，仿佛它根本没有得到明确的表达。相反，狂欢节与圣餐、王权的可怕现实联系甚密，具有它们所有详尽、广博的解释；这些正是狂欢节模仿和嘲弄的对象。过一段时间，过了规定的时期，它就会将这些分离，穿透这一迷雾便知缘由。

　　16 世纪以来，规训的文化兴起的一个重要结果便是对此类节日的抑制。率先引进这一新兴文化的精英阶层，或是受天主教新教改革的影响，或是受新斯多葛理想的影响，开始对这些节日感到厌恶。曾经与其他人一道庆祝这些节日的精英人士先是退出了这一行列，然后采取行动抑制这些实践活动。

128

　　中央政府、市政府、教会当局或它们的某些组合，强烈反对世俗文化的某些元素：嘉年华（charivaris）、狂欢节、"暴政"的盛宴，以及在教堂跳舞。以前被认为是正常的、每个人都准备参加的活动，现在似乎完全应该受到谴责，在某种程度上也令人极为不齿。

伊拉斯谟（Erasmus）谴责 1509 年他在锡耶纳目睹的狂欢节是"非基督教式的"，他提出了两点理由：第一，它包含着"古代异教的痕迹"；第二，"人们过于肆意放纵"。[10] 伊丽莎白女王时代的清教徒——菲利普·斯塔布斯（Philip Stubbes）抨击了"邪恶舞蹈的可怕陋习"，这导致了"肮脏的猥亵与邪恶的触摸"，因而成为"淫乱的诱惑、放纵的前奏、不贞的煽动以及各种淫荡的赞美"。[11]

现在，正如伯克（Burke）所指出的，几个世纪以来，牧师们一直在批判流行世俗文化的这些方面。[12] 出现的新情况是：①由于对神圣产生了新的困扰，宗教抨击更强烈了；②礼仪的典范及其有序、完善和精致的规范，使上层社会与这些实践活动格格不入。

礼仪本身就会产生伯克称之为的"上层阶级退出"流行文化的后果。

在 1500 年……流行文化属于每一个人；是受教育者的第二文化，也是其他人的唯一文化。然而到了 1800 年，欧洲大部分地区的牧师、贵族、商人、专业人员（the professional men）——以及他们的妻子——已经把流行文化传到了下层阶级，现在他们与下层阶级的世界观产生了前所未有的深刻差异。[13]

礼仪意味着在 16 世纪：

贵族们采用了一种更为"优雅"的举止，一种新的、自我意识更为强烈的行为方式，并且模仿礼仪手册，其中最著名的是郎世宁（Castiglione）的《廷臣论》。贵族们学着运用自控力，学着表现得从容不迫，培养时尚感和庄重的举止，就像参加一场正式的舞会。关于舞蹈的论文也成倍增加，宫廷舞蹈也从民间舞蹈中分化了出来。贵族们不再带着他们的侍从在大饭厅里吃饭，而是退回单独的餐厅用餐（更不用说"休息室"（drawing rooms）了，而是"客厅"（withdrawing rooms）①）。他们不再像在伦巴第时那样和农民摔跤，也不再像在西班牙时那样当众屠宰公牛。贵族学着按照形式规则"恰当地"进行书写和言谈，避免使用工匠和农民的术语和方言词。[14]

就其本身而言，礼仪的典范足以导致这种退缩，而这一退缩实际上在 18 世纪与传统虔诚的要素保持着距离，因为它过于"狂热"了。但是，宗教改革与新斯

---

① 豪门贵族的客厅则称为 drawing room，但这里和画画没关系。从前贵族客厅乃男士高谈阔论的地方，女性和小孩通常都会回避。所以 drawing room 其实是 withdrawing room 的简称。——译者注

多葛学派的交织使它超出了退缩，转而试图抑制和重塑人民的文化；就像巴伐利亚的马克西米兰（Maximilian），他在17世纪早期的改革方案尤其禁止：巫术、化装、短裙、男女共浴、算命、过度饮食，以及婚礼上"不体面"的言语。[15]

我们该如何理解这一时常强制的重塑呢？在某种程度上可以肯定的是，某些实践活动替代了其他实践；规训消除了这些"放纵"形式。但是，这一改变的强大动机是善与秩序的新愿景，无论多么混乱，以及在某些方面两者彼此会多么矛盾。我们不能将事情分割为齐整的阶段；中世纪后期逐步形成了这一不同看法。在某种程度上，我们可以在查理大帝（Charlemagne）身上找到它的萌芽；当然，它的出发点之一是11世纪的希尔德布兰德改革。

最初的理念是阿奎利亚（Arquillière）所谓的"政治奥古斯丁主义"。阿奎利亚承认，这对奥古斯丁有些不公[16]。但是，基本术语都是从他那里借鉴的，所以为了简单起见，还是让他来承担责任。对奥古斯丁而言，正义的完满必须包括他给予上帝的应得之物，这在世界上根本无法想象。最终到处都是有罪之人。但我们可以设想一种制度，在这种制度中，人民服从于以完全公正为模式的规则。如果王权真正遵循那些具有上帝意志之权威（教会的等级制度）的命令，那么便能建立一种由真正高尚的人来统治的秩序，而坏人则被迫服从。[17]

130

这一想法产生于当下的世界，任何替代原则都无须作出任何妥协。在这里，上帝将成为一切中的一切的承诺可以实现，尽管是以需要约束的简化形式实现的。从这个角度看，基督教改革的动力趋于这一方向：必须使大量忠实的信徒尽可能地接近少数虔诚的基督徒。福柯的观点是正确的，1215年第四次拉特兰会议的决定，为整个平信徒（laity）规定了一对一的忏悔，这是改造计划的一部分。

现在逐渐产生了一种关于世界和时间的新认识，它主张秩序与混乱的互补性不再是必要的。给予这种混沌一席之地不再是一个伴随着时间的关键性的必要交替，而是对我们努力根除之物的一种无谓的让步，一种对邪恶的妥协。因此，批判这些流行文化元素的声音愈发频繁，并在16世纪和17世纪的精英群体中形成了强大的共鸣。

这里有好多话要说；但是，简言之，我们可以看到，这种有关世界与时间的新认识最初产生于某种基督教的观点，为世俗的变体所取代；我们最好认为这一新的认识可能从贾斯特斯·利普修斯（Justus Lipsius）的新斯多葛主义开始，便逐渐滑向更多的世俗了。事实上，我们可以认为它有助于构成现代的世俗观，"同质、空虚的时间"是现代世俗观的一个重要组成部分。而且，伴随而来的是新的毫不妥协的秩序概念：我们的生活秩序，以及社会秩序。

除了其他方面，后者的现代版本与之前的变体相比，对暴力和社会动荡更加难以容忍。16世纪见证了对难以驾驭的军事贵族的驯服，教化他们为法庭服务，

充当庭务员或管理地产。18 世纪开始见证了对普通民众的驯化。欧洲西北部的暴
乱、农民起义、社会动荡变得愈来愈少。直至我们达到大多数大西洋社会在家庭
生活中所期望的相当高的非暴力标准。（在这方面，和其他方面相似，美国奇怪
地倒退回了先前的时代。）

在所有这些发展过程中，我们越来越意识到我们*有能力*在我们的生活中建立
这种秩序，这在一定程度上推动了这一进程，也在一定程度上加强了这一进程。
这一自信是包括各种个人与社会、宗教、经济和政治规训的方案的核心，这些方
案使我们从 16 世纪转向了 17 世纪。这一信念与以下信念是同质的：我们不需要
妥协，不需要互补，秩序的建立不需要承认任何对立的混沌原则的限制。正因为
如此，传统节日的逆转冒犯了对秩序的追求，使得这一追求没有把握。它无法忍
受"翻天覆地的变化"。

第三节①

这正是我们的描述；我意指我们现代人的描述。我希望人们清楚，仅仅把这
一描述理解为实践的一种趋势，或者理解为它存在于某些实践开始占主导地位的
这一未经解释的事实，这是多么地滑稽可笑。这是有原因的，且部分原因已得到
阐明。

然而，这也和辉格派的描述相距甚远。它自身充满了疑问（究竟是什么使得
人们对这种彻底改革的模型产生了兴趣？）、困惑、惊奇和无意识的后果（毕竟，
最初作为一项伟大事业的基督徒的完善（Christian perfection）帮助创造了世俗主
义和无信仰的文化），它结合其他偶然条件，产生了前所未有的事物（如资本主
义）；并可能继续存在下去。

所有这些都说明了表达的地位和重要性比较复杂。我们有理由相信表达是具
有破坏性的。例如，狂欢节开辟了一个与现有秩序互补的空间，其具体方式在很
大程度上依赖非言说（non-said）的东西；或者，如果你喜欢，完全依赖一种模棱
两可，甚至有些神秘的幽默、荒诞不经、嘲弄的语言，它以表演的而非陈述性的
表达方式来表达复杂的信息。也许，这种庆祝替代表述和最终认可现有表述之间
的平衡，永远不可能用陈述性的单调话语恰当地予以表达。所以，那些在当时进
行声明式表达的人，要么是它（表达）的敌人（整件事都是异教的），要么是他
（表达人）的模棱两可的朋友（就像这位法国传教士，他的"通风孔"解释真正掩
盖了互补性的更深层原因）。

---

① 原版这里标注的是Ⅳ，应该是Ⅲ。——译者注

然而，一旦我们进行这种破坏性的表达，一旦我们像伊拉斯谟、斯塔布斯和其他人那样去解释怀疑，如果你（像我一样）感到在这样的抑制中失去了一些极为重要的东西，那么你除了反对解释学外别无他法。要认识历史遗留给我们的可能性，你必须重新审视我们的整个历史。

换句话说，清晰表达不仅可以更加精练，还能描绘更为微妙的差别。这在某些情况下可能是好事，但也可能没有任何用处，甚至是有害的，我认为狂欢节在它的鼎盛时期就是这种情况。但是，表达也可能有另一种意义，不是我们意图分析我们完全确信的实践中包含的东西，而是我们在实践中经历的巨大矛盾，抑或是实践之间相互冲突的情况。我们在这里寻求的不是改善我们现有的存在方式，而是如何走出我们所处的僵局。我们的表达是为了更加明晰自己的选择，看看有何种解决途径。

我们在这一非常笼统的层面来定义选择，福柯的研究是这种思维的一个明显、赫然的例子。他正是在这个意义上创造了"当前史"（history of the present），也就是他对现代性崛起的解读，旨在为我们开启各种可能性，如果没有这种解读，我们便无法看到那些可能性。我抱怨的不是这一总体目标，而是开放式（path-opening）阅读可以不同于解释学；它有助于理解现代规训的社会的产生，而不用涉及任何设想善、正义或神圣的动机，也因此不用考虑这些表述的哪种方式是不通的。我们并不是说这些事物可能不会被混淆并且往往自欺欺人。相反，我们的任务无疑是纠正它们。但是，如果我们要这样做，必须首先确定其定义。　　133

福柯认为，他正在做的，是在提供一种现在的历史，而不去解读过去的意义？因为他不是一时心不在焉才这么做的。这里隐含着人类学思想，一种对人类身处困境的感知。如果你认为人类生活的美好不在于善、正义和神圣中的任何一种，那么关于这些事物的愿景，对你来说都根本毫不相干。目前，在某种程度上，我们可以认为这一观点是不连贯的，因为任何关于人类善的观点都是有关善的看法。但是，如果我们不在文字上吹毛求疵，我们便无法理解其要点。

如果你单纯从某种形式的极端自主或自由中看到人类生活的美好，那么任何超越人类之善的洞察，无论是有机的、宇宙的、社会的或宗教的善，充其量似乎都是无关紧要的，而且也可能具有威胁性。福柯提出了这样一种说明，即在他后期立足于审美范畴的自我创造目标，把自我当作一件艺术品。[18]

正因为如此，福柯对于任何关于良好秩序的概念都很不感兴趣。并不存在这样的概念。尤其是没有针对良好秩序的社会问题的解决办法。善行完全存在于个人自律（individual autonomy）的范畴内；尽管某些结构比其他结构更具有压迫性和破坏性，但所有结构都必须经受怀疑和抵制。[19]

福柯在这方面独具匠心，他代表着一个广泛的当代现象：一方面是激进自由理论的巨大力量；另一方面是它们与形式思维、无内容思维的密切关系。这在道德领域体现得淋漓尽致。道德形式理论从某一过程获得了权利，正是这一行为将它与善的任何实质概念分离开来。康德的理论在这一形式中最为有名，但是，他以自己的方式重述了一种相当普遍的结构；这一点我们也可以在卢梭（Rousseau）的普遍意志（general will）理论中看到；或者在早期的契约论中，对于合法性而言重要的不是对好的社会予以实质性定义，而是要满足达成一致的程序条件。

134　　　这种诉求进入正式范畴是显而易见的。除了其他方面，通过将权利与实质性利益脱钩，它使我们确定自律本身就是核心的道德问题。重要的不是你想要什么，而是你怎样去做；这个怎样做就是要实现自律（结果是你只服从自身——卢梭；或自身的法则——康德）。

　　无论福柯的思想与康德的有多么不同，他利用后尼采哲学的范畴修正了这一结构。从某种严格程序的意义上讲，自治现在并不控制形式思维。但它确实要求不考虑内容和有助于推动历史变迁的充满激情的意义。实践在一个独立的宇宙中来来去去、扩展收缩，被剥夺了解释学视域；它们唯一的相关性是它们如何折射权力，也就是如何阻止或产生自我创造。

　　毋庸讳言，德里达的思想与其自身的形式主义之间的密切联系，即产生的无内容（content-free）变化，在诸如"延异""撒播"这类关键词中体现得淋漓尽致。

　　但是，如果这就是福柯对历史的解读与我的相应观点的不同之处，如果将之归结为激进自由与形式思维的密切关系，那么我们便重新回到了当代认识论的领域。因为表征主义和激进自由都在自我与世界之间画了一道明确的界线；这就是为什么这些传统涉及的许多主要思想家——笛卡儿、洛克、康德——都有着同样的观点。世界中的主体性概念试图恢复我们内嵌于身体、世界和社会的意义。这再一次表明：你反驳基础主义的方式，对于你如何看待当代哲学中的一系列关键问题具有决定性的影响。

第二部分

计算机与认知科学

135

第七章　语境和背景：德雷福斯与认知科学

丹尼尔·安德勒

　　休伯特·德雷福斯对人工智能（AI）的批判 [1]，相当重视语境问题——我们这里将语境作为一个概括性词汇，它涵盖了一个巨大的、可能的异质现象，包括情境、背景、环境、场合，甚至可能更多。也许，当人们试图依据关于可互换的、固定的、自我独立（好像是语境无关）的元素族的一个组合策略的形式模型来说明心理动力学时，在最普遍的意义上指明语境的最好方法就是辩证地进行，并把作为第一个近似语境的内容作为障碍揭示出来。德雷福斯有力地论证了人类的心智总是在一个穿透一切的环境中"起作用"，如果这是一个恰当的词（指"起作用"——译者注）。

　　德雷福斯有关这些问题的思想，形成于人工智能早先充满希望和获得初步成功的鼎盛时期。在这段时期，后来所谓的"认知科学"只不过是人工智能的朝阳衍射在心理学和语言学的一道曙光而已。[2]人们几乎看不到神经科学的身影。我们今天所知的心智哲学只限于一个小小的并且排他的哲学圈，语言哲学则刚刚开始进行"认知转向"。迄今为止，整个领域已经历了彻底的重构并且获得了巨大的发展。一方面，人工智能不再是认知科学的一个主要的分支学科，神经计算的发 展彻底改变了人工智能；现在它是"好的老式人工智能"（GOFAI[3]），在认知科学的主流观点中已看不到它的身影。另一方面，心智哲学和语言哲学几乎融为一个单一的哲学分支，哲学的这一主要趋势已然成为认知领域的趋势。

　　尽管产生了这些变化，但正如德雷福斯在与弟弟斯图亚特·德雷福斯（Stuart Dreyfus）[4] 合著的《计算机不能做什么》第三版和其他多篇论文，以及如本卷所阐明的，他对人工智能的分析不仅依旧是评估人工智能领域的重要工具，而且提出了当今认知科学的关键问题。然而，第二方面的情况仍不明朗，本章意图适度地说明需要做出何种澄清。这并非一件直截了当的事情，原因有两方面。

　　首先，德雷福斯的研究与认知科学的关系存在一个常见问题。彼此对对方的关注少于预期。这可能是两个相反原因之一造成的结果。

　　就德雷福斯而言，他相信自己的主要论点，如作*必要的修改*，基本适用于认知科学，这使得他对认知科学不甚关注。因此，不需要详细阐述，至少无须他予以阐述。这一信念反过来又可以得到两个论点中的任何一个的支持。在分析方面，德雷福斯声称他对人工智能的判断，不过是更为普遍地评价整个西方哲学传统的结果，而认知科学在很大程度上只要拒绝直接还原或并入神经科学，便会直接受到这一传统的启发，因此受到了同样的批判。在分析对象方面，德雷福斯可能会忍不住说道，正如柯林斯早先认为的那样，认知科学真的正是在以更多样化的方式探究人工智能。[5]因此，我们甚至没有必要在哲学传统中苦苦去寻找出路。

139　　　或者，德雷福斯可以拒绝评价整个认知科学，而坚持将其理解为只针对某一范式[6]，人工智能只是该范式的直接、表层的应用，它可以而且已可能影响了部分认知科学，且在某种程度上没有对与范式相关的当代认知科学的实际承诺表明立场。

　　相应地，认知科学家可能会认为德雷福斯对于人工智能的批判过于笼统，因此显得言过其实，抑或过于局限而不值得关注。如果德雷福斯认为他的论点与认知科学的理念背道而驰，正如认知科学家所推论的[7]，那么他肯定是错的；另一方面，如果他认为这些论点只适用于人工智能，那我们为什么要担心呢？

　　评估德雷福斯对认知科学的语境分析和相反分析之间的相互关联并非易事，其第二个原因在于，语言哲学家与心智哲学家有关内容和语境的思维方式发生了相当大的变化。在过去的15年左右已经启动了一些重要的研究项目，它们都基于某一或另一种形式的语境论假设——语境是意向性的一个关键的、无法消除的方面。这是假设，也可能是观察到的事实。这些项目的复杂性和深度已经达到了一定程度，使得 GOFAI 框架提出的方案显得过于简单或陈旧。因此，期望最近这股思潮的贡献者以及德雷福斯及其追随者相互承认各自的研究，这是合理的：一个阵营会被人们赞以先锋的美誉，另一阵营会欣然接受其预测的实现。但事实上——据我所知——没有任何迹象表明他们意识到存在另一群体。这是为什么？也许从表面上来看，这两者之间几乎没有什么共同之处——问题可能很明显，而且/或者指导分析的灵感是正交的。也许哲学风格和传统使得彼此不可能相互理解。无论如何，这个问题值得一问。

　　本章的目的有两个。一是简要概述我的观点：一方面是德雷福斯对一般语境问题的贡献；另一方面是新语境论的意义。鉴于篇幅所限，我们不能详述全部历140　史和文本细节，但我认为这足以表明：首先，德雷福斯直接施加了某些没有得到充分承认的影响，但无论是否存在交汇点，它们都有着共同的来源；其次，这两个方面之间也存在着很大的分歧。另一目的是简述一些缩小差距的方式，从而概述德雷福斯的研究与认知科学中的某些核心问题的相关性，以及反过来将认知科学和心智哲学的最新发展应用于他的论点的可能性。

第一节　德雷福斯对语境、情境和背景的分析：概要

乍看之下，一方面，语境、背景、情境、境遇和环境的联系是如此密切，但同时定义却很不严格，以至于人们可能会怀疑，尽管表面如此，但它们是否并非指称同一现象。另一方面，遵从共同的或哲学的惯例将不同内容分配给这些概念肯定是错误的，这好像存在着一个如何做的共识。事实上，就术语而言，常用语完全是变化无常的，而语言哲学、心智哲学、人工智能和认知科学的理论家绝不会同意将专业用法进行分配。

德雷福斯的专业词汇中有三个基本术语："语境"、"情境"和"背景"。德雷福斯将"语境"和"情境"作为独立的名词，它们是在《计算机不能做什么》一书的索引中出现次数较多的词条；而"背景"通常不是单独出现，往往是作为词组"依据［例如，实践］的背景"的组成部分，或出现在诸如"［语境规范性是］问题求解、语言使用以及其他智能行为的背景"（271）此类表达之中，并且在《计算机不能做什么》一书的索引中也没有出现。直到多年以后讨论塞尔的背景概念时，德雷福斯才将"背景"当作主语位置的名词短语，把背景视为某种实体。然而，背景的基本概念在塞尔的《意向性：论心灵哲学》（1983）一书为人所知后，在德雷福斯的《计算机不能做什么》（1972）一书得到了充分体现，其语法差异反映了德雷福斯关于背景现象以及将之与语境和情境现象区别开来的成熟观点。

对德雷福斯而言，语境根本上就是人类遭遇事实、话语、问题等时所处的环境（用最含糊的词来说）；语境的本质特征在于它不能由规则来定义，也不能以任何方式轻易地进行表征（特别地，语境在任何特定场合都不包含有限的特征集，更不用说信息了）。语境现象是我们认知或心理生活的一个基本特征，它包括我们从未（至少在自然环境下）在语境之外面对任何任务：理解一个单词、翻译一个句子、解决一个问题（无论多么简单）、决定对某项要求的适当回应，都不能脱离该单词、句子等的实际出现的语境：对于人类来说，符号、要求、任务从不会孤立地出现。因此，任何固定的意义、规则、知识、表征或信息，都可能被认为是以适当的方式附加到一个给定的记号、要求、任务等上面（与传统观点一样，比如，"狗"这个词被赋予了固定的意义，该意义在一个规则中确定这个词的正确应用），必须随着来自这个语境的"成分"以一种或另一种方式被"混合"。

这一观点在概念上 [8] 与德雷福斯实际拒斥的立场相一致：好的老式人工智能（GOFAI）以及语义学和语用学的各个学派都认为，"有意义的刺激"或表征很少

141

孤立存在。他们认为这类刺激的理解或"处理"过程包括确定语境的贡献，而且他们认为（这种理解或处理过程）是发现语境的相关方面，找到这些方面的适当表征，并对包含着由有意义的刺激本身的内容或信息所组成的前提，以及对语境相关特征的表征进行某种推理。[9]所有人都认为这项任务非常困难，但其观点在于这项任务实际上是由人类心智运行的；因此，我认为*语境问题*是描述这一过程的科学问题[10]，是在受限制的情况下逐步产生的问题，它是有意义的。

　　我们将这一观点称为*温和的语境论*。温和的语境论与一种异于德雷福斯观点的立场形成了鲜明对比，我们可以称这一立场为*语境取消论*。根据另一种观点，语境依赖仅仅是一种表象，它直接消除了对考虑中的任务的适当再分析：语境依赖（context-dependent）的处理，或是对语境依赖项的处理实际上不过是处理语境无关（context-free）要素的"荒诞"变体：所有这一切都在于发现正确的基本过程和要素，这自然要比实验室培育的变种（也称之为玩具问题）困难。

　　众所周知，德雷福斯在其 1972 年发表的著作中有力地抨击了语境取消论，到了 20 世纪 80 年代中期，当联结主义者以 PDP 范式[11]重现于世时，关于行为表现的目的，他们的一个主要论点是：联结主义网络不仅是语境敏感的（至少在那时，所有自重的 GOFAI 范式都持相同观点），而且 GOFAI 范式的联结主义者认为，与之相比，它们*本来就是如此*，这意味着，联结主义网络实际上可以在不消除语境的情况下应对语境。

　　事实上，PDP 联结主义者即使不是理论上的温和的语境论者，至少在实践上是温和的语境论者，他们的模型可以解决的语境问题正是温和的语境论所理解的语境问题。由于德雷福斯一开始没有考虑温和的语境论的可能性，可能是因为他意图质疑 GOFAI 的语境取消论，他对 PDP 表示欢迎，认为它朝着正确方向迈出了一步。然而，他在 1972 年的著作中已经提出了同样有效（或无效）的论证，反对温和的语境论与取消论。

　　这些论证诉诸情境和背景。实际上，德雷福斯在《计算机不能做什么》中并未对这两个术语予以明确的区分，我只是作为评论员决定将一组考虑因素标记为"情境"，另一组标记为"背景"。在德雷福斯看来，这两个概念是相辅相成的，而且我不知道，德雷福斯会认为我尝试把它们加以区分的分析有多大的帮助。

　　我建议使用的情境一词是*基于*环境的客观特征。然而，正如德雷福斯所看到的，情境不仅没有被表征，而且原则上也不能被某一认知系统（人、动物或机器）转化为一系列表征，正是在这些表征的帮助下，认知系统才能确定适当的行为方式。为什么现在不可能这样做了呢？德雷福斯提出了两点理由。一方面，情境是*整体性的*。它的（原初）要素并非独立于整个语境而存在，或者至少它们不具有内在的意义：只有情境赋予它们意义和相关性。因此，认知系统不能*根据*情境要素对之进行评估。另一方面，情境已经包含了（认知——译者注）系统的期望与目标，因而不可能脱离系统的状态，以任何方式首先评估环境的（整体）贡献，以确定作为环境制约因素和内在意向的函数的行为过程。可以说，环境的贡献充斥着系统的观点，在某种程度上，科学哲学家已经认识到观察是负载理论的（theory-laden），甚至自（美国科学史学家——译者注）库恩以来，观察术语的意义取决于它们所在的理论。

情境现象本身实际上并不会导致温和的语境论的最终消亡，尽管它仍然有待确切地说明如何在这一框架内应对情境。然而，语境亦具有或构成某一背景；这也许就是无论多么复杂的语境，都必须规避任何形式的温和的语境论的原因。

让我们以尽可能简单的形式重新思考现在所提出的问题。一个人——或者更一般地说，一个认知系统——反复面临着接下来该做什么的问题。虽然个人或系统认为这个问题不会有什么大碍，但让我们接受这一描述并对它进行充分、全面的解析，包括诸如玛丽如何给出意义的"问题"，即在此处此刻如何赋予诸如"你能把盐递过来吗？"这样一种声音流以意义。我们再次提出这一问题，是否存在一种玛丽或任何生物或系统应用于问题"术语"的普遍方法，从而发现其"解决办法"，这种方法原则上可以非常明确，并且包括一系列简单的、没有问题的步骤。 144

语境取消论假定了一个肯定的答案。然而，正如我们所看到的，温和的语境论者与德雷福斯的论点已经确定性地表明，理论家不可能重新确定"相空间"[12]的参数，从而使语境线索完全消失。此外，正如我们刚才所看到的，与温和的语境论者的愿望相反，人们不可能根据被视为由特定时间和地点的客观事态特征集合所构成的场合，来系统地推断出正确答案，而这些特征是由不依赖场合（整体主义）和生物的期望（主观主义）来定义的。然而，考虑到生物的期望和考虑中场合的物理设置的客观总体特征，为什么不能有一种机制产生诸如（数学）函数分析意义上的固定点、由物理设置的（相互关联的）特征所组成的整体解决方案、关于生物对情境的主观看法的相关方面，以及想要进行下一步所需的算法？这是一位成熟的温和的语境论者的美好愿望。

根据德雷福斯的看法，这一愿望是徒劳的，因为在某一特定场合，语境不仅界定了情境，而且还构成了背景。假设的机制实际上将场合视为一种类型，并且为了将其归入这一类型，就会强行将这一场合从其异常的时空位置上驱离。但是，我们为什么要相信这样的提取是可能的呢？这需要从一个绝对立场出发开始这一活动。反过来，只有在去除所考虑场合的*全部*特点的情况下才能实现这一绝对立场。实际上，温和的语境论者的复杂策略在于区分由场合的局部特征和可定位特 145
征（localizable features）所构成的"日常"语境，一方面可称为"近端语境"，另一方面可称为包括所有其他内容的"远端语境"。[13]

　　德雷福斯当即反对，认为这超出了语境的任何*可操作*概念的适用范围：它太难分离了。任何特定场合出现的背景，用他的话说，"类似于某种终极语境[……]，甚至是更广泛的情境，我们称之为人类的生活世界"。[14] 我们在这里有类似于逻辑论证的东西，近似于该事实，即所有集合的集合过于"庞大"，它本身就无法成为集合。在对概念的解读中，*没有*诸如背景这样的东西，背景只是某种*媒介*，是胡塞尔的"外部视域"（outer horizon），甚至可能是雅斯贝尔斯的"*大全*"（Jaspersian *Umgreifenden*）。

　　然而，德雷福斯心中还有第二个问题，他认为这个问题更为严重。对他而言，背景是存在的前提，而非纯粹的逻辑前提。用维特根斯坦的语言讲，语言是人的一种（*或独一无二的*）生活形式："人类世界……是按照人类的目的和关注点预先构建的，以至于被视为物体，或对物体具有重要意义的东西，已经是这种关注点的一种功能或体现。"[15] 冯·魏克斯库尔（von Uexküll）的"*环境*"（*Umwelt*）可能是生物学意义上的对应物。但是，德雷福斯主要谈及的是海德格尔与梅洛-庞蒂。在海德格尔的框架中，背景是由一种特殊的状态、存在模式提供的，在这种状态和存在模式中，参与其中的人类（而非单纯的生物）应对着一种已经被赋予了充分意义的情境，可以说，其自身就携带着应对情境所需的全部装备。在这一理解中，背景是一种可能性条件，因为对某个存在有意义的东西总是存在的。

　　有关背景的不同解释方式使它成为产生表征的一个因果要素。这里有两个选择。其中一个是心理主义的，约翰·塞尔（John Searle）在《意向性：论心灵哲学》一书中为之作了辩护："背景是一组能让所有表征发生的非表征心理能力。"[16] 然而，在后来的研究中，塞尔似乎概括了他的背景概念，正如以下描述所证明的："意向现象……只在一组非意向的背景能力之中起作用。"[17] 这些能力包括做事的方式、知道如何的方式、在人类特别是社会舞台表现自我的方式。但在塞尔修正的描述中，字面意义上的背景不再是心理主义的："当我们谈论背景时，我们所谈论的是某种特定的神经生理学原因的范畴。"[18] 所涉及的"能力"（他意指"本领、意向、倾向以及*普遍因果结构*"[19]）不必使用心理学词汇予以精确描述；事实上，人们应该期望它们通常不会有此类描述，因为目前人们理解的心理学是意向的，而塞尔*明确地指出*背景是由"非意向或前意向能力所构成的"。[20]

　　然而，德雷福斯批评塞尔与胡塞尔都陷入了同样的陷阱：他写道，他们的观点都是错误的，他们认为，"可以说从外部来看，意义必然*被赋义的心智*带入无意义的宇宙"。[21] 他指责胡塞尔和塞尔坚持认为，意向性的本质在于头脑中的某种东西，即意向相关物（noema）或神经生理过程。[22] 从这一角度来看，背景只是影响、塑造并将具体内容给予这一过程。德雷福斯拒绝接受这一主张，意图避免对背景进行逻辑和心理学解释。

为此，他在某种程度上依赖梅洛-庞蒂关于意义之身体起源的观点；他辩护的观点认为，行动先于反思，身体先于心智，这一主张在认知科学领域愈发普遍："他（梅洛-庞蒂）认为，赋予意义的是身体"，德雷福斯写道。[23] 根据德雷福斯和他的模型 [24]，身体是学习过程的核心所在，语境无关（context-free）规则的逻辑世界至少在许多情况下可以指导初学者，它被转化成一组普遍的身体习惯或技能。这使得背景似乎更为具体，更少了些先验性。

然而，德雷福斯强调，他不愿将背景还原为基于*心理过程*的神经科学描述。继海德格尔之后，德雷福斯否认意向内容可能会与涉及的应对活动脱节；至少初始的*意向内容*不会；衍生的意向内容确实存在，它本质上也可能单独依赖于前理论的理解；而且（我假设）如果没有这种称为语言的特殊社交技能，它是不会出现的。

德雷福斯难以接受这种观点并不会使我们感到惊讶。他认为：整个哲学传统已对我们隐藏了这一观点。清楚明白的解释背景无疑超越了本章的范围。出于我们的目的，这里仅对上述讨论做充分的总结就够了：背景不是任何东西，甚至不是一组客观实践、身体意向、获得性技能，抑或其他什么东西；相反，它是普遍隐藏在历史时间中的实践、身体意向、获得性技能，等等，后者使得意义成为可能（不是在逻辑上，不是在所有可能世界；而是我们人类世界）。

第二节　新语境论

尽管在学科起源、动机、内容、细节的精细度（fineness of grain）方面存在很大差异，但人们还是很容易认识到一组观点，他们都对语境现象颇有兴趣并且相信，概括地讲，标准的形式主义进路无法解释这些现象。这组观点的另一个共同点在于对比：它们*看起来*都迥异于德雷福斯的观点——这就是为什么 [25] 人们倾向于认为他们处理的是完全不相关的话题。我们面对的挑战在于解蔽德雷福斯和新语境论者之间的联系，而不是简单地将他们置于"我们要严肃对待语境！"这一共同口号之下。

新语境论已形成了一个大的领域，主要包括语言学的语义学/语用学范围——包括计算模型——语言哲学，并且更涉及心智哲学。一些新语境论者仍然是形式主义者，然而，他们正是被经典框架中语境问题的不可解性所说服，于是新的形式主义呼之欲出，或者必须对形式主义本身进行改造。在另一端，一些人从维特根斯坦那里获得启发，对探究任何形式主义或自然主义的研究项目都兴致索然。介于两者间的那些人反对形式主义，但又寻求一种改良的、非功能主义的自然主义。尽管有不同之处，但共同的弗雷格文化，以及共同的出发点——意义问题，更具体而言，是字面意义概念的连贯性或适用性，使他们保持着对话。然而，阻碍他们与德雷福斯对话的是后者的出发点——智能问题，更具体而言，是机器智能概念的连贯性或适用性——在文化方面，德雷福斯从存在主义现象学中得到了对他而言最为深刻的启发。

词语具有固定的、内在的、字面的意义，这是哲学与常识之中最为根深蒂固的观念之一，即使在当前语境感知（context-aware）的氛围下，它仍然保持着吸引力。审视新语境论者所依据的一个重要维度是，他们在多大程度上试图远离这一论题，即*类似字面意义的东西*影响着词语的意向性和语言交际行为。大卫·卡普兰（David Kaplan）是温和的语境论阵营的领军人物。他认为[26]，内在地赋予一个词的不是某一或另一传统解释（内涵的或外延的）的意义，而是他称之为的*特征*，后者是语境映射至内容的函数。换言之，单词本身一般并不直接指向任何东西，无论是理想的还是现实的；相反，它需要发生语境（context of occurrence）才能有所指向。卡普兰的目的在于说明词语提供了一组规则或是由一组规则所构成，这些规则自动将发生语境作为输入和输出内容。根据卡普兰，某些词——他称之为单纯索引词（pure indexicals）——完全符合这一方案：鉴于"我渴了"这一句子的发生，存在某一规则给予"我"一词以指称对象（referent），也就是说话者（已经说出句子这一简单情况）。类似的规则适用于"这里""现在""今天"，等等。他将这些词与他所谓的"指示词"进行比较，后者的内容既依赖（静态的、发生的）语境，又依赖*指示行为（demonstration）*，即伴随该词出现的具体事件：一般来说，"这"由一个指向事件伴随。

这仅是对卡普兰思路进行概述的开始，可以满足当前的目的。我们可以清楚地提出以下问题：①卡普兰的方案在最有利的情况下——单纯的索引词是有效的吗？②指示行为究竟是什么？③鉴于卡普兰的目的在于提出独立的语义规则，不应该追问何为语境，以及这一追问是否合理吗？④除了索引和"指示"之外，所有语境效果都可能以同样的方式进行论述吗？尤其是⑤语义层（适当的语言）和语用（*一般认知*）层之间的封闭达到了何种程度？如果后者在某种程度上渗入前者，我们如何才能保护客观内容免受主体性的无穷影响呢？或者，换句话说，即使在语言习惯保持不变的情况下，任何特定语句都可以根据参与者的心理状态获得任何意义，如何才能使我们免受这一可能性的影响呢？因而最后的问题是⑥如果首先考虑语境，这样便不能将与语境无关的规则附于语词和单词串（strings of words），这一规则决定了哪些参数需要赋值，以及语境的哪些方面确定这些值。

本章的目的不是为这些复杂的、相互关联的问题做出百科全书式的回答，更不用说是具有独创性的回答了：它们激发读者去参考大量文献。这里它们有助于我们在该领域做出几项标志性成果。

初步的观察涉及语境因*语言*现象所产生的问题与涉及*认知*现象的问题之间的相关性。例如，在疑问形式中，卡普兰的思路显然属于*语言哲学*，它与*心智哲学*有什么联系呢？好吧，陈述句的意义是命题这一观念开辟了由语言至思维的通路，命题是与我们的许多心理状态相关的（态度指向的）实体；相反，陈述句的规范通过特定信念使我们的许多心理状态具体化，这似乎是很自然的事情。从这一角度看，"下雨了"这一句子和*下雨了*的思想或信念之间有着非常密切的联系。

这一简单的转换原则直接导致以下问题。索引语句（indexical sentences），有相应的索引思想（indexical thoughts）吗？根据传统的弗雷格框架，思想不可能是索引性的：意义是在语言层面实现的，句子表示的命题必然是完整、独立的。然而，情况并非如此，正如约翰·佩里（John Perry）有力地表明的[27]：某些思想或命题包含一种无法消除的索引要素。转换原则的逆向应用随之产生了有关卡普兰处理句子的单纯索引词的问题。但是，正如我们将在第三节要简要表明的，佩里的研究也为德雷福斯的分析提供了一个兴趣点。 150

相关的问题在于，思想中的所有"要素"是否存在于语句构成的意义之中——人们是否可以想象*包含*X 的思维，但这一思维没有*关于*X 的思想。标准框架的答案是否定的，但是佩里再次表明这是错误的[28]：有些思想至少含有未被表征的要素。这又一次为德雷福斯有关表征问题的主张提供了新的视角。

佩里与其合作者乔恩·巴维斯（Jon Barwise）都相当地激进。以某种方式考察前面的问题②—⑥也可能导致激进主义。例如，短语"吉姆的书"不仅包括吉姆（听者、读者、句子的解释者必定知道指的是哪一个吉姆）的"指示行为"，还包括所有格表明的关系。[29] 传统态度将非充分决定（underdetermination）视为一词多义的某种形式：解释者必须在所有格的几种意义中进行选择，以应用于具体情况：我们谈论的是吉姆*拥有的*书，还是他正在*阅读的*书。问题在于，确实没有有限的表格记录吉姆和这本书之间可能具有的关系，事实上根本没有这样的表格：他可能把书给别人、偷这本书、称赞这本书、讨厌这本书、印刷这本书、多年来一直想写这本书、把书当作苍蝇拍、坐到书上面去够他的盘子、像着了魔一样地思考这本书、引用书的内容、记不住书名、不承认这本书存在，等等，永无止境。

这只是自弗里德里希·魏斯曼（Friedrich Waismann）以来提到的一个有关自然语言的*开放结构*[30]的（特别有趣的）例子，新语境论者对这类实例再熟悉不过，人们有时会感到惊讶，为了阐明非常相似的观点，他们似乎更乐于编造更加合适、荒诞的变体。这里当然是受到维特根斯坦的启发，就语言语境论而言，查尔斯·特拉维斯（Charles Travis）是不加掩饰的激进主义最具代表性的人物，著有《维特 151

根斯坦的语言哲学》一书。[31] 特拉维斯主张句子的真值条件*依赖于场合*。冰箱里是否有水取决于考虑或说这句话的场合：主题是容器内有数量可观的饮用水、湿气使得冰箱漏电、线圈上结了霜，还是干奶酪中含有水分子？

与单纯的索引词相反，多义词、词汇化隐喻、回指等，诸如"冰箱里有水"，或"约克位于利兹西北 25 英里①处"，或"桌子上满是面包屑"等句子，并未明显地表现出它们的不完整性。[32] 它们没有包含某些要素的迹象，解释这些要素既需要理解句子（或确定句子的真值条件），又需要调查语境，即场合的情况。正是语境使解释者明白句子的哪些特质需要语境来确定。从这一观点来看，词语失去了自身在传统描述中的主导作用，而语境论以温和的方式保留了它们的主导地位。

这类例子的另一重要特点在于，它们可以不确定地进行添加，以使得所考虑的语句的真值条件（或谓语的适用性）在每次添加时都发生直截了当的变化。这表明不存在局部性原则，在该原则下，给定句子（或谓语）的情况，查阅关于语境方面的预设表便足以确定句子的真值条件（或适用性）。这是一种整体主义形式，它对于情境意义、社区实践、生活形式的介入，简言之，某一或另一形式的背景等这些概念没有吸引力，但是完全会对形式主义方式构成威胁。

152　　　参考维特根斯坦及其文献中所举例子的一般特点，以及搜集这些例子的热情，种种迹象都指向为读者所熟悉的两位作者。当然，一位是德雷福斯，另一位是约翰·塞尔。后者由于其在理论方面的贡献值得在这里特别提及，但这也是由于他的一些观点与德雷福斯有相似之处。大致来说，塞尔首先直截了当地使用语境来反驳心理的认知主义观点；其次，他将其语境概念概括为背景，并利用背景作为论点反对认知主义的理智主义成分；最后（虽然不是按时间顺序），他反对认知主义的信息/功能主义成分。所有这些都（非常有力地）记录于 20 世纪 70 年代末到 90 年代中期的书籍和报纸中。但是，所有这一切都出现在德雷福斯 1972 年的著作中，以一种不同的语言表达出来，以不同的设置方式建构起来。这里出现的矛盾是，德雷福斯在他后来的著作中引用了塞尔的话，而塞尔几乎从未引用过德雷福斯的观点。

事实上，塞尔有时似乎使用《计算机不能做什么》而非汉语常用语手册来进行他的"中文屋"思想实验。尽管这本书的确在《心灵的再发现》一书的参考书目之中，但塞尔很有可能还没有读过。但他当然是潜移默化地吸收了德雷福斯的观点，1969 年德雷福斯来到伯克利后引发了有关人工智能话题的热烈交流和讨论，对于不熟悉这一情况的人来说，这当然不是什么不可思议的事情。在塞尔的

---

① 1 英里≈1.609 千米。

心智哲学思想演变的 20 多年里，不断流动的学生、助教、博士后、得天独厚的认知科学研究所的研究员，汲取了不同教师的知识花粉，并使每个人受益。"批判人工理性"使德雷福斯在一些圈内名声大噪，并为 1972 年出版的书添加了一个副标题，但是在紧张写作这本书的前几年，尤其是在两年一次的研讨会上透露了这本书，许多人参加了这次研讨会，著名哲学家查尔斯·泰勒也在会上做了报告。

　　塞尔于 1992 年出版的《心灵的再发现》一书之第 9 章的标题为"批判认知理性"，没有提及德雷福斯在 1972 年出版的著作（正如刚才提到的，这本书在参考 153 文献中出现，但却去掉了副标题）。类似地，塞尔在第 8 章开头说道："在 20 世纪 70 年代早期，他开始研究他后来称之为'背景'的现象。"[33] 他在某个地方写道，可能除了布迪厄之外，他（塞尔）的理论与其他任何人都不相同。但实际上，德雷福斯在 20 世纪 60 年代中期便已开始这项研究，70 年代初基本结束；基本论点、"背景"的基本特征、各种例子[34]，都在德雷福斯于 1972 年出版的著作中公开了。[35]

　　这里的教训实际上和语境相关。塞尔肯定陷入了他最初的问题中，即维特根斯坦批判弗雷格的意义概念[36]，他并未意识到自己思考心智时是在遵循着德雷福斯的想法。他承认，"只有针对背景才能定义满足条件这个论点最初是关于字面意义的主张，但［他现在］认为，适用于字面意义的东西也适用于说话者的意图意义，甚至适用于所有形式的意向性，无论是语言的还是非语言的意向性"。[37] 然而，正如德雷福斯 20 年前出版的著作所描述的，这是对心智的再发现。

　　在结束有关新语境论的讨论之前，应该谈谈思潮内的一种极端的激进主义。对于劳伦斯·巴萨卢（Lawrence Barsalou）、道格拉斯·辛兹曼（Douglas Hintzman）或罗纳德·兰盖克（Ronald Langacker）[38] 这样的思想家来说，意义从理论视野中完全消失了。它们基本上为案例汇编所取代，换言之，被通过解蔽而获得的*百科全书式*的信息所取代。这与德雷福斯的想法（为 PDP 建模者所利用）非常接近，即有智能的心智的发展不是通过应用规则，而是从经验引发例子收集，应用直观的相似性测度，最后以与与问题最接近之经验大致相同的方式应对手头的问题。

　　最后一个评述可能有助于了解德雷福斯和新语境论者的相似程度。如果他们是正确的，那么这两个观点的一个推论就是：纯反思在心理活动与智能行为中的作用，要低于最初的认知主义者的预期，不再归因于反思的东西必须由环境或心 154 智自身承载，而非以表征形式承载。表征很可能存在：塞尔等某些语境论者倾向于相信表征的存在，德雷福斯，或者至少他的一些激进的追随者往往怀疑表征的存在，但无论如何，他们都认为心理活动建立在无表征的基础上，或者以某种直接方式，或凭借某一表征过程。

第三节　弥　合　分　歧

尽管现在德雷福斯和新语境论者的重复和相似之处应该是显而易见的，但他们无疑也同样没有说出所有相同的观点。他们不仅具有不同的理论目标，从而关注现象的不同方面，而且在事物的分类方式上也有所不同。实际上他们很可能在重要问题上产生分歧。缩小分歧并不意味着使他们的立场相互接近，而是降低二者理论的不可通约度。我将在本章的末节尝试指出各个框架的特点，以便更加清楚地描述问题的情况；此外，所提问题本身也令人感兴趣。

一个突出的事实是，心智与智能具有非常复杂和不同的语法。局外人很容易认为，德雷福斯和典型的语境论者（如塞尔或者佩里）的论题根本不同，一个关于智能，另一个关于心智。圈内人更为明了：他们认为，语法会将人引入歧途，事实上，人人都在追求同样的事物。我认为，真相介于两者之间。

语法之所以复杂（至少）有两个原因。第一个原因，即使在现时语境下，"智能"[39]也是多义词：有一种用法几乎等同于"心智"（如"婴儿［或狗］很聪明"，与"婴儿［或狗］具有心智"有着相同意义）；在另一情况下，智能是某物如心智、行为、人，甚至是隐喻的系统、制度、机器等的分级属性……。语法复杂性的第二个原因在于本体论：人们认为，心智要么是一个实物，要么是一种功能。笛卡儿的具体观点认为，智能是"本质"心智的"偶性"（在亚里士多德的意义上）；它大致仍然可以与心智（在不分级的意义上）共同延伸，或多多少少可以划入心智的范畴。从功能的角度看，智能要么与心智完全同义，要么是心智的分级属性。

图灵在《心智》杂志发表的著名论文，其全部想法就是通过采用所谓的"语法行为主义"立场以摆脱这些困惑，基于进一步理论选择的"语法行为主义"可能是，也可能不是直接源于科学行为主义。根据这一观点，智能行为成为仅有的原始概念，心智和智能只是派生的概念，一个具有固定的阈值（具有心智相当于高于阈值），另一个则没有（行为在从零到无穷的任何程度上都是智能的）。

德雷福斯研究的主题——人工智能，是一种行为主义，是图灵的直接遗产。但它是偷偷引入心智的：人工智能假设了表征的存在。这是不是图灵的选择的必然结果？这个问题十分棘手，必须另寻时机解决。[40]对于我们而言，关键在于德雷福斯的主要目标正是这一策略。对他而言，人工智能的原罪不是其行为主义，而是其表征主义（其智能主义）。德雷福斯并非指责人工智能过于行为主义，而是它与自身的行为主义不一致：它并不是完全意义上的行为主义，也不是正确的

155

行为主义，即不是海德格尔和梅洛-庞蒂所描绘的行为主义。这就是为什么人工智能问题是德雷福斯真正要解决的问题的深层原因 [41]，或者更确切地说，为什么人工智能问题是他着手心智问题的正确入口。尽管他的心智本体论仍然很含蓄，但是，他本质上是一个反笛卡儿主义者，一个心智取消论者。

另一方面，新语境论者的出发点不是行为，而是语言。他们追求*语言上*的理解。自从乔姆斯基对斯金纳的书作了著名的评论之后，人人都知道语言是（心理学方面）行为主义的阿喀琉斯之踵。但是，弗雷格对心智的理解已经是笛卡儿式的，布伦塔诺亦是如此（至少当今分析哲学家是这样理解的）。弗雷格为主流的语言哲学提供了框架，布伦塔诺将主流心智哲学的心智概念定义为表征的载体。一般而言，新语境论者完全属于这一传统。

156

因此，现在很明显，德雷福斯和新语境论者的出发点不同，但交汇于心智这一论题。两者的深刻分歧同样明显：德雷福斯为复杂的行为主义辩护，新语境论者为复杂的笛卡儿主义辩护，或者，为了迎合塞尔之复杂的表征主义立场。具有讽刺意味的是，两个阵营都利用语境现象学的论点来表明他们各自选择的简略理论的不足之处：新语境论者反驳了简单的认知主义，德雷福斯间接反驳了简单的行为主义，他们表明任何形式的认知主义都是错误的，其原因在于传统解释中同样适用于行为主义（从正常的角度来看，认知主义确实是以新颖的方式贯彻的行为主义）。

然而，这种解决问题的方式过于简单。正如我们所见，大部分新语境论者倾向于自然主义 [42]，少数人持反对态度。这就是激进主义的重要之处：非常激进的语境论者站在德雷福斯一边，反对所有立场不够激进的同行。更确切地说，如果他们像德雷福斯一样极力反驳认知主义研究的可能性的话，大概会站在德雷福斯这边。无论温和的语境论多么复杂精妙，都迫切希望发现一种思维"微积分"，它可以准确可靠地模型化语境效果，而同时将自身机械化，因为它至少大概是人工智能设想的微积分。施佩贝尔（Sperber）和威尔逊（Wilson）的关联理论以一种特别清晰、连贯的方式证明了这一立场。[43] 他们认识到了交流的"开放结构"，并以有趣和令人信服的例子来说明这一点，从而为解释的机械论说明进行辩护。他们认为，听者通过（无意识地）遵守双重最大化原则（double-maximization principle），从说话者之话语的无限多的可能解释中检索出正确的解释：她以最小的处理努力（processing effort）获得最大的关联性；这是因为说话者（下意识地）指望她遵循这一策略。显然，就认知任务而言，听者的任务非常特殊：正如我在别处所言 [44]，检索说话者的交流意向具有许多特点，这从理论角度来说使得这一过程相对简单。但从德雷福斯的角度看，这个问题并不重要：德雷福斯想知道是否有人声称自己接受关联理论。但是，施佩贝尔和威尔逊非常清楚他们的理论范

157

围：他们的"关联原则"没有以任何方式为听话者定义、量化或描述其利用话语线索可能从话语中所提取信息的关联性。他们认为这种任务完全没有约束条件。他们的目的是表明如何在潜在关联性的特定"视域"（landscape）进行交流：关联理论不是关联性*的*理论，而是一种交流理论，它基于这样一种理念：解释是推理性的，而这种推理较为自由，因此需要予以控制，从而为关联的最大化服从效果的最小化提供了必然的控制准则。

那么，这一问题似乎是合理的，即关联理论除了对语用学具有显著贡献之外，是否会对自然化心理这一首要事业产生作用。这一意向显然是存在的。因此，人们应该认为，作者希望他们的理论可以在适当的时候对关联性作出自然主义解释。如今，富有经验的认知科学家不会将 GOFAI 之意图的失败解释为否定其可能性的证据。但是，他们一定会关注福多的观点，在《心理模块性》的第四部分，福多认为不存在一门关于"中枢过程"的科学，即一门有关思维的科学。福多的批评大概是基于语境的考量，他在全书的倒数第二段明确提到了德雷福斯[45]：福多的总思路可以概括为反对相关性理论可能性的一种证据。因此，在不触及关联理论的同时，福多指出了关联理论对于认知科学重要性的一个严重的潜在局限。因此，人们应该期望关联理论的创始人尽力破坏福多的理论。事实上，施佩贝尔通过质疑中枢过程之不可还原的非模块化特征，批判了福多的"认知科学的不可能定理"。[46] 虽然他并未声称自己有办法解决关联问题，但他认为，在某种程度也许是很大程度上，中枢过程是模块化的。在某种意义上，德雷福斯可能同意施佩贝尔的某些观点：毕竟正如我们所看到的，他承认心智具有一种非表征维度。当然了，"中枢过程"的"连接点"与德雷福斯的具身技能和相关应对活动的本质截然不同。尽管施佩贝尔诉诸域特异性（domain-specificity），但是，福多在这个问题上的直觉，至少这一次与德雷福斯的相呼应，保持着大部分的吸引力。

读者此时可能觉得故事已讲完了：德雷福斯认为不能以机械方式生成智能，亦不能因此将智能自然化，而新语境论者认为字面意义不是语言理论最为重要的部分；这些关切只有一部分相重叠（我一直在尽力表明它们有所重叠），因此，实际上在很小的程度上可能会有某些一致，在很大程度上可能存在分歧，但是反对的观点过于模糊，因而无法解决。

然而，论述也许还未完结。每一阵营自身都有盲点，都可以从其他阵营汲取有益的想法。有几个问题值得我们探讨。一是自我：佩里已经表明，如果自我中心思维[47]（egocentric thoughts）必须充分地解释行为，那么其必定具有一个相当特殊、完全非弗雷格式（un-Fregean）的结构。这一方面与心智本体论相联系，另一方面又与德雷福斯对梅洛-庞蒂关于身体在行为中的中心性的解释相联系。令人大跌眼镜的是，恰恰是在最简单、最早产生于个体的思维结构中，竟然首先发现了具体的身体性自我的痕迹。

　　另一个问题是德雷福斯对心理状态的基本分类，这是受到他解读海德格尔之《存在与时间》的第一篇的启发。例如，根据所属的心理状态模式，关于锤子的思想具有两种不同形式。在参与模式中，作为客观时空中一个独立客体，且具有客观、内在属性的锤子，本身没有概念或表征，尽管我们可以很好地使用锤子，而且正像德雷福斯所理解的[48]，我们也可以敏锐地察觉到它。在分离模式下，关于锤子的思想似乎是一种传统表征，但它是理性重构的结果，既不原始也不基本。从一种模式向另一种模式的转换会在中断的情况下发生（主体在忙碌的状态下无法流畅、熟练地使用锤子）。人们可以从运动行为的神经生理学和神经心理学角度[49]，或许也可以从重新审视其现象学的角度提问，是否每一状态都没有一个审慎、独立成分，以及因缘、无意识的成分。这与思维的参与模式是首要的这一论点并不契合。发展心理学可以为我们回答该问题给予更多灵感：通常意义上讲，婴儿并没有审慎的倾向，但他们似乎表现出一种高度分化和系统演变的概念能力模式。[50]

　　现在不是追问这两个问题的时候。但我希望有足够的证据表明，德雷福斯对人工智能的批判并未将其与当代认知科学区分开来，而是让他及其追随者和人工智能直接相联系。就像以前一样，联系意味着双方共担风险，并潜在地丰富自身。

159

第八章 抓住救命的稻草：运动意向性和熟练行为的认知科学

肖恩·D. 凯利

> 俗话说得好，溺水的人即使一根稻草也要抓。
>
> ——理查逊《克莱丽莎》

多年来，休伯特·德雷福斯对传统认知科学的缺陷存在不少看法。当然，他也是现代现象学的创始人——马丁·海德格尔与莫里斯·梅洛-庞蒂①著作的最为重要的评论家之一——更不用说他自己也是一位极具天赋的现象学家。任何了解德雷福斯或其著作的人都知道，对他而言，这两项明显不同的研究——一项不加掩饰的实证研究和一项典型的哲学研究——构成了一体两面。他以一个较为难懂的词——"应用哲学"来为之命名。作为德雷福斯实践的应用哲学典型地源自常识。应用哲学似乎以这一观察为依据——如果现象学告诉我们人类经验的现象，那么其结果应该与人类科学相关。这一简单准则引导德雷福斯探讨了护理学、管理科学以及人工智能等不同的人类科学。然而，他在哈佛大学的博士论文中第一个提到的便是感知问题。虽然我并不打算在这一章讨论感知问题，但我确实意图
思考与之密切相关的问题——确定某些熟练身体行为的现象学特征。我认为，正如梅洛-庞蒂在《知觉现象学》中所提出的，这些行为的现象学与其标准的认知科学不相一致。此外，我认为，行为的某些神经网络模型在解释这些现象学材料方面要出色得多。在以这种方式处理身体行为的问题时，我希望本章能够体现德雷福斯著作的方法论与实质性影响：它不仅完全处于应用哲学的方法论范围内，而且重新重视与知觉相关的实质问题，该问题是德雷福斯哲学生涯的开端。因为通过这个问题，他帮助我开启了自己的研究主题，他当时扮演的教师、导师和指导老师的角色是同样重要的。因而我希望本章所做的任何贡献，都可视作对他更深层的敬意。

---

① 此处原文表述似乎有误，是胡塞尔开创了现代意义的现象学，海德格尔与梅洛-庞蒂只是进一步将其深化或拓展，海德格尔的研究甚至背离了他的老师胡塞尔的现象学。——译者注

第一节 现象学是什么？认知科学家为什么要关注现象学？

现象学本质上是描述性的。其目标是完整、精确地描述人类经验现象，而不受继承自心理学、科学、历史学、社会学或其他理论框架的形而上学预设的干扰。描述（description）是现象学方法的核心，正如海德格尔所言，"'描述性的现象学'……其实是同语反复"。[1]然而，描述似乎不像看起来那么容易。这是因为，形而上学的预设本身就是固执的怪物，人类经验现象往往将自己隐藏起来："正是因为现象大约并且在很大程度上没有被给予，"海德格尔解释道，"这就需要现象学。"[2]既然如此，认为现象学是描述性的并不是以任何方式贬低它的难度或价值。

我们可以从这一事实中找到一些证据证明现象学方法之于哲学的价值：即便是作为大陆所有事物死敌的传统分析哲学家，有时也认可某种描述的——从广义上说，是一种现象学的——方法论。例如，后期维特根斯坦的言论，以及奥斯汀（J. L. Austin）的日常语言哲学经常在这方面被人们提及。这些方法都有一个重要的描述要素，但在斯特劳森（Strawson）有名的著作《个体》所用的描述方法中，却可以找到一个特别有趣和鲜为人知的现象学盟友。[3]现象学偏好描述的精确性胜于系统的理论说服力，斯特劳森重申了这一点，他倾向于他所谓的"描述的形而上学"而非"修正的形而上学"："描述的形而上学满足于描述我们关于世界的实际的思想结构，修正的形而上学则关心产生一种更好的结构。"[4]

我在这里提到斯特劳森，既是因为他对描述性方法的支持可能会增加现象学方法的可信度，也是因为这些方法之间的差异有助于更好地描述现象学。正如他在前面引文中所言，斯特劳森和现象学家的主要区别在于：他主要关注"对世界的*思考*"，而现象学家认为，我们许多最基本的与世界意向相关的方式，恰恰不是思考世界的方式。相反，在现象学家看来，感知和对世界中物体的作用，才是更为基础的意向性模式，而这些感知与行为具有梅洛-庞蒂所说的某种"前述词"（pre-predicative）的意向内容。

我会在下文更多地谈到前述词的内容（梅洛-庞蒂的"运动意向性"概念会起到主要作用），但目前我只想说的是，即便是这一观念，或某些类似的东西，最近也在分析哲学的世界中出现了。斯特劳森的学生加雷斯·埃文斯（Gareth Evans）背离了他的老师的主张，他认为感知具有一种"非概念内容"，与梅洛-庞蒂描述的前述词内容极为相似。[5]在这里，我不讨论他们的研究之间的联系，我只是认为，现象学在承诺其描述的精确性不会受到形而上学预设的干扰方面仍具有优势：甚至埃文斯也被误导了，他对感知经验内容的描述是错误的，因为他预设了指示性思想（the demonstrative thoughts）内容的可能性。[6]

那么，什么是现象学所认可的关于感知与行为的完整和准确描述呢？一个主要方面当然是：对一般的感知或行为现象的任何完整、准确的描述，都会否定一个体验着超验的、外部世界的私密的内在主体。现象学家认为，知觉和行为现象产生于心理学家吉布森（J. J. Gibson）所谓的"有机物-环境系统"的背景之下，而非这种粗略的笛卡儿图景；用现象学术语来说，它们不是笛卡儿式主体的属性，而应归于"基于世界的开放头脑"（梅洛-庞蒂），或仅仅是"此在"（海德格尔）。非常粗略地说，这意味着，即使我对一个苹果有一种感性体验，但若是一点也不指涉我正体验的这个苹果，那么我便无法完整、精确地描述这一体验。因为苹果和关于苹果的经验是以这种方式交织在一起的，如果我们认为知觉现象是完全独立的、内在自我的属性，那么我们关于它的描述就是错误的（感知经验的内容也一样）。[7]

我在这里并不打算为这一主张进行辩护，只不过认为它是任何有关感知和行为的恰当的现象学解释的核心。话虽如此，我想进一步指出，尽管表面看起来很困难，但是，否定笛卡儿式主体和以科学、神经生理学解释知觉或行为现象的可能性并不矛盾。我们观察到的事实产生了初步的困难，脑科学家根据大脑的"内部"活动解释感知和行为，而感知和行为的现象学却否认"内在"自我的存在。当然，这一明显的问题是基于对"内在"的两种不同用法的简单混淆。内在的、笛卡儿式的经验主体与经验的内部生理学机制具有重要差异。即使完整、精确地描述知觉和行为，也需要否认一个内在的、笛卡儿式的主体，但是，人们仍然是在人类身体，尤其是人脑的物理基础上描述意向现象。我们绝不能将现象学事实，即有关我们与世界的意向关系的正确描述否认我们是私人的内在主体，与意向关系实现于人类有机体这一科学事实相混淆。

因此，现象学与脑科学并不矛盾。梅洛-庞蒂并不总是清楚这一点，但德雷福斯在与神经生理学家沃特·弗里曼（Walter Freeman）合作的研究中予以反复强调。[8]然而，如果是这样，那么现象学与脑科学之间到底是什么关系呢？我认为，现象学与脑科学之间是从数据到模型的关系：脑科学的根本目的在于解释大脑的物理过程如何共同产生人类经验现象；就现象学自身致力于准确描述这些现象而言，它提供了最为完整、精确的描述资料，而这些数据资料最终必须由大脑功能模型来解释。因此，以现象学解释人类行为的某一特定方面，旨在提供这一行为的那些特征的描述，任何物理解释都必须能够再现这些特征。

在本章，我意欲讨论现象学与大脑或认知科学之间相互作用的一种非常特殊的情况。我只关注在环境提示语境下自然产生的熟练运动行为——例如，进门时握住门把手，喝咖啡时握紧咖啡杯，或者像理查逊所说的极端情况，某人抓住一根纤细的芦苇来阻止自己溺水。所有这些行为的共同点在于，在任何严格意义上它们都不是审慎或反思的；相反，正如吉布森所言，它们都是由环境"给予"的行动。在最为自然和日常的情况下，熟练地抓住一个物体就发生于这一偶然的状况下。我认为，这些熟练抓取行为的现象学，推翻了传统认知科学为之所做的标准假设。

此外，虽然熟练行动的传统模型无法再现其现象学，但我相信，某些神经网　166
络模型至少可以准确地再现熟练抓取行为的一些最为重要的现象学特征。我尤其要简单地讨论由神经科学家唐纳德·博雷特（Donald Borrett）和汉坤（Hon Kwan）提出的指向目标的肢体运动模型。根据网络松弛（network relaxation）解释这种运动行为，他们的模型可以再现有关场所理解的主要现象学特征，这些特征是熟练抓取对象所固有的。由于模型具体表现出了这些特征，至少在某种意义上，这一模型的神经生理学的实现方式是合理的，因而我认为，它们对熟练运动行为的解释，在某种程度上能够满足神经生理学之合理性与现象学之准确性的双重条件，应该引导所有致力于发现人类经验之物理基础的研究。

第二节　运动意向行为

梅洛-庞蒂认为熟练运动行为的核心特征在于，无论经验主义还是理智主义词汇，都不能予以精确的描述，相反，"我们在此需创造出表达熟练运动行为所必需的概念"[9]。经验主义者和理智主义者（或现在的认知主义者）都无法解释这种行为的重要现象学特征，前者认为可以根据反射弧等完全无意向的要素分析熟练运动行为，后者认为可以根据完全理性的认知过程进行分析。经验主义解释的失败在于，它的单纯机械词汇无法区分纯粹的反射运动和定向的熟练运动行为。另一方面，认知主义解释的失败在于，它的单纯认知词汇无法区分非反射性的运动行为（如抓取某一物体）和审慎的认知行为（如指向某人）。我在本章后面的内容形成了反认知主义观点，但现在我仅指明，由于经验主义和认知主义都无力解释熟练运动行为，因此，梅洛-庞蒂将类似抓取物体的熟练运动行为，理解为是对机械和认知之间的行为现象之范畴的定义。他将这种现象称为"运动意向性"：　167

我们因而承认，在作为第三人称过程的运动和作为运动表象的思维之间，有一种被作为运动能力的身体接受的结果料或把握，有一种"运动计划"（Bewegungsentwurf），一种"运动意向性"。[①10]

---

① 译文引自：（法）莫里斯·梅洛-庞蒂. 知觉现象学[M]. 姜志辉译. 北京：商务印书馆，2001：150.

运动意向性之经验主义解释的反对论证简单明了。它基于反射运动（例如敲打膝盖骨下方产生的膝跳反射）与抓取物体等定向、熟练的行为之间明确的现象学区分。不同之处在于，抓取动作具有某种意向性——它指向要抓取的对象，而反射动作则不具有这种意向性。与反射行为不同，抓取行为的成功和失败在一定程度上取决于是否取得意向对象。人们可以通过观察这一事实来说服自己。如果我做出同样的物理动作，但最终没有抓住意向对象，那么抓取行为就失败了。另一方面，反射行为的成败完全基于相关肌肉的收缩。由于经验主义者致力于根据非意向反射弧解释所有行为，因而她无力解释类似于抓取物体等运动意向行为的意向成分。

反对利用认知主义解释运动意向行为的论证则要复杂得多。简单来说，认知主义者无法解释运动意向行为的运动成分。我会在下一节说明梅洛-庞蒂通过关注认知主义假设——运动意向行为的全部特征"都是充分发展和确定的"[11] 展开这样的批判，而完整、精确的现象学描述则要求我们"应该把未确定的东西当作一种肯定的现象"。[①12] 根据梅洛-庞蒂，运动意向行为是"前述词的"，正是由于它以一种不确定的、临时的方式确定了所指对象。在下一节的结语部分，我认为在博雷特和汉坤的解释下，神经网络模型具有模拟不确定性的能力，梅洛-庞蒂认为模拟是运动意向行为的核心。

168

第三节　现象学与运动意向行为的认知科学

研究可能发生的反常行为是确定某一行为的现象学特征的有效方式。为此，梅洛-庞蒂研究了一位叫施奈德的患者：

他不能在闭上眼睛的情况下做"抽象"运动，也就是不能做不针对实际情境的运动，比如，根据指导语运动胳膊和腿，伸开或弯曲一个手指。[②13]

另一方面，

即使在闭上眼睛的情况下，病人也能迅速而极其有把握地完成生活必需的运动：他从口袋里掏出手帕擤鼻涕，从火柴盒里取出一根火柴点燃一盏灯。[③14]

在施奈德不能完成的抽象活动中，他无法描述自己身体或头部的位置，当要

---

① 译文引自：（法）莫里斯·梅洛-庞蒂. 知觉现象学[M]. 姜志辉译. 北京：商务印书馆，2001：27.

② 译文引自：（法）莫里斯·梅洛-庞蒂. 知觉现象学[M]. 姜志辉译. 北京：商务印书馆，2001：141.

③ 译文引自：（法）莫里斯·梅洛-庞蒂. 知觉现象学[M]. 姜志辉译. 北京：商务印书馆，2001：141.

求他指出身体某一部位时，他也做不到。另一方面，在其所能完成的"具体"活动中，施奈德与正常人一样能迅速地用手触摸蚊子叮咬他的部位。因此，梅洛-庞蒂与戈德斯坦[15]的观点一致，认为在施奈德的身体中有一个

> 指出运动和触摸反应的分裂……所以，应当承认［鉴于施奈德能做到这一行为，但做不到另一行为］"抓取"与"指向"不是一回事。[16]

梅洛-庞蒂接下来根据抓取和指向行为的不同描述了现象学特征。任何运动模型必须精确地再现我们将要讨论的特征。然而，在提出指向与抓取行为的现象学区别之前，我们先看看传统认知主义对抓取行为的解释。

传统的认知主义运动理论无法区分指向和抓取行为，因为他们是利用前者解释后者的。虽然梅洛-庞蒂在 1945 年已经对认知主义提出了这一批评[17]，但直到1992 年才被人们认为是一种全新的观点：

> 当我们概括如何使用视觉产生肢体运动时，我们通常并不区分抓取动作和指向动作。可能的情形是，当个体是否产生指向或抓取活动的机能时，个体如何使用视觉也许会有变化，而且视觉如何被使用的某些规则在伸手和指向期间对于抓取行为不是［原文如此①］可概括的。[18]

为什么认知主义理论如此坚决地拒绝区分指向行为和抓取行为呢？

答案在很大程度上与促进相关心理学研究的各种问题有关。许多关于肢体运动的心理学研究都是围绕着权衡速度-准确性这一被充分研究的现象而组织起来的。[19] 伍德沃斯在他的经典文献《随意运动的准确性》中首先讨论了肢体运动的速度与准确性之间的关系[20]；一般来说，运动越快，其准确到达目标的可能性就越低。目标越大，准确运动的速度就越快。菲茨定律描述了速度与准确性的一般联系。[21] 心理学家认为，理论问题在于如何解释运动行为的产生，从而解释速度和准确性之间的某种恒常联系。[22]

对于伍德沃斯本人来说，有关该现象的所有理论解释都共有一个基本假设：快速运动包括两个连续阶段，他称之为"初始化调整"与"当前控制"。第一种快速运动是身体相关部位朝目标所在的大致方向的整体运动；第二种是"纠正运动过程中的错误，利用感官反馈准确获取目标"。[23] 伍德沃斯利用所谓"计算"运动的例子解释了这两个阶段的特征：

> 如果读者意欲证明作为"当前控制"最明显的构成部分的"后期调节"是存

169

170

---

① 本章作者的意思是，这里应该是 are 而不是 is，因为主语是复数 some principles。——译者注

在的，让他观察使铅笔笔尖落到特定点的运动。他会注意到在主体运动使铅笔的笔尖接近目标之后，会有少量额外的动作使笔尖朝向标记处具有所需的准确性……如果读者现在减少整个运动的时间，他便会发现很困难，而且根本不可能额外增加一些东西。[24]

伍德沃斯承认，当前控制阶段的"摸索"特征在完成特定任务（比如唱一个音符、用小提琴拉一个音符以及用钢琴弹奏一曲乐章）的初学者与不熟练的演奏家身上体现得更为明显，尽管文献中并没有广泛论及这一点，但他推测，即使对演奏家而言，"稍后的调整是可能的，但是这一调整是完全流畅的，而且经过长期有效的练习，他对这种调整已胸有成竹，反应能力也很快"。[25] 这一假设（在没有任何科学依据的情况下）已经存在了近一个世纪，它的提出显然单纯是为了理论上的说服力。心理学文献主要争论的问题不是快速运动是否具有两个阶段，而是运动速度是否主要通过影响初始化调整或当前控制阶段来影响运动的准确性。[26]

在这一争论中，克里斯曼（Crossman）和古德夫（Goodeve）于 20 世纪 60 年代末提出了一个经典的、有影响力的词条（entry），不过至今它仍很重要。[27] 他们提出了经典的快速运动的线性反馈修正模型，在当前控制阶段，该模型利用感觉反馈（sensory feedback）来解释肢体如何准确获取目标。该模型不断比较肢体的实际位置和目标位置，从而测定并通过线性反馈机制来减小误差。肢体运动的速度越快，肢体与目标位置的对比就越不准确。该模型的吸引力在于，它预测的运动速度与运动准确性之间的联系和菲茨定律所描述的完全一致，从现象学的观点来看。该模型的缺点在于，它理所当然地认为所有肢体运动都分为两个不同阶段，第二个阶段本质上是计算的，因此，它没有办法区分指向行为与抓取行为。

这一区别的现象学特征是什么？梅洛-庞蒂认为，指向和抓取的核心特征是基于对位置的两种不同理解：

> 如果当任务是触摸鼻子时，我知道我的鼻子的位置，那么当任务是指出鼻子时，为什么我反而不知道我的鼻子的位置？这也许是因为一个地点的认识有多种含义。①[28]

而且，我们*可以体验到*的有关我们抓取某物时知道它所在位置的方式，独立于我们指向该物时知道其位置的方式。因此，指向行为的模型（通过假设知道某物相对于肢体的位置可以由客观地决定的距离函数统一表示）远不能解释抓取行

---

① 译文引自：（法）莫里斯·梅洛-庞蒂. 知觉现象学[M]. 姜志辉译. 北京：商务印书馆，2001：142.

为，相反，知道具体的、情境中的抓取行为发生的位置是一种完全不同的、独立的经验。正如梅洛-庞蒂所言，"身体空间可以在一种触摸意向中向我呈现，而不是在一种认识意向中向我呈现"。①29 施奈德的情况可能会在经验上佐证这一主张。

在一个主体被称为 DF 的案例中，生理心理学家梅尔文·古德尔（Melvyn Goodale）和大卫·米尔纳（David Milner）最近就这个结果提出了进一步的心理学证据。30 类似于戈德斯坦的施奈德，当 DF 的视觉运动行为指向某一物体时，她能够做出非常复杂、有差别的行为；然而，由于感知极为混乱，她无法确定自身能够明显做出反应的对象特征。事实上，这里存在某种双重分裂（dissociation），因为患有所谓视觉性共济失调症的患者，似乎不用触摸便可以根据特征辨认出对象。基于这一证据，古德尔和米尔纳认为： 172

> "有意识的"知觉判断下的视觉加工必须与手和肢体的熟练动作的"自动"视觉运动指导下的视觉加工分开进行。31

在过去十年的一系列文章里，古德尔和米尔纳假设视觉信息的腹侧通路与背侧通路应该是提供"何物"与"如何"的信息，而传统意义上认为它们提供的是"何物"与"何处"的信息。32 腹侧通路的"何物"信息使我们认识到传统意义上与知觉相关的对象特征，而背侧通路的"如何"信息则告诉我们如何以运动意向的方式回应对象。正如古德尔与米尔纳所言，如果这两条通路的视觉信息的编码方式不同，那么这在神经层面可以解释梅洛-庞蒂的现象学主张，即我们在指向或抓取物体时所理解的物体位置是不同的。33

对于位置的不同类理解的现象学特征是什么？正如伍德沃斯所举有关计算的铅笔指向的例子，在指向某一物体的情形中，物体的位置是作为"对客观世界的一种确定"给出的。34 也就是说，我将纸上圆点的位置理解为客观的、确定的东西，并在我之外。由于利用物体在笛卡儿空间中的三维坐标表征其位置可以再现这些（现象学——译者注）特征，因此至少在现象学意义上，指向行为的当前控制阶段的观念是可行的，因为把笛卡儿三维空间中一个外部的、视觉识别的、确定的客体位置，与笛卡儿三维空间中一个内部的、在动觉（或知觉）上识别的、确定的客体位置进行比较就会产生意义。事实上很明显，在铅笔指向这一例子中确实产生了类似的比较和计算。

另一方面，在明显客观的世界内，我抓取的某一物体并不在我之外："问题 173 不在于根据客观空间中的坐标轴来确定被叮咬点的位置"②，35 而是，

---

① 译文引自：（法）莫里斯·梅洛-庞蒂. 知觉现象学[M]. 姜志辉译. 北京：商务印书馆，2001：143.

② 译文引自：（法）莫里斯·梅洛-庞蒂. 知觉现象学[M]. 姜志辉译. 北京：商务印书馆，2001：144-145.

有一种能归结为一种与身体空间的共存但不是一种虚无的地点的知识，尽管这种知识不能通过描述或通过动作的无声指出表现出来。①36

现象学家必须努力准确描述这种有关地点之理解的特征。

当我早上想用咖啡杯喝点咖啡的时候，我只是以一个简单、流畅、无差别的动作拿起杯子。正如梅洛-庞蒂所言，"触摸运动刚刚开始就不可思议地临近结束"。②37这不同于指向杯子，甚至和触摸但不抓取杯子的行为也有差异。例如，如果在拿咖啡杯时我被人阻止，并告诉我要用食指触摸，那么这一行为就会呈现出一种完全不同的特征："触摸运动只有在预料到它的结束的时候，才能开始，因为不允许触摸就足以抑制触摸。"③38

抓取和单纯触摸的主要区别在于，除非我有相对全面的视觉反馈，至少在动作快结束的时候用食指触摸杯子是非常困难的；和铅笔指向的例子一样，我似乎较为确定杯子的大体方向（初始化调整），但要实际去触摸它，我必须用肉眼去看（当前控制）。另一方面，如果我想拿杯子喝东西，该行为几乎不需要任何视觉反馈。事实上，当我想要拿杯子时，我对咖啡杯位置的理解并不依赖于视觉反馈，即咖啡杯是否在我之前放的位置，我甚至闭着眼睛就能拿起杯子。在这些条件下，只用食指触摸杯子要困难得多。情形似乎是，支撑抓取行为的位置理解的核心现象学特征是，物体的位置在抓取行为的开始和结束以同样的方式被同样很好地理解，而且这种理解依赖于*抓取*物体的意向，而不是仅仅指向它或把它放在合适的地方。因此，对于这类基于抓取行为的位置理解，运动的当前控制阶段是不合适的，因为很少或没有感觉反馈可以根据外部的、视觉识别的、确定的、客观的位置，与内部的、动觉（或知觉）识别的、确定的、客观的位置进行比较。

然而，如果不是简单地在空间中客观地定位物体，那么抓取行为如何确定其对象呢？要想回答这一问题，我们可以参考古德尔、雅各布森（Jakobson）和凯勒（Keillor）最近的实证研究。39这些研究已经表明，针对真实物体的自然抓取行为和指向记忆中的物体的"手势"动作之间具有重要的质的差别。当一个真实物体在场要被抓取时，存在着某些特征鲜明的行为，即被试似乎会执行拿取物体的动作。例如，在其他情况下，被试通常根据物体的大小改变手张开的程度，并形成与抓握物体相符的形状。另一方面，在手势动作中，当没有物体在场时，尽管被试继续保持手张开的程度，但是，他们的抓握明显不同于正常的目标导向行为中所见的抓握动作。

---

① 译文引自：（法）莫里斯·梅洛-庞蒂. 知觉现象学[M]. 姜志辉译. 北京：商务印书馆，2001：144.

② 译文引自：（法）莫里斯·梅洛-庞蒂. 知觉现象学[M]. 姜志辉译. 北京：商务印书馆，2001：142.

③ 译文引自：（法）莫里斯·梅洛-庞蒂. 知觉现象学[M]. 姜志辉译. 北京：商务印书馆，2001：142.

这一实验结果很有趣，因为它使我们认识到，在正常情况下，抓取行为如何识别它的所指对象。正常情况下，我们在一开始调整和形成我们抓取咖啡杯的动作便要考虑包括大小、形状、方向、重量、易碎性和容量在内的多个方面。抓取行为中手的调整和成形（forming）是识别物体的一种方式，因为我们基于自身试图抓取的物体以不同方式调整和形成手形。而且这种识别物体的方式比仅仅辨认出物体在空间中的位置更为复杂，因为它依赖于所谈论物体的更多方面。但最重要的是，这种识别物体的方式可以理解现象学的观点——"触摸运动刚刚开始就不可思议地临近结束"。①40 这是因为手形的调整和形成是抓取行为的一个测量部分，抓取行为始于指向要抓取物体的初始动作。　　175

我曾提出，抓取物体时手的调整和成形是指向物体的一种复杂方式，而不仅仅是在空间内对物体进行客观定位。对某一物体"位置"的理解内在于指向物体的抓取行为，它不是根据物体的客观定位，而是根据手的调整和成形，以及需要成功抓取物体的手臂动作来得到合理的解释。物体的客观定位内在于熟练抓取行为的认知模型的当前控制阶段，就其而言，有关物体的运动意向的理解恰恰不是对该物体的认知识别。

在确定了对内在于运动意向行为的物体理解的某些现象学方面后，我想继续简要说明，行为的神经网络模型可以再现这种物体识别方式的某些最重要特征。在博雷特与汉坤提出的动作生成概念的基础上 41，人们认为动作是递归神经网络朝向定点吸引子的进化或松弛的行为关联。因此，网络的初始参数表示肢体的初始位置，网络朝向吸引子状态的松弛表示肢体的运动，网络在定点吸引子的最终状态表示肢体位于其期望的终点。这一构想的最重要方面在于，网络在经过修整之后，无论何时输入一组适当的初始参数，其输出都会以一种表示运动至终点的方式演化，而无须审查其演化的即时反馈的监督机制。

根据有关肢体动作的神经网络模型解释，肢体从初始位置运动到终点，没有当前控制阶段的感觉反馈回路，后者是类似克罗斯曼和古德夫提出的模型所必需的；事实上，人们已经完全抛弃了两阶段观点。由于模型没有表征物体的客观位　　176
置，因此，在客观空间内尤其没有定位坐标轴的位置，也没有通过反馈校正误差，因为不存在可以进行这种校正的监督机制。42 相反，该模型再现的对位置的理解和抓取行为一样，运动一开始便蕴含着结束。与抓取的初始意向类似，模型的初始条件足以确保在正常情况下，肢体能够以恰当方式到达适当的终点。在这个意义上，我们可以认为，肢体运动的神经网络模型再现了抓取行为的核心现象学特征，和抓取行为一样，该模型从一开始就"不可思议地临近结束"。

① 译文引自：（法）莫里斯·梅洛-庞蒂. 知觉现象学[M]. 姜志辉译. 北京：商务印书馆，2001：142.

第四节 结　论

梅洛-庞蒂认为，对行为的现象学分析表明需要一种介于纯粹反身性行为与适当认知性行为之间的行为范畴。他称之为运动意向行为，抓取物体是这种行为的典型例子。我们在抓取过程中将自身指向物体，因而这一行为是意向的。但是，抓取行为并不根据物体的任何客观的、确定的特征来识别行为的所指对象。它们尤其不是根据物体的客观位置来识别物体的，而指向行为则会如此这般。相反，抓取行为根据成功抓取物体所需的身体动作来识别其对象——诸如手的外形和成形。这些行为在整个运动过程中不断变化和发展，从这个意义上讲，它们是暂时的、不确定的，只有在抓取行为完成时才与物体完全符合。正是这种不确定性使得梅洛-庞蒂认为，抓取行为以"前断定"（pre-predicatively）方式识别对象：它没有给出对象的某种信息，该信息可作为描述对象的语句。

177　　如果有关运动意向行为的现象学解释是正确的，那么这对于那些试图提出抓取物体等行为的科学模型的人而言是一个重要来源。正如德雷福斯的应用哲学所表明的，现象学的结论为科学地解释人类现象提供了资料。在我们所讨论的例子中，运动意向行为的现象学强调了一个简单事实：科学的行为模型不应该试图将抓取行为的解释和比它更具认知性的指向行为的解释相同化。抓住稻草似乎不仅是一种典型的运动意向行为，也是认知主义纲领最终濒临失败的绝望行为。[43]

第九章 知识的四种类型，两种（抑或三种）具身性和人工智能问题

哈里·柯林斯

第一节 计算机不能做什么

在听取了很多人的强烈建议之后，我于 1983 年读了德雷福斯的《计算机不能做什么》一书。[1] 该书使我大为震惊。这本书道出了我心中所想，但它比我所说的要好得多，它建立在对计算机技术的了解更加深刻的基础之上，更糟糕的是，它是以别具风格的方式写出的。我所能做的就是喃喃自语："是的""他是对的""就是这样""他理解了""我真希望自己说过这些话""该死！"，等等。

那时候，学术生涯只有十年左右的我便以为对人工智能的批判已经完结了。在我看来，当计算机研究人员有机会仔细阅读这本书之后便会放弃研究了。但事实远非如此。计算机研究者提出了自己的反驳。诚然，这一反驳比较肤浅，没有理解书中的主要观点，然而，学术浪潮中任何慌不择路的做法都可能有用。评论家在回应时通常剔除了表面的说明。例如，"德雷福斯认为计算机在国际象棋领域永远不会达到这样的水平，但是，这台弈棋机（chess computer）却做得很好，所以德雷福斯肯定错了"。当然，关键的问题在于计算机无法以类人的方式下棋；如果这证明国际象棋是一款以出乎意料的少量的非人类的无理性操作便可获胜的游戏，那么我们学习的是国际象棋，而非计算机。

幸运的是，德雷福斯的论证并未像我们想象的那样在学术界获得彻底的成功，这意味着还有机会进行更多研究。尽管如此，讲一些德雷福斯的书中没有的内容的难度并未降低。因此我很荣幸受邀为该纪念文集撰文；我希望这意味着自己找到了《计算机不能做什么》一书的更多主题。当然，我对这本书的批评本身实际上是某种赞扬；该书出版 25 年后依然受到人们的重视；它经过艰苦的斗争后开辟了一片新的领域。《计算机不能做什么》对强人工智能，以及有关人工智能如何必定迟早会变革的雄心壮志的智力解释做了至关重要的批判。正是德雷福斯第一

次最为出色地做了这件最有影响力的大事。

第二节　《计算机不能做什么》^①做不到的

1. 两个间谍故事和四类知识

我们首先要问的是如何传递知识。²想想几个轻松但又发人深省的故事。我有一本关于制造专家系统的企业之间的谍报活动的漫画。某公司通过研发超级专家系统在市场上取得了领先地位，另一家公司为了查明原因而雇了一名间谍。这名间谍闯入该公司，却发现他们在捕捉人类专家，摘取他们的大脑并切成薄片，然后将薄片插入他们最畅销的模型内。（抓到间谍之后，他们摘取并把他的大脑切成片，从而制造一系列行业谍报专家系统！）

另一个精彩的故事——将知识通过电信号由一个大脑传递至另一个大脑。将一个漏勺形状的金属碗倒挂在一个普通人的头上，然后借助电线、放大器和阴极射线显示设备与某位运动专家头上相同的金属碗连接起来，这个人迅速获得了专家的全部知识。然后，他可以把自己伪装成一名优秀的赛车手或者冠军水准的网球选手等。³

这个"双漏勺"模型很有吸引力，因为它是我们在计算机之间传递知识的方式。当某人将从一台计算机获取的知识输入另一台计算机时，就其能力而言，第二台计算机"变得"与第一台完全相同。计算机之间通过电线传输或软盘记录的电信号形式传递能力。我们每天都向一台计算机传递另一台计算机的知识——关键在于两台计算机的硬件几乎毫无关联。通过这种方式，我们可以传递*"符号型知识"*（*symbol-type knowledge*）。

1）体化知识（embodied knowledge）^②

如果我们再仔细思考一下符号型知识的传递，那么我们便会注意到复杂性，因为该类型知识可能适用于人。想象一下，一个普通人满脑子充斥着网球冠军的知识。他在第一场比赛中发球——砰！——他的手臂断了。他完全没有用力发球所需的骨骼结构或发育的肌肉。当然，还有大脑和手臂之间的神经结构问题，以及网球冠军的大脑是否有适合接受者体型与体重的网球知识的问题。事实证明，

---

① 此外应为书名，原文中没有用斜体，疑似有误。——译者注

② "embodied"有多种译法，诸如"体验的""具身的""涉身的""寓身的"等，根据上下文以及作者提出的三类知识综合考虑，这里译为"体化的"更为贴切，即"体化知识"，以便与下面的"脑化知识""教化知识"相对应，而在其他地方，仍然保持"具身的"译法，如"具身性论题"，这基本成为中国学界的共识。——译者注

网球冠军打网球的很大一部分"知识"包含在其身体内。[4]

以上所述是所谓的"具身性论题"的字面版本。一种更强的版本表明，我们划分我们周遭物理世界的方式是我们所有身体形态的函数。因此，我们所认识的"椅子"——众所周知很难定义的东西——是我们的身高、体重以及膝盖弯曲状况的函数。因此，我们划分世界的方式，以及我们认识划分分割的能力，都是身体形态的结果。

我们初步建立了分类系统；有些类型的知识/能力/技能不能只通过将信号从一个大脑/计算机传递至另一个大脑/计算机。"硬件"对于这些知识类型而言十分重要，然而，还有其他知识类型的传递无须担心硬件问题。

2）脑化知识（embrained knowledge）

身体包含着人类能力/技能的某些方面。某些知识类型有无可能与*大脑*的物理性（physicalness）存在，而不是其计算机性（computerness）存在有关？是的：我们的某些认知能力与大脑的物理结构有关。它与神经元的相互连接方式有关，但作为化学物质或固体形态的集合，它也可能与大脑有关。模板或筛子可以将不同形状或大小的物理对象进行分类；也许大脑也是这样运作的，或者类似于模拟计算机的工作介质（working medium）。我们将这种知识称为"脑化知识"。有趣的是，只要知识是脑化的（另一个隐喻是，如果这些知识尤其被"全息储存"），漫画中的剧情——将大脑切割并插入专家系统——会是一种比双漏勺模型更好的知识传递的思考方式。

3）教化知识（encultured knowledge）

我们现在有了关于符号、身体以及大脑物质的知识。那么社会群体呢？回到我们的越南老兵，假设他从肯·罗斯瓦尔（Ken Rosewall）的大脑抽走了他的网球知识。他会如何应对新的玻璃纤维球拍和所有新式的咒骂声、叫喊声和嘟哝声呢？尽管网球的基本规则在过去的五十年里一直没有改变，但这项运动已经发生了巨大的变化。正确打网球不仅和网球协会有关，还与大脑和身体有关。

自然语言当然是某些社会知识的范例。正确的说话方式是社会群体而非个人的特权；那些游离于群体之外的人很快就不知道如何恰当地讲话了。"生存还是死亡，这是个问题"，表面上看这句话空洞无物，因为莎士比亚的《哈姆雷特》以及诸如此类的文化氛围的存在，对于这句话人们在任何场合都可以脱口而出，而不必担心遭受嘲弄。"那是什么，你们这些蠢货？"说这句话可能不太安全，尽管 1962 年之后的一段时间可以这样说。我们认为，在莎士比亚和安东尼·伯吉斯（Anthony Burgess）第一次书写这些名言警句时，他们都有着影响语言的雄心壮志。第一句话已经成为通用语不可分割的一部分，第二句话则不然，这与文化社会的发展方式有关。[5]因此，我们可以看到，语言和其他类型的知识都具有某种

182

183

"教化"要素；它随着社会的变化而变化，该要素不能脱离包含它的社会群体而存在，它就在社会之中。当然，随着时间的推移，变化只是社会嵌入性（social embeddedness）的一个要素而已。[6]

我们有四类知识/能力/技能：

（1）符号型知识（即能够通过软盘等完整传递的知识）；

（2）体化知识；

（3）脑化知识；

（4）教化知识。

《计算机不能做什么》表明，人工智能研究者早期追求的目标都以这一理念为基础，即全部知识都是符号型的，但由于这类知识只是人类能力的一小部分，因此，他们的夙愿必将落空；这一见解非常重要。这本书的问题在于其先前和随后的内容过于强调体化知识与脑化知识，而对教化知识论述不足。

2. 人工智能问题和拼写检查程序

就像德雷福斯一样，我想举例而不是单靠抽象的论证来讨论计算机能做什么和不能做什么。例子越简单越好。"人工智能问题"就像是一幅全息图——无论是多么微小的部分，都可以窥一斑而见全豹；我们首先来确定这一点。为了确定这一点，我先考察一个非常微小的问题——拼写检查。人们可能会认为拼写检查根本就不是人工智能，因为它只是对两组输入的词语进行比较。当然了，拼写检查问题没有遇到语音转录（speech transcription）所遭遇的巨大困难。拼写检查程序输入的信息通过键盘予以约束和筛选，后者迫使写入程序并将输入组织成为从一百多个离散信号中选择的字符串。相比之下，作为典型的人工智能"难题"，语音转录首先需要从没有任何自然分隔符的一连串空气振动中将语词分离出来，在这个过程中，每个说话者的输入都截然不同。对于计算机来说，人与人之间的击键非常相似；但被视为生理信号的语音在不同的人之间有着很大差别，即便他们说的话像打印出来一样。无独有偶，如果我们利用示波器显示（声音的——译者注）波形就会发现，同一个人在不同时间所说的同一句话看起来也迥然相异。这是因为拼写检查程序看起来很简单——几乎就是在操作现成的符号——因此，它们是确定人工智能问题具有全息特征的范例。

以下是拼写检查程序出现的人工智能问题。请思考下列拼写检查测试的语句：

我的拼写检查程序会纠正 weerd 处理器，但不会纠正 weird 处理器。

这句话确实包含了当前拼写检查程序的真实情况：由于 weird 一词的拼写是正确的，当前的拼写检查程序未予记录便通过了"weird 处理器"，而对"weerd 处理器"予以标记或修正。

对于那些没有注意到人工智能难题的人来说，这似乎是一个技术问题。一种解决方法是扩充词典，从而使拼写检查程序也可以检查常见的词语搭配。利用扩充词典的拼写检查程序会发现"weird 处理器"有问题。但这不是难题。难题在于，例子中的每一个单词都是为了撰写该文完全按照我的要求拼写的，所以，真正"智能"的拼写检查程序不能对 weird 处理器和 weerd 处理器做任何标记。要做到这一点——人类编辑能够做到不标记——拼写检查程序必须理解整段文章的意思。要理解整个段落的意思，拼写检查程序必须和你我一样，受过良好的教育且熟悉英语。因此，即使在拼写检查这样微小、简单的作业中，也存在着语音转录明显表现出的人工智能的重大问题。

有趣的是，这项分析表明，拼写检查或其他编辑输入文本中的异常错误，可以更好地测试"机器智能"，比任何一种被大肆炒作又难以理解的"图灵测试"版本要好得多。要想让图灵测试真正地告诉你一些事情，人们必须知道，这种明显的成功会话是通过蛮力方法取得的，还是通过评委无意识中过于宽松的解释取得的。这里提出的进路将解释的责任推到了计算机头上。[7]

人工智能还有一个更简单的问题，即制造出运行令人满意的机器。对于赢得国际象棋比赛的机器来说，这个问题已经解决了。自从 WORD6 拼写检查程序使用以来，拼写检查方面的问题已经得到解决。WORD6 并不试图纠正词语，而是仅仅标记那些与其字典不匹配的单词。所有需要理解的东西——所有对意义的理解，以及对语境的认识等都留给人类，这一安排很合适。

第三节　关于知识类型的进一步探讨

1. "社会具身性论题"、"个体具身性论题"以及"最小具身性论题"

通过简单的拼写检查程序的例子来理解人工智能问题，让我们再来看看后三类知识。维特根斯坦认为，如果狮子会说话，我们是听不懂它在说什么的。更重要的是，即便狮子会说话，它也仍然不会编辑文本。以上述的文本为例。理解是编辑文本的前提，要理解文本，你必须了解什么是文字编辑器，要了解文字编辑器，你就必须了解打字。现在看来，狮子没有手指，即使会说话，它也不会书写。狮子只是受限于它们腿的末端的行为方式，几乎肯定它们具有某种口头文化。因此，狮子的"生活形式"没有写作、打字和文字处理这些概念。狮子，甚至那些生活在可以与狮子说话的社会中的狮子，在遇到像测试语句一样对句子进行拼写检查时，也会手足无措。注意，在给予并采取一定量的措施后，没有理由认为，在我们眼里没有口头文化的鸽子，无法训练得像计算机一样精确；鸽子能够像计算机一样，可以在不了解任务的情况下完成许多任务。我们可以认为，即便是不会说话的狮子经过足够的训练，再配上大的脚踏板，它们也能和鸽子做得同样出色。这个问题与拼写检查有关，而拼写检查确实依赖于对写作的理解。

狮子无法对测试的句子进行拼写检查，因为它们受限于腿末端的方式，是"具身性论题"的一个例证：我们的世界概念结构在某种程度上，是我们身体排列方式的函数。但是，虽然这一论点有时是对的，但它混淆了两种截然不同的具身性论题。即我称之为的"社会具身性论题"和"个体具身性论题"。我们来看看这些论题如何适用于会说话的狮子。

大家可能没有意识到，之前我们已经提到社会具身性论题。我们确信一个由会说话的狮子构成的社会不会理解文字编辑器，因为它们的腿不同于我们的胳膊和手。那单独的一头狮子呢？假设我们绑架了一头刚出生的会说话的狮子，把它交给人类父母照顾和抚养。我们知道狮子学不会打字，也可能学不会书写，但这并不能排除它可以理解打字、书写和文字处理的相关概念，除非我们还想说患有严重的先天性上肢畸形的人永远理解不了打字、书写和文字处理的概念。我不知道这是不是真的，但我敢肯定，有些人因为这类畸形而无法写字，但他们仍然可以阅读，仍然可以编辑文字。我敢打赌，这些畸形的人有的能够理解测试句子，有的还能对句子进行编辑，而可预知的拼写检查程序做不到这些。

德雷福斯在《计算机仍然不能做什么》一书中说道：

由于模式识别是所有智能行为中一项基本的身体技能，人工智能是否可能的问题归根结底就是是否存在人工具身主体（artificial embodied agent）的问题。(250)

编辑测试语句就是一个模式识别问题，模式识别只是人工智能"全息图"的另一部分，因此，德雷福斯的上述声明表明，需要人工具身主体进行编辑或做等同于编辑测试语句的活动。而且，他早先在该书中提到：

使一个物体成为*椅子*的是它的功能，而使它可能成为坐的设备的是它在整个实际语境中的位置。它预设了人类的某些事实（疲劳、身体的弯曲方式），以及其他由文化决定的器物（桌子、地板、灯具）和技能（饮食、写作、参会、演讲等）所组成的网络。(237)

在最糟糕的情况下，这必然意味着只有肢体健全的人才能利用文字处理器编辑测试语句。在最好的情形下，这意味着他的论证尚未区分两种具身论题。无论如何，这意味着德雷福斯最终对机器提出了一个过强的要求，即像我们一样有智能的机器需要具有像我们一样的身体。

我并不认为具身论题有任何内容证明了先天的残疾人、人类抚养长大的会说话的狮子，或者灰色静止的金属盒不可能具有类似于我们的智能。一切都表明，由这些实体组成的*社会*不具有类似于我们的智能，但这是另一回事。个体实体的问题与其成长过程和语言的社会化有关。

说了这么多，我发现自己完全不相信这一点。我尤其不相信一个静止的灰色 188
金属盒，仅仅通过语言交流就能够真的完全社会化。设想一下，一个人自出生之
日起就遭受除对话输入和输出之外的感官剥夺（sensory deprivation）——很难想
象他/她可以流畅地进行社交活动。拥有真实大脑的灰色静止的金属盒就像是被剥
夺了感觉的人。我或多或少赞成德雷福斯关于我批评他的具身论题的回应；他认
为身体需要内外的感觉平衡，以及跨越障碍的能力，等等[8]。我承认智能充分需要
身体以获得某些感觉输入，否则它们永远无法理解自身试图参与的对话。但这是
最低的要求，重要的是不要将其与更为野心勃勃的主张相混淆——实现社会化的
前提在于你的身体需和与你交往之对象的身体相似。重复一遍，在我看来，身体
外形对于集体具身论题而言是重要的，对于个体具身论题来说则不然。个体具身
论题需要具有某些感官机制的最小身体。狮子和先天残疾的人满足这方面的要求。
因此，应将个体具身论题可被人接受的部分称为"最小具身性论题"。

总之，智能所需要的就是可被社会化的全部身体；它不需要那种适应某种特
定的社会融洽（social fluency）的身体。先前的论点似乎表明，身体形态完全不同
的实体的社会化方式与人完全不同，这混淆了社会具身论题和个体具身论题。

2. 脑化性论题

构成大脑的化学物质非常重要，虽然我从未完全理解这一观点。更重要的论
点认为，人工大脑的可能性关键在于其组成部分的排列方式。在无足轻重的意义 189
上，这两种观点肯定是对的。因此，约翰·塞尔告诉我们，如果"大脑"的原料
是旧锡罐，那么认为它可以像真的大脑一样运作的想法是荒谬的——但是，这个
问题的原因可能只在于旧锡罐的大小。显然，由一百万个旧锡罐相互连接制成的
"芯片"，与表面刻蚀有一百万个晶体管的芯片相比，体积更大、能源效率极低，
且非常不可靠。因此，用旧锡罐制造智能机太过荒谬，但荒谬程度比不上巴贝奇
的智能机，后者是由成千上万的黄铜齿轮组成的；这种荒诞并未消除多少哲学上
的坚冰。我们在必要与充分的冰山间穿梭。智能机可能需要小的非机械部件，但
这并未表明针对任何*特定*的小型非机械部件存在充分的，甚至必要的事物。例如，
该论点并没有使我们更青睐湿润而非干燥的部件。

但是，有关某种小型非机械部件的*排列*方式比这一论点的内容更为充实，也
更具说服力。该论点由于所谓的"神经网络"的发展而变得异常突出。使用人工
智能拟人语言的神经网络，其成分的排列方式与大脑组成部分的排列方式相似。
也就是说，网络人工"神经元"通过连通性受可变"权重"影响的链接与其他人
工神经元连接。某一"层"的特定神经元可使另一层更多或更少的神经元"激活"，

这取决于过去所证明的这种激活过程是多么有用。整个神经网络都被赋予一项任务，一开始便将其神经元设定为随机激活。然而，每当产生人们想要的输出时，系统就会获得某些反馈，刺激它加强激活的连接，从而产生期望的结果。这些系统在经过多次迭代后可以"学习"某些涉及判别（discrimination）和"模式识别"的任务。有关网络的能力，一个经常被引用的例子是判别海床上的物体，特别是岩石以及地雷。据说，经过充分训练的网络可以利用视觉和声呐信息区分岩石和地雷。

190　　德雷福斯认为，神经网络是具有重要意义的新事物，它的诱人之处在于，网络学习任务时从来没有清晰明确的规则。网络只会得到不同程度的加强或抑制，这基于它们当前的输出状况，而且神经网络"自己制定规则"。有人甚至可能想说，与维特根斯坦式思维下的人相似，神经网络根本不使用可解释的规则。或者，正如德雷福斯所言，神经网络使用的规则不是我们命名之物体的函数，而是一些无法解释的信息集合。

　　我们必须再一次区分必要性与充分性。德雷福斯的分析提醒我们，人类知识并不是建立在明确规则的基础之上，这无疑是正确的。因此，如果一台智能计算机拥有类人的知识，那么它更像是神经网络而非符号操纵器，但这并不意味着类神经网络的机器，能够使它朝着类人的能力更近一步。我们在这里可以引用德雷福斯曾经所作的比喻，它对好的老式人工智能（GOFAI）产生了毁灭性影响：神经网络就像是我们从地板跃到了椅子上——它使我们离月球更近了些——但自始至终无法使我们得到想要的结果。

　　德雷福斯自己揭示了神经网络的局限性。他解释道，陆军面临着自动发现隐蔽在森林里的伪装坦克这个问题，他们在一组图像上训练一个神经网络，直到它能够完美地识别出伪装的坦克。不幸的是，当把它移向另一组图像时却失败了。直到那时人们才意识到，所有初始组的坦克照片都是在一种天气状况下拍摄的，而所有非坦克照片是在另一种天气状况下拍摄的。神经网络学会区分的是天气，而不是坦克！

　　我认为神经网络没有完成该任务，因为对它的训练太过贫乏。此外，人们像训练鸽子一样训练神经网络——通过刺激和反应——而人类是通过社会化的方式进行训练的，这包括我们不了解的更加丰富的机制。即便是人类单纯通过刺激—
191　反应方式也学不会正确地判别事物。直到晚年才与社会脱离的人类就是例证——同样，人类也只能以神经网络的训练方式训练自己。因此，以神经网络为代表的对符号人工智能的改进，实际上并不是朝着人类类型（human-type）非规则解释（non-rule-explication）的方向，而是朝着鸽子类型的非规则解释的方向改进——这并不怎么激动人心，而且也与后期维特根斯坦的世界观不太相关。

回到岩石-地雷鉴别器上面来，只要环境是有限的，机器就可完成这项任务，然而，当敌人把地雷伪装成岩石，又会发生什么情况呢？接受这项任务的人就会着手寻找其他线索，从不断变化的政治环境，到具体战场上敌方军队的部署情况。正如人们通常所描述的，岩石-地雷问题是一种不切实际的问题——或者是由参加了上一场战争的将军们虚构的微观世界。在未来战争中，这个问题没有这样简洁的形式，要解决这一问题，不仅仅需要为具体环境下的任务设计局部知识。⁹岩石-地雷问题又一次和拼写检查程序问题相一致。给定具体环境下的任务，基于神经网络的拼写检查程序很快就能学会拼写。考虑到这个世界总是在创造新的句子，这要求理解整个语境，所以神经网络难以有所建树。为了达到人类的程度，神经网络必须以人类浸没于社会的方式浸没于社会世界之中，并能够像人类一样从中学有所得。

可以说，神经网络是与好的老式人工智能完全不同的脑化知识，但由于神经网络在人类社会中距离完全社会化和站在地板上与椅子上到月球之间的距离并无差别，所以很难理解人们到底在激动什么。社会化的机器必然可以利用它无法解释的规则，但这并不表示利用自身无法解释的规则的机器就是一台社会化的机器；社会化的机器必须具有像人类一样可被社会化的大脑，但正如下一个例子所示，具有类似于大脑的神经网络绝不是充分条件。

3. "社会性" 论题

我们现在来思考某些实体，它们满足目前为止所讨论的人工智能的每一个必要条件。这些思考的实体拥有超强的躯体，行动自如，并具备在世界范围内寻找方向的发达能力；它们的大脑拥有比最雄心勃勃的硅脑制造者所梦想的还要多得多的神经元；无论怎样，它们的大脑是由与人类大脑相同的湿件（wetware）构成的；它们可以利用其无法解释的规则自行编程；最后，除了到目前为止我们所讨论的内容外，许多例子都与年轻人的训练规则一样被准确地展示出来。这些实体便是家犬。

家犬表明了为什么人工智能实体的所有这些特征还不够充分，这是因为，即使把这些特征以恰当方式组合在一起并且置于合适的环境之中，狗仍然不会编辑文字。我们知道，由狗组成的社会的生活形式不包括文字编辑，因为这不是它们的腿-爪的目的——但是，单个家犬具有我们想象的单个会说话的狮子所具有的全部有利因素：刚出生时被人从摇篮中抓走并且在人类的家庭中长大，许多狗/狮子得到了与儿童不相上下的关爱和关注。但还是缺少一些东西。

狗甚至不会整理你的房间——一项与它们令人艳羡的身体相符的任务。这是因为收拾房间意味着你需要知道什么是脏的，什么是干净的，以及什么东西在合适的地方，什么东西不在合适的地方。这些区分——如测试语句之于文字处理器——是人工智能问题全息图景的另一视域；要知道什么是重要的，就必须要理解整个语境。"垃圾"和"古董"是在时间和空间上不断变化的范畴。即便是像报纸这样昙花一现的东西，它的价值也会随着自身所记录事件的变化而变化。以往发行的大部分报纸都是垃圾，但是那些记录重要事件，例如，重大胜利或罪行的报纸，就会获得情感价值，或成为纪念品或被收藏家纳入自己的藏品。要知道哪些报纸该扔掉，哪些报纸该保存，狗就必须能够阅读新闻报道，并根据世界上发生的事件理解其中的意思。与我们想象的狮子不同，家犬并非来自由会说话的狗组成的社会，而是由来自普通的狗组成的社会，普通的狗虽然看起来有着非常好的大脑，但却少了一些东西。

令人遗憾的是，我们不知道狗缺失的是什么。狗缺少的东西有点像牛顿所研究的重力——它的影响显而易见，而其内容则是"超距作用"。狗缺少的是"社会性"。社会性是人类（以及可能其他的一些实体）的能力，使他们能够在某一种或多种文化中的交往流畅自如 [10]。（我之所以说"可能其他的一些实体"，是因为这个问题在黑猩猩与海豚的案例中仍是悬而未决的。我们依然在试图通过向黑猩猩和海豚传授我们的文化和语言这一方法来研究它们是否具有社会性。[11]）

社会性是一种人们经常察觉不到的潜在能力：野孩——那些从出生伊始到晚年一直与人类社会相分离的人，似乎已经失去了社交能力，尽管他们必定在某一阶段就具备了这种能力，而且很可能所有身体部分依旧保持原样。不是所有人都具有完整的社会性：孤独症患者可能不像其他人那样更有可能获得各种生活形式。这可能是由于大脑额叶受损而丧失了融入某一文化的能力。检验一个实体是否具有社会性，就是通过正常的社会化过程，使其接触人类文化——并观察其是否获得社交能力。据我所知，人造的智能机甚至没有这种能力的萌芽。

对于每一代有潜力的智能机，要问的不是它们是否具有自动能力——狗具有这种能力却不会编辑文字。问题不在于它们的人工神经元这样或那样的排列方式——狗的神经元排列极佳，但却不会收拾整理。问题也不在于大脑由哪种物质构成——狗有聪明的大脑，但不会说话。问题在于新的机器能否被社会化。它们是不是静止的金属盒无关紧要；它们的神经元如何排列也无足轻重；它们"大脑"的构成物质是什么也不重要；如果它们不能被社会化，那么也就无法为文字处理器或其等同物校正测试的语句。为了回答人工智能的大问题，人们需要问的是它被社会化的潜力如何。

回答关于人工智能的一些不重要的问题——也就是计算机能做什么，人们同样需要了解社会。德雷福斯的这本伟大著作的伟大之处在于，它告诉了我们计算机不能做什么，但它从不善于指出计算机能做什么，因为这本书过于关注认知问题和个体，而对交互作用关注不够。我的 WORD6 文字处理器上的拼写检查程序很棒，因为我们之间存在交互作用——它静静地完成查词典等所有机械式的任务，我只需完成困难的任务。要想知道计算机能做什么，人们必须了解机械化与非机械化在人类日常生活中的融合，以及这种融合如何随着时间的推移而变化。这项任务并非微不足道。此外，这是观察和分析人类活动的人，而非大脑或心智这一分析者的任务。[12]

第四节　结　　论

《计算机不能做什么》仍然是批判人工智能的经典之作。它证明了符号型人工智能并不包含人类成就的特殊之处。然而，我认为这本书过于强调人类个体（他们的身体和大脑），而对人类社会重视不够。智能体必须具有可被社会化的合适的大脑与身体；我们仍然不知道如何设计前者，而后者为身体形式的巨大变化留下了空间。《计算机不能做什么》中提出的立场及其后继者过分强调神经网络对类脑性（brainlikeness）的贡献，并且混淆了*个体具身性论题、社会具身性论题以及最小具身性论题*。

由于这本书强调的是行为而非交互，所以《计算机不能做什么》也不是很擅长告诉我们计算机能做什么。它未能很好地预测计算机如何发展成为工具而不是模仿人的能力。为了纠正该书中重点内容的错误，并将批判发展成为一个更为准确的预测，我们需要更多地了解人类在社会中的行为。我们需要知道人类何时会像机器那样行动，即使它们现在的行为类似于人类，以及他们何时会准备像机器一样行动。我们需要知道人类在何时、何地可以与机器合作——人提供社交能力，机器提供蛮力。有关这些内容，我们需要一种新的人类行为理论。

这样一种新的人类行为理论可以使我们更好地理解各种人类能力的转换模式与执行方式。它会有助于我们理解将自身的能力赋予符号、计算机以及其他机器的方式和可能性，以及没有这种可能或不受欢迎的时刻。同时，它还有助于我们理解机器在哪方面优于人类：该理论表明许多事情人类之所以这样做，是因为他们无法以自己青睐的类似于机器的方式行事。然后，我们便会注意到人类和机器的能力，以及这些能力如何在不断变化的人类活动模式中相结合。对技能、知识、人类能力的分析，抑或是人们所谓的我们利用自己的心智与身体所进行的诸多活动，必须以社会行为理论而不是个人能力作为出发点。[13]

195

第十章　半人工智能

阿尔伯特·伯格曼

休伯特·德雷福斯的大部分研究围绕的主题既简单又直接。正如他在 1967 年发表的经典论文的题目所言，"智能计算机必须拥有身体"。德雷福斯在 1967 年已经简要论述了为什么是那样的一些重要原因，因此，他的文章全名是"为什么计算机必须有……"。他从那时起便进行了大量观察和论证来支持他的论题，而且现在，正如他关于该主题新近出版的书中所言，他的立场不再有争议，而实际上是"对昔日一段历史的看法"。[1]

虽然现在德雷福斯的论题已为人们所接受，而且在这一问题上已经盖棺定论，但直到今天，德雷福斯在人工智能方面的研究依然具有广泛的，至少三个方面的意义。第一，正如上述引文所表明的，它构成了思想史的一个篇章。故事的主人公堪称典范，其教益经久不衰。作为目标和事业的人工智能始于一种看似合理的主张，即它使科学的光辉照亮了现代文明最后一个黑暗的角落。所有这些晦涩的领域都有着看似神秘的复杂性，几场相关的启蒙运动都具有像控制论、信息论、突变论、系统论、细胞自动机或人工生命、神经网络、混沌理论和复杂性理论等名称。德雷福斯将注意力转向定义最为清楚、最吸引人的暗域（dark spot）——人类智能。他于 1972 年出版的《计算机不能做什么》对这些活动的独特病理学作了

经典描述。他们一开始基于某些正式的或科学的训练。他们提出了异乎寻常的说明并展开了雄心勃勃的计划。然后陷入停滞。没有突破和成就，只有愈来愈多的枯燥乏味。最终，有限的收获和领悟成为或多或少对我们的知识储备有益的补充。[2] 宏伟的主张归于沉默，雄心与志向消失殆尽。未知领域依然如故。[3]

第二，德雷福斯在人工智能方面的研究仍然是对哲学、人类学的重要贡献。与计算机和程序相比，德雷福斯能够使人类的生存状况得到独特而明显的缓和。德雷福斯说明了身体对于我们的在世是不可或缺的组成部分，我们的具身需求如何组织一种情境，以及我们的情境如何通过无穷无尽的一系列实践与世界相联系。

第三，也是最重要的方面，在深入诊断和治疗当代文化的过程中融合前两点中的重要问题。意图控制看起来过时的神秘与复杂性堡垒的不只是科学计划。整

个技术文明具有一种摆脱我们的控制与操作范围的趋势。德雷福斯以一种堪称典范的方式表明最终的胜利只是一种幻觉，适当的幻灭不一定就是蒙昧主义或听天由命，而是一种明智的接受。构成人类生活背景的实践的确是无穷无尽的，但并非不可理解。我们可以阐明、评价和形成实践，使我们熟知世界中的实践。

德雷福斯对人工智能的研究中充满了一种澄清的精神和清晰的意义。但是，最近这种澄清被一种特殊的模糊性所取代，原因在于对人工智能的研究趋同于整个技术文明。技术作为一种生活形式并不否认其对手，而是试图予以规避和消除。因此，人们所讨论的模糊性（我称之为虚拟模糊性）并未过分反驳德雷福斯的立场，尽管它表面上使其立场变得无关紧要。然而，经过反思我们发现，德雷福斯的核心洞见有助于我们消除模糊性，当我们把它从描述性转变为道德标准，从一个发现转换为一个规范时，它确实做到了。

虚拟模糊性在多用户领域中表现得最为明显。所谓 MUD 是网络空间中的域，可以通过与因特网相连接的计算机的键盘和屏幕进行访问。媒介是键入的信息。人们可以在 MUD 中随意将自己的个性程式化，并与他人进行类似程式化的交谈。雪莉·特克尔（Sherry Turkle）报道了包含内务处理程序的 MUD，一个名为朱莉娅的机器人。[4]除了提供有关 MUD 的信息并维持秩序，朱莉娅还可以调情、谈论曲棍球。特克尔说道，"朱莉娅能够在某些时候诱骗一些人，使他们以为她是人类球员"。[5]一个名为巴里的人类球员追求了朱莉娅一个多月，却没有意识到它只是一个软件。

如果十位追求者在询问朱莉娅五分钟后有三位对她是否为人类产生了怀疑，那么她便通过了最初由图灵所规定的图灵测试。[6]德雷福斯到底有没有被证明是错的？朱莉娅在交谈中并未借助人类对语言更深层的句法和语义理解的力量。相反，她搜索接收到的表层信息，以找到和一长串预先的回复相匹配的线索。[7]如果这些都无效，她可以求助于拖延时间、幽默和讽刺的伎俩，这些掩盖了她回复中的间断。

朱莉娅没有能够标记世界中心的身体。世界的物质与道德连贯性只向精神性身体的深刻情感和具身心智的无限延伸来显现它自己。因此，如果她误解了某一条模糊的线索或者无法找到线索，然后给出的回复不符合她想象中的聊天语境，她的语言中的世界便会破裂和崩溃。该语境在任何情况下都取决于宽容原则（principle of charity），即她的对话伙伴必须准备好提升可信度与连贯性，以便提供关于她的言论的背景、隐含的细节，以及热心解释。我们轻松自然地得出了这一原则，所以，即使在元话语中，特克尔和我都以"她"代指朱莉娅，从而发现使用中性代词是不合适的。不出所料，在那些难以相信宽容原则的情况下，朱莉娅有时会通过严重依赖同她对话之人的同情来摆脱僵局。她会想出对身体感觉的

199

200

某种断言的言辞来掩盖人造之物的征兆。朱莉娅告诉巴里，"我现在患有经前期综合征（PMS）"，从而转移了巴里的注意力，使其不再怀疑自己在和软件进行交谈。[8]

虽然人类的智能和具身性在同一空间延展，但是，心智与身体有着截然不同的方面。学者们将智能的可接受性和感受性方面称为*被动理智*（intellectus passivus），它更接近于身体的感官、大小和机动性，而智能之自发和理解的方面，即*主动理智*（intellectus agens）更接近身体的大脑部分。它们都是一个连续体的不同方面。但是，这样的区分是有意义的，因为前者比后者更易理解。我们已熟知人类智能的顶端和底端中更为严格的认知维度。我们可以理解大脑的认知成果——数学证明、科学理论、经验报告，等等——而且，我们关于大脑的生物化学与生理学的认识达到了相当复杂的水平。但是，哪些神经元以及它们如何实现了类似于证明毕达哥拉斯定理的方面，全然是一个谜。

因此，*主动理智*是人类智能显而易见的能力，在它（人类智能——译者注）解决的各种问题中具有明显作用。正如德雷福斯所表明的，*主动理智*的核心在于随附于人的身体，因此，不能以硬件和软件进行模拟。然而，它的边界仍未确定。当我们认识到某种依靠蛮力的计算机在下棋或阅读心电图方面超越了最优秀之人时，我们便学到了一些关于心智与计算机的新知识。[9]此外，虽然不可能模拟*主动理智*，但在一定条件下可以产生某些表象，而计算机科学与技术的进步会使这些表象更具有欺骗性。

*被动理智*则是另一种情形。智能的可接受性和感受性更多地体现在其位置而非能力上。具身智能以独特的方式占据着空间和时间，这一方式标志着某一情境或叙述的立场。由于现实是一个充满物质的空间，没有给人工智能需要的空间和描述留下任何空隙。能力暂时可以伪造，而位置远不能这样。如果朱莉娅声称自己是一名华尔街的律师，身上有一张纽约游骑兵队的季票，那么坚定且足智多谋的巴里可以列出所有名叫朱莉娅的华尔街律师，获取一份持有纽约游骑兵队季票之人的名单并寻求匹配。如果他没有找到符合条件的对象便会向朱莉娅施压，以得到更多个人信息，那么朱莉娅的程序员不得不进行选择，是用更多的红鲱鱼讨好巴里，还是将朱莉娅拉回到更厚的模糊面纱之后。最后，巴里在前一种情形中感到了幻灭，在后面的情形中感到了沮丧和挫败。

那么，为什么巴里没有注意到朱莉娅的位置缺失，直到她最终没有能力保持时才暴露她的软件身份？进入 MUD 的网络空间是受鼓励的，如果没有规定要剥夺一个人的位置的话。由于以离身状态进入 MUD 的人不能输入自己的身体位置，因此，他与现实的联系便松动了，他的立场逐渐融入模糊的背景之中。巴里没有注意到朱莉娅毫无理由的行为，因为他们都是从相反的方向交会于一点。名为朱莉娅的虚幻程序被赋予了在世界中有一席之地的半智能的假象，而真实存在的巴里却同其实际的位置相分离，以至于他的半人工智能只保有一席之地的半影。半人工智能在人工半智能中看到了自己的影像。两者的相似之处就在于虚拟模糊性。

模糊性传统上暗指一种纠正之后的规范——清晰。模糊性是一种具有瑕疵的表述。人们通过实现（realization），以及在文化信息的指导下扩展或丰富现实来消解文本、分数或计划的象征模糊性。实际情形的模糊性是通过与现存现实、与我们争论不休的无知境遇、与我们不确定的城市生活，或与我们不了解的陌生人的接触来解决的。在任何一种情况下，模糊性的解决会产生清晰——现实的美妙景象。

然而，至少人们起初认为 MUD 的模糊性是一种积极的、实际上有魅力的现象。它有可能将现实世界中永远分离以及对立的东西结合在一起——比如不受限制的自由和紧张的安排。当现实开始消解，我们的义务和责任也随之消失。从信息论中模糊性的技术意义上来看，这种脱离现实（自由的体验）和模糊性的现象都明显增多了。以蒙大拿州布尔弗罗格（Bullfrog）社区医院为例，当天有四位医生值班，他们的名字恰巧是阿尔弗雷德、爱丽丝、阿方索以及亚历山德拉。他们中的每个人和另一位医生一样，可能会被一个天性活泼的护士叫到急诊室，这个护士喜欢戏弄她的医生并用昵称和缩略语称呼他们，"呼叫弗雷德医生""呼叫桑迪医生"等等。某一天，这名护士需要呼叫阿方索医生，于是在公共广播系统上说道："呼叫阿尔菲医生，呼叫阿尔菲医生。"无论她的意图是什么，这一信号都是模糊的。它既可以指阿尔弗雷德，也可以指阿方索，所含信息量只有"呼叫 Fonz 医生"的一半。由于得不到及时的回应，护士变得急不可耐，大声喊道："呼叫 AL 医生，呼叫 AL 医生。"[①]在医院呼叫医生，该信号在这一语境下是完全模糊的，根本不包含任何信息。[②]明确的信号之中的信息与现实间具有稳固的联系。"呼叫阿方索医生"使急诊室与其急需的医生之间建立了紧密的联系。"呼叫阿尔菲医生"使这一联系松动了。但它仍然传递了一些信息，即"急诊室需要的不是爱丽丝或亚历山德拉，而是阿尔弗雷德或阿方索"。在特定的环境下，"呼叫 AL 医生"中断了这一联系。它没有传递任何信息。

相似地，MUD 中的玩家在世界上没有任何位置，他们所说的有关自己或者对别人所讲的话很少，或根本没有告诉我们关于现实的信息。从这个意义上讲，MUD语言是缺乏信息的。然而，在某种程度上，MUD 是一个自给自足的话语世界，它有希望拥有属于自身的丰富且令人兴奋的内容。现实责任的解除使想象与欲望肆

---

① 四位医生的名字的前两个字母都是 Al（Alfred、Alice、Alphonso、Alexandra）。——译者注

② AL 可以指前面提到的所有四位医生。——译者注

意徜徉。因此，现实生活中的传统之人可以在 MUD 中探索其女性化或同性恋的一面，他多情的梦想、对权力或赞美的渴望，从而扩展和丰富他的经历。而更多的探索是可能的。女性也可以将她的重心从现实转移至虚拟世界，当她漫游在虚拟世界中时会充满活力。虚拟模糊性似乎是一丝突发的荧光，它驱散了日常生活的黑暗，揭示了另一种更加光明的现实。

然而，我们的反思表明，当人们接受虚拟模糊性的本来面目时，会使虚拟现实微不足道，当其被要求承诺参与时，模糊性便会消失。关于 MUD 之虚拟现实的真正扣人心弦的描述记录，不在于虚拟模糊性的持久辉煌，而是其令人痛苦的消失。当然，如果 MUD 的参与者只是在进行琐碎的交流，模糊性是可以维持的。只要有一个真正重要的角色，生活中便可能会有多种多样的角色。一个已婚的研究生可能在某些 MUD 中过着医师的生活，追求着一段以和另一人结婚为目的的爱情。只要将它们与现实生活加以分割，并且保证不会产生任何真实的结果，这样的游戏是可行的。但是，如果该学生打算过一种真正的丰富多彩的生活，他会因为无证执业和重婚而被告上法庭。迟钝、软弱的人类身体是我们栖息的坐标空间的原点。

他们的身体存在的引力迟早会将 MUD 玩家从虚拟模糊性的面纱拉入日常生活的纠缠之中。有时，当他的妻子发现了他的多情，玩家便会被驱逐出虚拟的隐退状态。更多的时候，玩家对没有模糊性感到很不耐烦，往往使自己卷入现实之中。他们开始与迷人的 MUD 人物进行面对面接触。抑或为了满足他们对现实的渴望，他们吞噬了伴随新的 MUD 友谊而来的现实性（actuality）承诺。一旦新奇的刺激消失殆尽，真实空虚的幽灵涌上心头，他们便会继续无休止地反复追求真正的接触。

当玩家决定离开 MUD，去寻找在现实中有一席之地、对世界有立场、有深度和吸引力的真实人时，他们通常会对所遇到的人的相对单调和沉重感到失望。[10] 然而，在技术文化的前沿，一种模糊性接着另一种，虚拟模糊性毗邻着商品化模糊性（commodified ambiguity）。

想象一下巴里在其 MUD 遇到了杰基（Jackie）。她迷人的网络模糊性很有可能展示给现实中的人。她同意在曼哈顿市中心的一家餐厅同巴里见面，果不其然，她坐在约定的餐桌旁，体态健美、光彩照人，和网上说的丝毫不差。巴里很高兴，但他马上就想知道：她多大了？绝不像是 20 多岁的模样。所以她是 35 岁、45 岁还是 55 岁？他是如何看出来的？在威廉·吉布森（William Gibson）的《神经漫游者》（Neuromancer）一书中 [11]，除了通过仔细训练利用外科手术紧实皮肤、去除脂肪和塑造体形之外，科幻小说给出了更多可能的办法。一个人可以选择并获得一副全新的身体。它会以肉体的形式展现 MUD 只能用文字加以规定的优雅与活力。这种彻底的重塑意味着将人的身体从其所有关于祖先、年龄或虚弱的痕迹中解放出来。人身体的这种未解决的模糊性意味着一种本体上与众不同的完满。尽管吉布森敏锐地洞察到了这一点，但这是不可能的。小说中的反英雄人物——凯斯（Case）遇到两个人，

　　他们并排坐在沙发上，双臂在晒黑的胸前交叉，脖子上挂着相同的金链子。凯斯凝视着他们，发现他们的青春是假的，指关节有明显的褶皱，这是外科医生无法抹掉的痕迹。[12]

　　我们这个欠发达的世界里还有更多这样明显的残余和暗示。[13] 因此，经过外科手术整容的男性和女性的商品化美（commodified beauty），会让我们在钦佩他们的金钱与胆量，以及怜悯他们欺骗性的外表之间犹豫不决。当然，商品化的模糊性并不限于人类。巴里可能想知道桌子上的花是不是人造的，他是否应该在咖啡里放糖或甜味剂（Sweet 'n Lo）以及奶油或植脂末，椅子表面是皮革还是塑料，等等。人类的模糊性当然最令人不安，最终也是不可持续的。人类的弱点最终将战胜规训和化妆品，使人半信半疑的美丽容颜将屈服于令人难以置信的面具，最终导致灾难性的非自然破坏。死亡接踵而至，是失败而非生命的终结。果不其然，网络空间向死亡投以模糊的微光，它试图从垂死之人的无节制、易怒和无条理之中夺回模糊性，并使之成为一种甜蜜的共同体验。[14]

　　人工智能在面对死亡时似乎又一次重拾了它最初的抱负，而且不顾德雷福斯的异议，它所希望的完全是永生。它再次认为一个人性格的核心在于其心理生活，后者完全可以用某一程序完整地进行描述。此外，它还预测到，该程序可以完全从一个基底转移至另一个基底，循环往复，以至无穷。[15]

　　毫无疑问，德雷福斯有关人类智能本质的具身性论点是站得住脚的。我们现在可以看到，尽管我们无法反驳这一论点，但可以通过在网络空间内使我们的智能脱离身体，并将现实的身体商品化的方法否认该论点。对于一个以这种方式生活的人而言，智能本质上是具身的，身体解蔽了我们以何种方式居于世界，该论题不再是一种描述，而是一种可怕现实的预言，在人们年老和死亡时将不可避免地赶上这种现实。纯粹的具身性不再是人的生命特征，而是他跌入衰老与死亡地狱的最终命运。

　　接受德雷福斯的观点并将其作为一种生活准则是更合适的选择：我们既不应该在网络空间中否认自己的身体，也不应掩盖我们在世界中的位置，特别是我们在世界中占有的时间。"是时间让爱变得深沉"，查尔斯·泰勒在旁白中说道。[16] 如果我们仔细思考这句话带给我们的共鸣，便会发现身体的感性和现实的深度是相对称的。如果我们允许身体收集并展示它的位置和时间，这一对称性便会得到充

205

分呈现。位置的精确性是很难实现的。时间的背叛是难以抗拒的。然而，不断变化的立场扰乱了事物与实践的背景并会阻碍人的成长。当我们在永恒活力的面具下掩盖时间的流逝时，生命的叙述（a life's narrative）就会停止。无位置性（placelessness）和无时间性（timelessness）与人工智能是兼容的。就像德雷福斯所言，人类智能是具身的。如果它要为世人所熟悉，则必须占有位置和时间。

第三部分

"应用海德格尔"

第十一章 海德格尔论活神

查尔斯·斯皮诺萨

　　确定神性的存在，或者至少是存在的痕迹，在海德格尔后期著作中扮演着重要的角色。它们的存在对于一种非虚无主义的生活至关重要，这种生活中的某些东西具有值得为之牺牲的权威[1]。休伯特·德雷福斯帮助我们理解了海德格尔所谓艺术作品——德雷福斯称为文化范式——是神的意义[2]。在本章，我将试图通过引用海德格尔对古希腊神灵（daimons）的解释来推进德雷福斯的研究，以说明海德格尔如何理解活的诸神在当今幻灭的世界中存在的可能性。我将指出，当代的宗教形式和世俗经验符合海德格尔关于神性及其痕迹存在的解释。但是，我们不能用我们主体与客体的最小本体论（minimal ontology）来理解这些经验。因此，为了理解事物与人，我们需要将"调和"（attuning）加入我们的本体论，或浸入某一适当情绪。调和并不神秘；它使我们接触到某些我们不愿缺少的日常现象，但我们当前的本体论却怂恿我们将其忽略。

　　为领会海德格尔对神性的理解，并理解调和的意义，我首先将海德格尔的神性与哲学家通常作为典范的犹太教-基督教的宗教体验加以区分。在当今的哲学世界中，鲁道夫·奥托（Rudolf Otto）在其《神圣者的观念》一书中提出了对犹太教-基督教经验最有影响的现象学解释。[3]与海德格尔一样，奥托认为，宗教经验在本体神学上的理性化产生了只有哲学家才会感兴趣的教化神（domesticated god）。[4]同样，海德格尔与奥托都认识到了海德格尔所谓生活的本体论和本体维度之间的区别，奥托称之为神圣和自然维度。对于两者，一般而言，本体论或神圣维度与它使之可能的本体或自然维度是不相称的。与海德格尔《存在与时间》中的观点一致，对于奥托来说，当我们体验到神圣或本体论的维度时，它就像一种神秘的体验，一种可怕的体验，一种*令人敬畏的神秘*（*mysterium tremendum*）（用奥托的术语说），它使人感觉到存在者或自然的无足轻重。奥托的宗教现象学研究了这种恐惧的本质。他承认一个人只有依靠自然状态的类比才能精确地表达超自然状态，但这一现象学与奥托所承诺的东西大相径庭。[5]

　　尽管海德格尔可能已经开始沿着类似的——虽然是世俗的——路线来思考其

"基本情态"——*畏*（angst），但是，到了 20 世纪 30 年代，当他开始对*存在的理解*进行思考时（延续德雷福斯的观点，这必然体现为扣人心弦、鲜活的艺术品或其他文化存在物），他打开了以更为本体或正常的方式将自身与存在者进行联系的可能性。海德格尔的神性体验比犹太教-基督教传统更为世俗。海德格尔指出，古希腊人参拜和与庙宇打交道的实践，以一种特殊的方式调和了他们处理世界上几乎所有其他事情的实践。[6]处理神庙光泽的实践决定了古希腊人如何理解任何事物的亮度。神庙的坚固性决定了他们如何应对任何事物的坚固性或流动性。古希腊人甚至根据他们调和神庙的方式来理解草叶。海德格尔认为，古希腊人在神庙照亮他们的世界时便体验到了神性。因此，海德格尔对古希腊神性体验的研究，使他对奥托所描述的超凡世界的可怕体验毫无兴趣。

211 　　海德格尔以一种更现实，甚至尼采式的方式处理神性体验，因而他的写作方式似乎既像有神论，又像无神论。由于调和活动属于神圣领域，因此，海德格尔可以写具有神圣能动性的神。由于现代性中的调和没有被主题化，因此，海德格尔认为如今的宗教很少照面（encounter），因为众神已隐匿（withdrawn）了自身。他也可以像尼采那样认为，这种照面是很罕见的，因为我们的实践活动让我们看不到调和。我们杀死了众神并使自己成为虚无主义者。由于我们的实践是问题的一部分，所以我们可以通过识别调和来参与解决问题。

　　海德格尔何以认为我们在幻灭、过度反思的现代存在模式中能够有意义地体验一个鲜活的上帝，而不是把这种体验理解为一种幻觉呢？我们以海德格尔在《艺术作品的本源》中的主张为出发点，即体现一个民族之实践风格，并使其具有魅力的实体（entity）将向那些人显现他们所共有的东西，人们因此认为，其在生命中具有权威性。因为这样一种文化范式，无论是神庙、圣谕、祭祀行为、宪法或诸如此类的东西，都体现了一个民族视为很重要的东西，值得人们献出自己的生命。因为它创造并支撑着他们的世界，使他们充满了爱、自豪、尊重与奉献。简言之，人们像崇拜神一样崇拜它，并在其掌控中将其体验为拥有一种神圣的能动性。

　　现在，让我们补充这种范式的那些特征，它们将使神圣的能动性成为一个有人格的神。因为海德格尔不愿意让我们将神庙、庙中的神或其他神圣的文化范式看作除了具有鲜活能动性之外的东西。它们必须是那种个人生活的神，人们向它们寻求指导（通常是祈祷），向它们献祭，敬畏地跪倒在它们面前，并在它们面前弹奏音乐、跳舞。[7]

　　一个活的神必须具有影响我们与自然、事业、他人以及我们自身关系的能力。而且这样的神对我们具有权威性，不仅是因为它的力量，而且是因为神同情我们的生活方式，或者至少当神以其最典型的方式出现时我们的生活方式。因为神利

用它的力量支持着这种生活方式，所以神让我们产生敬畏之心，就像任何现行的
人类权力得到了某种程度的尊敬。然而，最为重要的是，我们可以向这个神述说
和祷告，并会得到回应。神也是人，因为他要对自己的行为负责，并认识到行为
和责任的重要性。事实上，由于行为与责任的重要性，我们也认识到神有着和我
们大致相同的激情与情绪。因为神像我们一样拥有声音、情绪、激情和责任感，
只要我们经验到来自身体的声音、情绪与激情，我们就能够经验到具有肉身的神。
（从这一点来看，我们尚不清楚是否必须区别神的性别，但情况很可能是这样，因
为我们大多数的身体是有性别之分的。）

　　这样的描述与我们现代的情感是不相容的。事实上，它有力地表明，神不过
是拟人化的产物。但应该记住，当我们思考拟人化（anthropomorphism）时，我
们普遍怀疑的感性是相对近期才形成的。在启蒙运动前*和以后*，神亲自与人沟通
交流的体验在信徒之中是很常见的。不是只有那些注定要成为圣徒之人的敏感的
心灵中才有这种体验。威廉·詹姆斯（William James）指出，在整个 19 世纪，许
多拥有某种执念的人都具有宗教体验，而且正如他所指出的，科学几乎无法劝他
们放弃这种所谓的体验之真理。[8] 首先是因为这些人的信念建立在清晰的感性经验
的基础上，在他们看来，这些经验同科学家的数据一样都不具有幻觉性；其次，
这种经验的重现意味着它们尽管不是随意出现的，但却是可重复的。

　　拥有某种执念的人很早就与神有了知觉上的接触，但这并不意味着神力类似
于科学定律所描述的物理力。正如海德格尔所言，存在依赖于人，神力也是如此。
然而，只要人还依靠神力，这一条件只会削弱对神性的本体神学解释。这里的基
本主张是，神将其特别清晰的情绪或情调赋予情境。例如，阿芙洛狄特（司爱和
美的女神——译者注）的外貌会激发出情爱的一面，或者更恰当的是，主要以情
爱的方式表现情境。作为情爱范例的现代人，具有与该神相同的力量。例如，在
20 世纪 50 年代末和 60 年代初，玛丽莲·梦露（Marilyn Monroe）成为情爱魅力
的女性典范。在某些时候，她就像阿芙洛狄特一样可以改变情境的风格与感觉。
她可以使人们进入深刻的情感状态，在显现出特定的可能性的同时将其他东西隐
藏起来。从这一点上讲，她就是女神。我们的主-客本体论引导我们利用心理学术
语描述这种情境变化的影响，但是，我们会发现这种描述忽略了现象的关键方面，
神圣效果的词汇更有意义。

第一节　海德格尔论古希腊诸神

　　首先，我们来思考海德格尔的《巴门尼德》中有关前古典之神的两段话。在

212

213

第一段中，海德格尔解释了为什么我们不再体验神性，或者他此处所称的神灵（daimons）。[9]

　　因为*神灵*，"那自我展示者，指示者，只有在解蔽活动和自我解蔽的存在自身的本质领域，才是它所是的东西，是它所是的样子"。①[10]

　　我们体验不到神是因为，如今我们没有理解解蔽或解蔽经验。我们的社会实践网络不包含任何强有力的存在者（beings），它们通过向我们展示可理解的事物，从而以神力的方式行事。我们现代的主观或后现代讽刺的做法使我们远离了这些存在者。正如维特根斯坦所指出的，我们可能会意识到具体事物具有和它们相联系的感觉或情调。[11] 维特根斯坦很有效地称之为"力场"（field of force）。[12] 但是，我们并未意识到自己痴迷于任何一种情绪或存在方式。当然，也没有任何东西向我们说明这一点。

　　比较我们所处的环境与前古典时期的希腊人对其神庙的敬畏之情，这一点便更加清晰。相互关联的古希腊人的实践网络使事物和人变得容易理解，该网络在神庙中表现得淋漓尽致。因此，神庙并不是在孤立地发挥作用。正如融入基督徒生活的福音书与后期的哥特式大教堂，神庙使事物以容易理解的方式渗透到了所有古希腊人的生活中。基督徒将这种范式的普遍力量体验为圣灵。古希腊人将其体验为神灵。海德格尔认为神性或神灵会把自身的感觉给予事物与情境。

214

　　那照射进存在者中，却从不能从存在者得到解释或者完全实现的，是存在自身。照射着的存在是 *daion-daimon*（*自我显现者*）。从存在而来而在存在者中给出自身，从而指向存在者的，是 *daiontes-daimones*（*自我展示者*）。"恶魔"……不是对存在者偶然的附加——不理会它们，人没有丧失自己的本质，可以将它们搁置一旁……由于这种不引人注目的不可逆转性，*神灵*能够比所有其他的"恶魔"都"更有魔力"。*神灵*比所有存在者都是更加本质性的。它们……规定从尊敬到快乐直到悲伤和恐惧的各个本质心境。当然，在这里"情绪"所表达的不是现代主观意义上的"心智的状态"，而是更加原始地被思考为……心境（attunements）。②[13]

　　从以上引文中我们看到，神，对于海德格尔来说，必须在情感上与事物呈现给我们的方式有关，而与物质-物理事物如何产生并存在的方式无关。基督教的上帝在哲学意义上作为造物主上帝使他与物质-物理的因果关系联系在了一起，从而

---

① 译文引自：（德）马丁·海德格尔. 巴门尼德[M]. 孙周兴，王庆节，朱清华，等译. 北京：商务印书馆，2018：151.

② 译文参考：（德）马丁·海德格尔. 巴门尼德[M]. 孙周兴，王庆节，朱清华，等译. 北京：商务印书馆，2018：156-157.

隐藏了解蔽或揭示事物与人在心境或情绪中如何作用这一神圣的行为。[14]

海德格尔关于心境的论点分为两部分：①神是照亮存在者的东西[15]，从而给予存在者以样貌[16]；②这些神通过观察事物给予它们的样貌是带有情感的样貌。我们可以认为，神将事物的样貌赋予了情感。[17]但是，①这究竟意味着什么？②从神所做之事到神是什么，我们该如何理解？以及③这些主张是如何让我们产生看到神、与神对话和崇拜神的感觉的？我会依次回答这些问题。

第二节　外观感觉

第一个问题不仅和神的特殊作用有关，而且与一般的神力有关。海德格尔告诉我们，神*赋予了*某物外观的*感觉*（*the feel* of the look）。为了理解他所说的外观的*感觉*是什么意思，我们来看一个简单的例子。如果我们看着一只手中的本国货币和另一只手中的别国货币，我们就会注意到某些非常奇特的事情。我们在一只手中看到*看起来*有价值的东西。在另一只手中，我们看到的似乎是假钱。我们应该设法告诉自己，我们*确实*对纸、颜色、纹理和形状等有着非常相似的视觉经验，我们利用某一主观感觉解释一只手中的钱，用另一主观感觉*解释*另一只手中的钱。或者，我们可能试图认为，我们会将自己看这两种货币时的主观感觉*归于*作为客观特征的货币本身。然而，解释和归属是什么时候发生的呢？根据对看钱这一活动的考察，我们明显没有经验到归属和解释。例如，如果有人告诉我们，我们手中的钱是伪钞，那么我们依然可能认为这些钱是有价值的。因此，尽管我们在积极地归属或解释，却依然能够看到价值。事实上，要像处理印有某些标记的纸一样处理我们手中的钱，我们便需要像财政部的职员一样培养专门的技能。

这个例子应该有助于我们认识到某些东西超出了一般现象学的主张，即我们看到的不是纯粹的对象，而是有意义的器具。我们看到的不仅仅是有用之物吸引着我们。我们看到有用之物*以态度*吸引我们，不是我们的态度，而是与它们所是的那种有用之物相适应的态度。人们认为钱有价值，枪有威胁，等等。这些态度并不是我们在任何无理要求的普通意义上强加的。我们无法凭借单单改变自己的立场而消除这些态度。我们必须努力去改变它们。

人们不需要拒斥主观的解释或归属，相反，我们对货币反应的差别必定在于货币的物质-物理的外观。我们并不想认为，某一特定的构形（configurations）组成的任何或者所有物质-物理外观，都使我们看到货币是有价值的。因为，如果我们国家改变了货币的诸多物质外观及其构形（例如，货币的颜色、货币上显示的名胜古迹，等等），一段体验过后，我们就会失去原有的感觉，即旧的方面看起

215

来有价值，并认为新的外观有价值。

216　　根据这一现象来概括，金钱有价值的外观就像学位证书的正规模样，就像其他社会建构的东西一样，既不是源于任何特定的物理材料特征或特征的构成，也不是源于我们赋予它的某些特定的解释或归属。相反，情感或态度的外观（有价值、正规等等）源于一种既非客观的（在事物之中），亦非主观的（在心理学立场）存在范畴。

　　那它是什么呢？简要暗示一下答案，请注意，我们对正规的外观、严肃和有价值的外观，以及许多其他外观做出反应。设计者们一直在发展这些外观。它们是普遍意义的情感方面。[18] 普遍意义是那些体现在范例中的意义，并使拥有这些意义的人们按照它们行动。例如，玛丽莲·梦露就是女性美的典范。那些分享这一意义的人将各种各样的样貌和行为理解成玛丽莲·梦露式的。他们为之欢欣鼓舞并且倍感激动。和其他普遍意义相类似，女性美既不能归于主观偏好，也不能归为客观特征。我们根据这些普遍意义以及它们吸引人的情调（attunements）理解主体、客体和情境，因为实践使我们成为自身，使日常物体是其所是。

　　我们很容易相信自己是通过情绪领会事物的。当我们心情愉快的时候，明媚的一天看起来棒极了，当我们沮丧的时候，晴朗的一天令人生厌。即便我们一开始没有情绪，即使对我们而言没有任何特别之事发生，我们也会被宴会中热烈的情绪所感染。[19] 在 20 世纪 50 年代，海德格尔关注的是事物如何将我们集聚到它们周围，以及如何使我们以某一确定心境看待它们。例如，想想漫步进入一座大教堂。在与教堂和里面的人打交道的过程中，它将我们引向某种虔诚、令人敬畏的心境，随着我们与教堂愈来愈协调，我们感觉到的这种心境也愈来愈浓厚。我们感觉越虔诚，我们就越能看到事物以证实这种情绪的方式呈现出来。

217　　海德格尔在思考古希腊人的时候注意到，事物以表现出情感召唤（affective solicitation）的外表吸引我们的注意力。我们之所以对大教堂感到虔诚，是因为它具有石头和光线交相辉映所展示的令人敬畏的外观。我们与日常事务打交道的做法包括我们关注的情感召唤。这种召唤决定了我们行动时的情绪以及我们行动意向的强度。海德格尔认为古希腊人对这些情感召唤的敏感度使得他们的文化在以不同于我们的方向向前发展。为了更好地理解神性，我们需要更加清楚地看到古希腊人与我们之间的差异。

第三节　从神迹（调和的因果力）到神是什么

　　我们对因果力很感兴趣，古希腊人也是如此。我们对两种存在形式的因果力特别感兴趣。我们也对宇宙之中自然类的物质因果力感兴趣。这就是我们的科学所研究的。我们同样感兴趣的是，个人能够做什么和应该对此承担什么责任。我们的社会科学和历史，有时我们的哲学，研究的是个人能够做什么。我们的法律和法学，连同我们的伦理与道德思维，研究的是人们应该对什么负责。但是，前古典时期的古希腊人对我们常见的因果关系的研究都相对薄弱。他们对调和因果力的研究比对物理与意向的因果关系的研究要深入得多。调和的确具有这样的力量。因为我们的货币看起来很有价值，所以我们在使用它的时候小心翼翼。因为其他国家的货币看起来像假钱，所以我们必须防止自己无脑地使用它。和愉快放松的情绪相比，崇敬的情绪使我们能够看到教堂的更多东西。当我们看到普遍意义的转变时，共有的情绪性调和的力量就会更多地出现在我们的生活中。例如，从玛丽莲·梦露到麦当娜，都会使我们对何为性感动人产生一种明显不同的感觉。至少，我们会从温柔顺从的感觉变为具有讽刺意味的自信。

为了理解神从何而来，我们首先要问自己如何解释这些情感的变化。因为对于古希腊人而言，神就是将外观赋予环境、人和事物的东西，例如，从玛丽莲·梦露到麦当娜的转变表明，我们从一个气质女神过渡到了另一个气质女神，而这一变化给了女性新的面貌。我们今天如何看待这一现象？通常我们认为，我们的艺术家，特别是我们广受欢迎的艺术家，以及我们魅力四射的领导者，有责任做出这样的改变。但是，我们并不认为他们在法律意义上负有责任，甚至在很大程度上，他们也不会有意做出改变。虽然甲壳虫乐队改变了我们看待事物（从爱人到政治关怀）的方式，但我们并不认为这种改变是约翰·列侬、保罗·麦卡特尼，抑或被称为"披头士"的商业机构所积极追求的东西。这四位音乐家的目标是让他们的音乐风靡流行起来。他们将自己的行为举止和服饰同他们的音乐相匹配，这样便能够向大众展示出一种明确一致的形象，但不确定他们表现的风格是否受到大众情感上的欢迎与接受。（想象一下，我们很难预测自己的风格将如何被我们的孩子所接受。）披头士的成员可能和我们一样被他们的音乐改变了许多。当谈到他的作品对文化的意义时，艺术家和批评家所处的情况相同。11 世纪和 12 世纪的游吟诗人所吟唱的歌曲将宗教虔诚的元素融入到对两性之爱（erotic love）的描述中，他们几乎不认为自己想要将他们所谓两性之爱的普遍意义转变为一种叫做浪漫爱情的东西。然而，他们取得了令人瞩目的成就。因此，当我们对艺术做出反应时，我们对艺术家认为他所做的事情并不感兴趣，而是对艺术作品给我们的情调带来的变化感兴趣。

我们也不能使自己相信，披头士带来的改变是我们的文化实践中普遍的*时代精神*（Zeitgeist）或趋势的一部分。我们的做法无疑有一种倾向于某些类型的讽刺和任性的趋势。表现出年轻男子气概的约翰·肯尼迪所具有的乐观、潇洒和逞能，

218

219 被约翰·列侬那带有甜蜜讽刺意味的艺术精神取代了。我们被改变了。但是，这一转变的原因并不在于文化或实践的趋势。它与身为艺术家之人的联系十分紧密。因此，我们对普遍意义上改变的描述忽略了在我们眼前发生的一些事情。古希腊人在这个不被人注意的领域看到了他们的神。对于海德格尔眼中的古希腊人来说，当神（他或她）自己看待事物——将他/她的活力加于事物之上——或者，当新神以不同的方式看待它时，事物的外观或我们的情调便会发生变化。

　　神施加的能动性的本质是什么？当一位神将他/她的活力施加于某物时，这并不是我们的科学所研究的物理因果关系。神阻止太阳运动或神居住在奥林匹斯山的故事，并没有告诉我们有关某一天的文学事件或家庭住址的信息。太阳停止运动的故事改变了太阳具有的普遍意义。太阳象征着秩序和稳定。太阳可以停滞告诉我们，奇迹至少和秩序一样重要。一切都可以重塑。说诸神居住在奥林匹斯山，就是说奥林匹斯山看起来就是那个样子，就像我们的钱看起来很有价值一样。当神将他/她的活力施加于某物时，神就会改变其情感特征的力量或种类。古希腊人实际上看到了这一变化，他们领会了神的行动。海德格尔遵循古希腊人的表达方式，通过将它称为"样貌的外观"（the look of the look），来识别这种共同意义的力量。他的意思是说，神的形象以某种特定方式照亮一个情境，例如，一切都被视为性感的或理性自律的。

　　如果我们设想自己是设计者并扪心自问，有价值的或正规的（或更接近古希腊人关心的方面）性感而有吸引力的东西的样貌外观是什么，我们就能感受到启明的这种力量。然后，我们可能会理解对这一外观的描述为什么必须要超越单纯对象的范围。也就是说，为什么不能将它理解为世界中的一个客体。几十本杂志每月的封面为我们展现了这种性感吸引力的具体例子。但这种外观的风格，其外观通常，或整体上并不是我们想象中会照面的东西。如果我们对表现为正规的外观感兴趣，我们主要感兴趣的不是学术袍或法官的长袍看起来多么正式，而是弥

220 漫于这些东西的正式风格的本质。我们感兴趣的是，我们文化中的正规事物的真实样子是什么。如果我们设想自己必须为新的评审委员会设计一件看上去很官方的制服，我们可能发现自己会翻阅各种官方服装的杂志，从而感受一下官方的样子。当我们这样做的时候所感受到的正是外观风格。时装设计师要想成功改变我们所认为的非常性感的晚礼服，不仅要畅销新造型的服装，而且要突出以前被人们忽视而现在想要的某些优雅之处。因此，由于这种新的款式，我们发现我们期待的一般的性感风格已然发生了改变。我们只需要翻阅过去几十年的杂志，就会看到情爱、性感的风格在短时间内发生了多么大的变化。

　　当神圣的力量被看到和被最具体地感受时，它们就是事物样貌的外观。神灵对人类甚至动物都有一种力量，以至于他们对某种情况的观察可以改变这种情况。

当性格上非常坚强的人进入某一情境的边缘时，我们就有了一些这样的小经历。如果有人告诉我身边潜伏着一只凶猛的熊，我们可以很容易地想象到情境之中的所有东西是如何呈现出一种完全不同的样子的。[20] 神像可以行使这一能力。这就是神庙庄严神圣的原因。雕像或圣坛的十字架给出一种神庙或大教堂的外观与感觉。因此，对于海德格尔来说，神像"使得神自身在场并因此成为其本身"[21]。

关于古希腊人和他们的神，我们现在可以说两件事。第一，由于古希腊人对事物外观的情感力——它们的普遍意义的情感力——非常敏感，因此，他们可以看到和感受到现身于他们的雕像和其他艺术品中的神。第二，因为他们能看到神的代理人产生影响，所以他们对其世界的共同意义及其本体论地位的敏感度比我们高得多。因为共同意义是权威性的，但既不主观亦不客观。

艺术并不是古希腊人对神的唯一视觉、身体体验。从刚才的论述中我们可以进一步理解，对古希腊人而言，被神审视的意义到底是什么。在诸如毕业典礼、婚礼以及写作时灵光乍现的情境下，事物呈现出的样子和平常不同。人们在婚礼上看起来比其他大部分场合都要快乐。在毕业典礼上，一切似乎都比我们通常所习惯的更有尊严。在灵感迸发的时刻，事物会比平时更加清晰。对于古希腊人来说，我们知道的这些为人们所共有的感觉，足以保证他们有一种被神所注视的感觉。

221

尽管我们可能会想象自己看到神以普遍意义的方式俯视一切的样子，但是，想象神在某个地方完全可见，并以这个样子使一切熠熠生辉，这似乎是一种过度的幻想。然而，如果某人受到某一情境的情绪影响，当真去说、去做或去想超出他或她本人（如我们所了解的）之外的事情，那么我们说，某人受到了极大的鼓舞，以至于他/她真的表达了快乐、自豪或明晰的意义便没有什么问题。当某人如此彻底地体现了普遍意义，以至于他们的外观映入了我们的眼帘——想想玛丽莲·梦露——古希腊人会认为神以人的形象在场。如果这个人以前没有令人难忘的身份[22]——我们也许会想到马里奥·萨维奥——那么将他/她的光芒投射到情境中的神只会出现在场景中。我们应该记得古希腊诸神经常假扮成凡人，而且经常以普通人的样子出现。

第四节　看到神并与神交流

如果我们对典型的宗教激进主义基督徒遇到天使的叙述进行考察，便可以更加清楚地了解古希腊神在场的情形。[23] 这位宗教激进主义者自愿为四个失明和坐轮椅的孩子购买机票，并送他们登机。由于交通拥堵，他到机场的时候太晚了，所以不可能既买机票，又将孩子们送到登机口。当他惊慌失措地站在那儿时，一位中年男子从人群中走出来问他是否能帮上忙。这位宗教激进主义者强烈地感觉到这个人值得信任，他只思考了一秒钟便让那个人把孩子们带到登机口，等他去取票。当他拿着票赶到登机口时，他看到那个人和四个孩子在登机门旁边等着。他对那个人表示感谢，但那个人婉拒了他的谢意。这位宗教激进主义者转过身把票递给门口的服务员，然后，看着服务员领着孩子们走下斜坡。当他回身时，发现那个中年男子已然不见了。他找遍了机场并且发布了公告。当他在脑海里一遍遍地回顾这些事的时候，他完全没有意识到那个人会那么快就消失了。最终，他接受了对他而言唯一合理的结论：那个人是天使。

当然，对于怀疑的、不再抱有幻想的人们来说，这一结论根本就不成立。我们每个人都可以对发生的事情给出一个完全合理、不使人抱有幻想的解释。这位中年男子有一个眼睛看不见、坐着轮椅的儿子，他的妻子几个小时前打电话告诉他说他们的孩子已经去世了。他悲痛欲绝，飞奔回家时看到了这四个孩子，他们让他想起了自己的儿子。他对照顾这样的孩子而产生的问题感到同情，当下就看出了问题所在。因而他主动提供帮助。事实上，他很乐意帮忙。因为这减轻了他的一些痛苦。有时可能会需要他做出解释，但是，他无法鼓起勇气讲述自己的故事。他只是不假思索地说自己乐于助人。说完，他便跑去赶自己的航班了，飞机就在几个登机口之外，差不多要起飞了。鉴于这一不抱幻想的描述，我们可以将这个人的行为举止描述为天使般的吗？当然了，我们大多数人都会这样做，承认自己会把某个普通的活生生的人比作一个虚构的存在。但是，现在我们来讨论重要的问题。我们想到一个宗教激进主义者，他声称自己遇到了天使，我们也声称他遇到了一个天使般的人。这两种描述有何不同？哪一种描述可以更为合理地解释该现象？

我们在回答这些问题时不应该迷失方向，声称我们之间的区别在于宗教激进主义者对所谓天堂的信仰，在天堂里，天使们除了践行神圣的使命之外，都在以歌声赞美上帝。由于这样的天使学（angelology）在宗教激进主义者的经历中并没有起到决定性的作用，我们可以在那些有着明显不同的天使学的人群中找到类似的天使描述。事实上，不是宗教激进主义者的人们甚至也报告了这样的经历。然后，我们首先回答一个更为简单、相似的问题，这个问题具有相同的本体论含义。认为我们的货币有价值与把它视作一张印有许多可以用来分析决定它是否具有价值的铭文的纸张之间的区别是什么？

当宗教激进主义者看到天使的时候，他看到的是他的亚文化中天使行为之普遍意义的完美体现。天使将他以前只在抽象意义上理解的东西变成了现实（使他与之相协调）。事实上，理解天使给予他的信念与其感知和情感是一致的。这样的发现必须在本体论上与认为新印制的 1000 美元钞票完美体现了我们有价值货币的普遍意义没有任何不同。[24]

认为天使或金钱都不具有情感价值，这在根本上是认为任何事物都是幻灭的，没有情感的意义。显然，如果我们逐渐形成这种理解方式，我们便会具有一种不同的生活形式。它肯定是一种情感上被削弱的生命形式，因为它完全没有重要的意义。取而代之的是实际的考量。在这一点上，认为值钱的东西具有价值似乎明显更为可取。我们为什么不将天使般的行为视作天使所为呢？原因只有一个。那可以使我们回到天使学的全部形而上学概念。然而，如果我们能够清楚地认识到，只有当神体现了情感普遍意义的力量时，神才具有神性，那就没有什么问题了。

只要人们可以被视为普遍意义的主体（文化人士、神或天使）或对象，我们应该可以认为一个有着天使或神的世界是有意义的。与单纯确定金钱具有价值相比，认为金钱是有价值的具有所有优点。但是，当一位神或天使从天而降时，却没有可以让他假扮的人，这样该怎么办呢？我们怎样才能根据普遍意义或态度式看（attitudinal look）来理解实际显现的神呢？《伊利亚特》有一个著名的场景，当阿喀琉斯准备拔剑刺向阿伽门农的时候，雅典娜从背后抓住了他的头发；当阿喀琉斯转过身来时，雅典娜告诉他不要伤害阿伽门农，因为他会后悔的。假设古希腊人真的是以这种方式遇到了神。没有信仰的人会把这种体验描述为一种幻觉，因而也是危险的体验，而机场的天使并非如此。让我们首先以一种开放且怀疑的方式来看待这一现象。

我们从听觉范围常见的一组现象开始。当我们急切地想听到心爱之人的声音时，我们可能会觉得自己听到电话在响。当我们处于像父母这样的人经常叫我们的名字的情形中时，我们有时的确会听到那个人在叫我们的名字，即使他/她并没有叫我们。那些与配偶或父母熟悉的人有时会听到他们说预料到的事情，即使他们什么都没说。这种情况下发生了什么？我们不是*简单地产生了*幻听。在这种情况下，我们不认为根本没有声音。我们通常认为，这一情形的影响或感觉非常强烈，它将声音引入了我们的听觉模式之中。的确，文学和电影已经描绘了足够多这样的时刻，足以让我们认为它们典型地体现了渴望。如果我们有着前古典时期希腊人的敏感性，我们可能会说，是渴望的神圣力量产生了戒指和口语。实际上，除了电话铃声或门外响声的情况之外，这里的感知印象正是毕业典礼上的自豪、婚宴上的欢愉以及金钱的贵重，普遍意义通过*掩饰*而非完全表现事件状态而误导了我们。

我们不应该由于神的误导而分心。相反，就像阿喀琉斯的情况一样，我们感兴趣的是，它们可以改变事件状态以及当下获取我们恰当回应的能力。在我们当*前*回应普遍意义的现实生活的例子中，我们所看到和听到的普遍意义的情感方面取代了任何可用的感性材料，以表现出感知某一特定情境的能力。我们并不是通过推理得出快乐的存在，我们看到的是其乐融融的婚礼。我们在听到虚幻的手机铃声时并没有感到强烈的渴望。同样地，我们也没有看到阴间的恶魔在吓唬我们，但是我们听到了门外的响声。即使对于我们的当代本体论而言，我们的普遍意义有时也具有足够的情感力，能够产生与荷马时代希腊人的神一样真实的感知效果。但我们将这些事件称为幻觉。

荷马时代的希腊人和其他不抱幻想的人不会被迫接受这种狭隘的解释。实际上，正像我们可能在没有铃声的时候听到电话铃响，当配偶不在时听到其声音，听到某人闯入但并没有发生这样的事，这些事件会使我们体验到阿芙洛狄特的声音，代表渴望的普遍意义；赫拉的声音，代表家庭生活的普遍意义；或者，让我们假设一下，赫耳墨斯的声音，代表偷窃的普遍意义。那个声音会说出一些很平常的话来表达这种普遍意义。[25] 这对于不抱幻想的古希腊人来说会有作用，类似于有人给我们讲故事，或者更像是看一部电视或电影对我们所起的作用。它坚定了我们的决心，增强了我们的兴奋感，使我们与自己的感受更加协调一致，使我们更敏锐地意识到自己的行为结果，等等。神性的声音在这种文学领域影响着我们，当海德格尔说神话是神的适当关系模式时，这就是他所指的意思。[26] 难道我们认为看到空中的神是有意义的吗？

到目前为止，我们回答了一个较为简单的问题：在没有神的声音的客观世界里，听到神说特别的事情如何具有意义？当情境的影响力或感觉过强时，我们会把随机的声响理解为说话声，此时，我们听到了声音。我们环境中普遍存在的无法完全分辨的响声和普遍意义的情感属性是导致这些听觉现象的原因。然而，视觉现象往往不同于听觉现象，因为我们看到的比听到的更为清晰。我们在工作的时候会感觉到周围的喧嚣。但是我们往往认为，除了大雾、黄昏和黎明等时刻，以及茂密的森林、阴影、火灾、战斗、海上风暴等场景外，视觉现象的确定性要强得多。列出这样的清单使我们意识到，我们当前的景观和建筑形式在多大程度上增强了视觉现象的确定性。我们的草坪上散布着遮阴树，我们空旷的田野、笔直的高速公路、宽阔的街道和人行道、我们的街灯、稳定的室内照明、公园里干净的蜿蜒小径、我们的高楼，都使我们的视觉比以往更有确定性。

我们围坐在篝火旁。当我们用蜡烛点亮房间时，请注意隐约看到的一切。如果我们聚焦于这样的时刻，视野中会有很多模糊的东西，我们有理由相信，我们自己很可能会被这些影响我们的普遍意义所吸引。我们可以很容易地举出一些案例，在这些案例中，我们情境的普遍意义决定了我们看到的是什么。当我们穿过大学校园时，我们便会与学术生活和世界相调和。这时候，如果一位业务上的熟人进入了我们的视野，我们往往不会认出她来。在其他情况下，我们会很容易发现自己看到的某人正像我们期望见到的另一个人。在我们意识到自己的错误之前，我们可能甚至开始和陌生人交谈了。如果我们的景观和建筑的规训的形式少一些，我们便有更多的机会对视觉变得敏感，现在我们把后者视为简单的幻觉或幻象。

但是，我们还未用我们幻灭的本体论产生的怀疑论调和神的感性存在来改变对情境的调和。对于不再抱幻想的人而言，有关神的报道解蔽了各种各样的错误。有一种情况是，这些报道可能使人类行为与神圣行为产生了情感上的混淆。在其他情况中，这些报道会迫于压力将听觉或视觉模式混淆为话语或神。它们甚至可能完全是幻觉。某些人对于普遍意义的力量比较敏感，对他们而言，真正体验到的神是普遍意义所具有的情感力量的主体，使我们与自身的情境相协调。

当文学作品或某一部电视或电影使我们适应变化的情境时，我们就能体验到这种调和。像玛丽莲·梦露和汉弗莱·博加特这样的人物，当他/她以让我们对世界中的事物很敏感的方式说话和行动时，便将我们带入了调和之中，从而使我们可以更加自发和有效地行动。当这一情况发生时，这些人物一直在以我们称为神的超人的力量行事。这种力量既不是主观的也不是客观的——它既不存在于我们对玛丽莲·梦露或汉弗莱·博加特的主观反应中，也不存在于他们作为人甚至作为演员的身份中——既然这种力量不受主客体的影响，那么我们就不应受其干扰。如果一种看似主观的（情感的）或客观的（感知的）"混淆"使我们与自己的世界相协调，那么我们便目睹了神在起作用。鉴于这些考虑，我们不应认为在我们看电视时，古希腊人以及其他抱有幻想的人混淆了模糊不清的声响和景象，除非我们认为，当我们在看电视时，*我们*将扮演其他人的形象或演员误认为是进行协调的人物。因为我们完全沉浸在剧情中的体验显然不是某人扮演别人的体验。然而，我们并不认为，当我们处于这样一种出神的状态时，我们正在混淆自己所看到的东西。

回想一下，只要我们的本体论只考虑主体和客体，我们便不会*认为*金钱具有价值。我们视金钱具有价值的这一经验必须被解释为一种归属或诠释行为。这种有限的本体论让我们无力说明，当影片中的人物使我们与自己的生活协调一致时产生的影响。我们将某种感觉、动机等归因或诠释为图像或声音，难道我们不能真的认为可以看到这样的图像、听到这样的声音吗？我们在一个我们可称之为神话、调和、非凡或神秘的维度上看到和听到（海德格尔使用了所有这些术语）。有了接受调和与普遍意义的本体论，我们便可以体验到凭空出现的神在我们面前"物化"，但我们不会稀里糊涂地认为自己要么是陷入了幻觉，要么认为物理对象在异常情况下表现了它们的因果力。最后我们可以看到，当某位演员扮演的角色成为一个文化人物，或者像马里奥·萨维奥这样的普通人在某一场运动中散发出新的光芒时，也会产生这种物化现象。因为某人在某一时刻是文化的代表人物，

227

他的某些行为比自己更伟大。那些时刻来来往往，没有人能完全控制它们。上帝要么以文化形象出现，要么不出现。

228　　当我们从这一维度聆听或审视声音或景象时，无论它像电影还是我们在美元中看到的价值，我们都能够更为灵活、果断地行动。因此，电影中的人物和我们所看到的价值是调和的存在。由于我们承认这一维度的方式远没有古希腊人那样直接，我们很难说自己看到了神。因此，我们的体验几乎没有权威。我们通过间接、秘密的手段变得协调。我们在本体论上对普遍意义和调和的忽视，让我们只能以一种分解的方式去体验它们。改变我们的本体论从而接受被我们边缘化的经验，正是海德格尔为众人所知的研究。[27]

第十二章　信　　任

罗伯特·所罗门

直到最近，尽管人们假设信赖在各个层面都有其重要性，但哲学文献几乎对信任（trust）和信赖（trusting）的主题缄口不言。我们不必深入探究康德在《道德形而上学基础》中的论点或密尔的功利主义，尤其是亚里士多德的《伦理学》与《政治学》就能发现它无处不在。希塞拉·博克（Sissela Bok）在其畅销书《说谎》中反复强调信任就像"我们呼吸的空气"，是所有社会交往预设的"氛围"或"气氛"。人们毫不迟疑地认为宗教信仰是一种信任，甚至认识论也可视为是一种对信任的广泛关注，相信别人的证词（根据托尼·科迪的观点），相信自己的认知器官和良好的判断力（根据基思·莱勒的观点）。[1]但直到最近，哲学家们才被倒逼着对信任进行分析。[安妮特·拜尔（Annette Baier）无愧于哲学家的称号，她引发了人们对这一主题的兴趣。]

信任也是社会学的一个"热门话题"。伯纳德·巴博（Bernard Barber）早在1976年就写了一篇关于信任的研究报告，著名的德国社会学家尼克拉斯·卢曼（Niklas Luhmann）在《信任与权力》一书中阐述了这一问题。最近，英国权威的社会学家安东尼·吉登斯（Anthony Giddens）一直在很多书籍和研究中探讨这一主题。然后是弗朗西斯·福山（Francis Fukuyama）在1996年所做的一项著名但颇具争议的研究。[2]社会学文献往往将信任实质化（substantivize），将其转变为一种神秘的"事物"或媒介，但与往常一样，社会学家与哲学家之间的交流相对较少。他们都具有明显的盲点，两者的结合可为理解看似简单但实际上相当复杂的信任问题提供一个更好的契机。我与费尔南多·弗洛雷斯（Fernando Flores）一直在进行这类研究，不出所料，通过休伯特·德雷福斯对海德格尔所作的开创性解释，我们找到了解决这一问题的新路径。根据这一解释，信任，既不是笛卡儿式的心理状态，也不是社会学意义上的"事实"，而是一种复杂的、动态的社会性与变革性实践。为了对德雷福斯表达敬意，我想在这一章对这些观点进行总结。

第一节 信任哲学

在最近一期的《伦理学》杂志上，三位哲学家——凯伦·琼斯（Karen Jones）、拉塞尔·哈丁（Russell Hardin）、劳伦斯·C. 贝克尔（Lawrence C. Becker）[3]对信任这一现象作了全面的探讨，他们都认为信任不是"事物"，而是某种态度或立场。因此，尽管它的名词形式更为普遍，但是"信赖"可能比"信任"更合适，我会或多或少地交替使用这两个词（某种程度上是语法的原因）。在《伦理学》杂志的专题论文集中，三位哲学家提出问题：信任在何种程度上是"认知的"？信任在多大程度上由信念构成，而信念又在多大程度上依赖证据与概率计算？哈丁对这一主题的著述颇多，他认为信任是一种复杂的博弈论的设想，这一设想得以普及，正如大多数这类描述往往假设人类是自私自利的，（因此）而不是怀疑人的可信度。因此，他在这篇文章重点论述了"承诺的手段"，主张后者使可信度成为可能。相反，凯伦·琼斯和劳伦斯·贝克尔则将信任分析为一种"情感态度"。凯伦·琼斯认为的"乐观主义"和劳伦斯·贝克尔的"非认知安全"各自是信任的典范。十年前，安妮特·拜尔超前引入了这一主题，她的兴趣可以追溯至 18 世纪的道德偶像：大卫·休谟。[4]她的信任范式依赖于他人的善良意志，尽管这显然不是康德的观点。

231   近来对信任的关注使得这些年忽视这一问题所造成的损害暴露无遗。我依然持有怀疑态度，这正是该主题最初吸引我的原因。忽视信任的原因（在某种程度上）在于规避道德"较温和"的方面，忽视作为感觉或"情感"的道德以及作为关系之基本功能的道德。目前许多对信任的关注仍然倾向于或试图避开这些"温和"领域。因此，信任被简化为关于概率、策略和理性预期的信念，所有这些都是现代哲学熟悉的注重实际的领域。[5]人们认为，信赖是一种需要被证实的风险，而不是超越这些问题的本体论立场。然而，当对信任的关注转向博弈论及类似的理性决策时，我认为信任被严重歪曲成了与信赖大相径庭的东西。（我忍不住要说，这正好与信任相对立，是一种费尽心机的不信任。）

另一方面，如果信任被视为个人的情感态度，其危险在于，信任要么被还原为一组主观概率（博弈论及其类似物的严格要求被暂时搁置了，但认知偏见仍然存在），要么更糟糕的是，信任会因为其非认知、非理性的特征而被简单地剔除，且完全不受证据和论证的影响。但是，无论是认知的还是非认知的，信任都被视作一个个体心理学方面的问题，是某人关于他人的一组信念或态度。除了模糊的暗示外，它不是一种关系或社会的基本要素。值得注意的是，大多数社会学文献采用了完全相反的方法。人们将信任视为某种"媒介"或"氛围"，这是一个社会群体几乎全部活动的先决条件。例如，弗朗西斯·福山对"高度信任"（high trust）和"低度信任"（low trust）社会进行了广泛讨论，但对于人和人之间的信任是什么，他很少谈及。[6]

我所关注的是，信任这一现象经常被歪曲，就像它在哲学研究中被澄清一样。正如哲学中所发生的那样，在处理其他往往不相关的问题时，人们会将某一主题纳入或包含于既定的方法论之中。人们尤其将信任视为又一种哲学抽象，需要根据必要和充分条件予以定义。因此，与丰富、动态、多维度的现象本身相比，这些解释显得比较"空泛"。这种空泛且合乎逻辑的定义很容易产生悖论和反例，但不一定有助于理解。[7]例如，在阿伽松（雅典悲剧诗人——译者注）醉酒后发表的《会饮篇》的演说中，或者在许多男性单身汉对这一最著名的激情的吟唱中，就像爱情被视为一种哲学抽象一样，他们认为，信任既诱人又真实。这样看待信任可能具有启发意义，而且在道德上是纯粹的，但它们往往在混乱的动态中极其软弱无力，而对于许多复杂的性依恋（erotic attachment）却不置可否。

我认为，大多数的哲学观点都没有认真地将信任作为动态关系中的要素。对一种迷人的复杂多变的现象，其描述是"稀疏的"而非"密集的"。它们将信任视为个人的态度或信念（或某种笛卡儿式的心理状态），而不是社会空间中的一种现象。在大多数哲学观点中，信任带有唯我论的意味。它代表着某个感到威胁的主体的观点，该主体以怀疑的目光凝视着危机四伏的世界。如果从人与人之间的关系来讨论信任，那么信任本身不过就是从第一人称角度进行探讨的。而且，大多数例子往往只涉及两个人（人与机构的情况较为少见）。[8]大部分例子都很具体，信任某人在某一特定时间所做的事情，专注于单一交互或者期望，而不是任何更为持久的联系。但更为重要的是，将这种遭遇（即便是重复发生的）与持续性的信任联系和社会学家称之为信任的"气氛"或"氛围"加以区分。因此，哈丁有时将信任视为一种反复的囚徒困境，也许比有些时候利用的一次性的典范要好得多，但仍然轻视或误解了信任关系的作用——包括多党间的公共关系。换言之，哲学家往往忽视的正是社会学家往往所假设的，即信任的社会本质。

在"情感态度"这一阵营中，凯伦·琼斯和拉里·贝克尔（Larry Becker）认为，不能将信任解释为信念问题，至少首先将之理解为"感情"或"情感"问题，尤其是*针对*他人的情感。这样解释的信任没有多少社会性，它依然具有太多的笛卡儿影响，但它的确理解了这一观念，即信任"渗透"于社会或关系之中，它不仅仅是一组期望。事实上，凯伦·琼斯和拉里·贝克尔都认为，在信任变得更为"理性"的同时，它实际上也做出了妥协。我认为即使这一见解言过其实，但它仍然很重要，需要进一步的解释。拜尔、凯伦·琼斯和拉里·贝克尔也认为，信任和可信度不"具有某种意志"，我想在此提出疑问。我所要说的大部分内容都以我 20 多年来一直坚持强调的主张为基础，即区别"认知"（其各种形式）和情感是有问题的，在讨论与情感相关的主题时会产生严重后果。我想要说的是，在作为一组信念的信任和作为非认知的"情感态度"的信任之间进行选择实在是一种糟糕的选择。它促使我们将信任设想为精于算计的不信任，抑或是愚蠢却又温暖人心的感觉，这两种解释都不符合信任在我们几乎全部的社会关系中所占有的重要地位。

在本章，我想主要谈这样几个问题。第一，我想探讨信任的概念，它是动态的人类实践、互动和关系的一个方面，而不仅仅是某种心理状态（信念或态度）。第二，我想讨论信任与不信任之间的复杂关系。第三，也是最后一点，我想谈谈信任作为一种情感时所处的地位，并建议我们下*决心*去信任。[9]

第二节　动态关系中的信任

从海德格尔与德雷福斯那里我们了解到，试图从静态属性、充要条件，而不是从共同实践的角度来理解人类活动的做法是错误的。这一主张有时被他们的崇拜者和追随者夸大了。我完全相信，根据一般背景（例如商业伙伴关系、亲密关系、公民与政治协会）可以明确规定有关信任的多组充要条件。这些描述遗漏的东西，在列举反例和尝试修改定义时失去的东西，是信任所涉及的相互作用与背景实践的丰富描述。问题不仅仅是英语语言的另一种混乱，就像"爱"这个词是一个万能的名称，用以表达某人对其终生的灵魂伴侣、父母、孩子、狗、最喜欢的书和葡萄酒的感情。我们也不仅仅认为（这当然是正确的）信任总是和语境相关，任何一般定义，即使是正确的，仍然不能使我们了解在建立和维持信任过程中的任何具体事件所涉及的东西。问题在于，我们忽略了信任最重要和最令人兴奋之处，即信任是一个持续性过程，一种相互（而不是单向）的关系，关系中的双方及其关系（以及社会）都通过信任而发生转变。

几位哲学家似乎有理由认为，信任应该与"信心"或"可靠性"或"依赖"或"可预测性"区分开来。[10] 他们认为，关于信任的讨论只限于或应该限于我们与其他人的交往，或者至少是与其他代理人的交往。有了这一限制，信任某人的车可以上山或过冬之类的说法只能理解为比喻。机器确实不能被"信任"。它们只能被依赖。此外，信任并不是因为某人比其他人更能够满足我们的期望。可信赖的人可能要比或不比受信任的机器更易于履行他/她的信任。我以前有一辆老式的英国跑车（或者它属于我所有？），我作为所有者对汽车的引以为豪的信任更

234

多地是出于感情和希望,而不是科学的预测和期望。作为 1966 年经典 MGB(MGB是一款经典的双门跑车,由英国著名的汽车制造商 MG 于 1962—1980 年制造和销售——译者注)的拥有者,我必然会有凯伦·琼斯所描述的那种"乐观主义"。尽管如此,我仍然时刻备着螺丝刀、钳子和电线,更别提城市客车的月票了。我们所遗漏的是,我对自己汽车的"信任"——除了完全不信任之外——没有也不可能对汽车本身产生任何结果或影响,正如信任另一个人(并让她知道你信任她)通常就是这样。

正如拜尔正确地指出的,信任应该(严格地说)限于关系中的主体,其原因并不在于我们依赖他人的善良意志,而是因为信任是人际关系中参与和相互交流的产物。信任不是依赖的问题,它也不只是期望的问题(它意味着一定的风险,这是卢曼(Luhmann)和吉登斯(Giddens)等社会学家着重强调的信任维度[11])。尽管有时充满魔力的咒语和深情车主的真诚信任可能会有作用,但无论你信任与否,汽车的"行为"并无不同。是否受到信任以及这种信任的程度会使员工的表现有很大的不同。而且,信任的结构正是建立在诸如承诺、保证、提议、请求以及它们所获回应等交流的基础上。人们可以将某一物体,例如汽车或悬索桥的可靠性看作一种复杂的配置,一种可以根据某些变量预测其起作用与否的结构。例如,汽车在气温超过 20°F 的日子里是可靠的。桥梁可以承受多达几百吨的负载。然而,当我们思考某人是否值得信任,或(有何不同)是否信任他时,我们才意识到自己的行为、互动以及关系背景是至关重要的,而不仅仅"依靠某些变量"。你怎样去要求某人做某事(例如,说"请")与他们是否愿意以及做事的方式有关,这是幼儿园都知道的知识。但是,没有一个简单的公式可以整体描述这种交互作用和信任关系的复杂性,大概率像描述丰田汽车或跨度极大的钢桥一样。人们必须考虑这种关系的动态发展,而不能仅考虑某人对他人的态度和信念的"结构"。信赖是一种变革的实践,不仅改变了信任者,而且改变了所信之人,最重要的是改变了他们之间的关系。

信任是一种持续性的社会实践,而非某种特定的心理状态,这一观点说明了将信任视为"氛围"或"气氛"背后的基本原理。信任似乎是一种社会媒介,是社会所有其他机构和方面都植根于其中的一些普遍的基本要素,当福山写下这一句话时,他并不是简单地谈论所有个体信任的总和。[12] 但是,认为信赖是一种持续性的社会实践,并不是说它是毫无反应的"气氛"或"媒介",而是说信赖是许多具体的人类交流的产物(也是基础)。相反,遵循(早期)海德格尔以及与此十分相近的德雷福斯的观点,我们可以认为社会学家在利用隐喻时意识到信任有隐入"背景"的倾向,在我们的日常关系中当然会变得有些模糊。[13] 因此,我们,也可以更好地理解其他"物质"和"物品"隐喻,例如"胶水"(肯尼思·阿罗）、"润滑剂"（约翰·惠特尼）、"氛围"（希塞拉·博克）、"媒介"（福山）及"物品"（伯纳德·巴伯）等的似真性，不是透过其字面意思，而是将其转变为活跃却又无形的背景实践，或作为关于这个背景实践的混乱引用。

许多（或大部分）信任关系中的信任是无形的（或"透明的"），因为它给予我们的往往是我们活动的背景而非焦点。然而，如果认为信任是理所当然的，认为谈论信任要么是多余的，要么是不吉利的，这一想法本身就很危险。[14] 就在我们最需要关注信任之时，在信任正在衰退或遭到背叛之时，在信任消失并需要重获新生之时，它却被视而不见了。我们太过迅速地倾向于假设复杂的人类实践本质上是"有意识的"或"反思性的"，也就是说，它们处于意识、注意力问题或至少是模糊觉知的前沿——或者至少在可感知的边缘。然而，我们所做的许多事情，以及我们相信和感受的大部分事物，完全没有多么显著或为人所注意到。

我们成长于一种特定的文化和家庭环境，在这种文化和环境中，我们学到了各种态度与行为方式，这些态度和方式可能永远不会成为人们教学、学习或关注的焦点。例如，德雷福斯讲述了一个日本婴儿与一个美国婴儿的故事，日本婴儿在"学会成为一个日本婴儿"之前一直受到母亲的溺爱和保护，而美国婴儿在成为一个美国婴儿之前一直受到母亲的刺激和嘲弄。因此，德雷福斯也指出，我们认识到站立和谈话时与某人保持适当的距离，要有一个合适的"舒适区"。这永远不需要成为我们关注的焦点。事实上，直到我们发现自己与来自不同文化的人交谈，并注意到自己对违背以前从未想过是"规则"的行为而感到不适时，我们大多数人才会注意到这一点。这种下意识学到的看法、立场、判断以及态度，显然在我们的信任感中起着重要作用——信任谁，何时信任，信任什么，如何信任。我们只是"逐渐形成了"某种信任模式，发现了某些人、某些情境，以及某些习惯熟悉和舒适。在这种"简单信任"中，信任根本无须从背景中涌现出来。它依然存在于背景中，没有人注意、阐述、反思或评论它。事实上，关注信任会使我们感到烦恼与不适的侵扰。

信任在"背景之中"是什么意思呢？它只在一种意义上是无形的，在这种意义上，我们没有注意到它，也许，我们是如此巧妙地参与其中，以至于即使被问及时我们也无法描述自己在做什么。当某人第一次学骑自行车时，他可能会密切关注自己的姿势和努力的成果，但在学会不久之后他便不注意这些了，而且很难重复使他踌躇地骑出第一步时的操作步骤。刚开始谈恋爱时，人们可能会特别留心自己的言辞和内容，最后留心每个动作和每个爱抚。然而，一旦确定关系，两人间的谈话变得相当自然，爱抚也变得不由自主了（没有因此而使得意义或关切有丝毫的减弱）。曾经引起热切重视和高度关注的问题现在消失在了背景之中，它以与之前大体相同的方式继续存在着，但不再受到关注和明确的关心。毋庸讳言，这一切都不会消失，任何过于轻率的评论或不适当的爱抚，都有可能使这类问题重新成为人们关注的焦点。作为对人类普遍活动的概括，我们可以遵循海德格尔的观点并认为，人类活动在震惊于某种崩溃而进行反思之前往往是欠考虑的。但这并不是说，它少了一点人性或活动。它似乎只是一个"媒介"，在这个"媒介"中，各种其他活动得以进行，并吸引我们的注意力。

　　信任关系的动态性取决于这种关系的细节以及特定关系的动态性，更一般地说，是取决于文化和社会背景。婚姻上的信任与商业伙伴关系上的信任不同，也不像公民与其领导者之间的适当信任，或婴儿对其父母或看护人的信任。商业交易背景下的信任主要取决于合同、制度与市场对这种关系的限制。但是，不能将信任和商业中普遍存在的合同关系相混淆。人们常说合同建立了信任，但我认为合同往往表明缺乏信任，该论点具有充分的根据。特别是在有执行条款与制裁的情况下，合同似乎或多或少都不只是一项信托协议。这是基于不信任的保护。还有人认为，任何没有决定性制裁的合同都需要以信任为基础。这种说法是对的，但是并不完整。信任不仅优先于而且可以胜过任何基于信任的契约。一家日本银行由于严重的金融困境（financial duress），在近期违反了与美国银行的合约。美国人大发雷霆并且威胁要提起诉讼。日方答复说，他们认为持续的运作关系是最重要的，合同是次要的，无足轻重。（当然，美国人让他们的律师重新起草合同，因而误解了争端的性质。）

　　无论每一种信任关系是多么"容易"，都是通过自身的动态性来得以持续的。有一个我们熟悉的例子：一个守时的人希望另一个习惯性迟到的人同样准时。迟到的原因可能是日程安排过满，或者对时间漫不经心，抑或是错误地认为人在所有与工作无关的约会中都应该稍微迟到一会儿。解释并不重要。（事实上，如果当迟到之人开始解释他迟到的原因时，这本身就是关系的一种新的发展，而这种发展不一定是积极的。）另一方面，准时的人默默地郁结着怒火，迟早有一天会开始期待对方会迟到。期待对方迟到的心情画下了期望破灭的句号（现在守时之人希望在等待的时候有一本好书），然而，那个愤怒和沮丧的时段被另一个可能更有害的时段取代了。

　　人们现在不再将迟到视为不负责任，而是看作对人的无礼，甚至是蔑视。因此，信任受到了侵蚀。迟到开始毒害人们之间的关系。一段时间以来，一直迟到的人没有意识到他/她的行为不仅没有礼貌，而且损害了彼此间的信任。根据（人们之间的——译者注）关系、守时之人的坦白度和迟到之人的敏感度，这段时间可能会延长。但是，冲突一旦公开（可能由迟到一方的借口引发），动态性就会产生变化。迟到成为一个需要共同解决的问题，而不再是导致意外冲突的两种独立的行为模式。对于迟到的人而言，谈话使他对准时有了一个具体的计划和新的

238

239

决心。它可能会也可能不会产生某一明确的承诺，但这样的谈话显然相当于某种承诺。往后的迟到会被视为背叛，是严重而直接的蔑视。另一方面，如果迟到之人以后守时了，也值得鼓励，哪怕是用赞美的话语或者一个额外的表达情感的手势。由此产生的合作将先前的不信任来源转化为牢固的信任来源，因为迟到的人只为考虑守时之人的感受而努力克服原先习惯的做法值得赞赏。

这个例子可能看起来微不足道，然而，关系之中的信任就是建立在这类"琐事"之上的，在日常生活中做出诺言并恪守承诺。我想说的是，任何关系中的信任都建立在（或摧毁在）这些日常的挫折、诺言以及承诺之上。事实上，理解人际关系的一种方式就是理解这些日常和持续遭遇的强度和重要性。近来，哲学有时讨论"目的论"和"共同价值"这两个浮夸的术语，但是，我们关注自身关系时似乎发现，这些概念往往是不相关或次要的。尽管在政治意识形态或宗教方面存在相当大的差异，但是夫妻仍能和谐相处。1992 年布什竞选总统的首席竞选策略家玛丽·马塔林（Mary Matalin）和同时参加竞选的克林顿的首席竞选策略家詹姆斯·卡维尔（James Carville）之间的婚姻令人惊讶但却很成功，这只是其中的一个案例。他们的工作针锋相对而且竞争激烈。他们彼此间需要保守秘密并且热衷于捉弄对方。但是，婚姻的基础并不在此，而是更多地依赖于每一对夫妇日常做出诺言和恪守承诺。信任正是诞生在认真做好"琐事"的过程之中的。

当然，惯于认真对待琐事的人很容易一丝不苟地对待最重要的事情。在军队里，并非强迫症（anal compulsiveness）导致中士坚持在新兵的靴子上涂抹透亮的鞋油。可以肯定的是，那些因为上级的严格要求而对自己的外表细节一丝不苟的士兵，在命悬一线或处理更大事务中也会变得同样尽职尽责。关注他们最为平凡琐碎的承诺以及其伴侣期望的夫妇，也将经受住重大的分歧，即不幸会使所有的关系趋于冷淡。商业关系几乎与"琐碎"诺言或承诺的逻辑相同。例如，曼哈顿的一家大银行的职员会因为极小的违规而遭到解雇，不是由于违规本身的严重性，而是因为这种行为破坏了客户的信任。那些担心如何提升人们对公司的信任，并将注意力限于宏大的薪酬模式（例如利润分享计划）的高管却忽视了这一点。有充分的证据表明，员工并不是对高管的薪酬与自身薪酬之间惊人的差距感到不安，而是对合理期望的小小失望使他们心烦意乱。公司 1 月份公布了一项奖金计划，其条款在 11 月份发生了变化。一个制造混乱、工作效率低下的经理助理获得晋升，仅仅是因为他是副总裁的朋友。为了省钱，公司取消了圣诞晚会。对于所有关于"裁员"的真正骚动而言，"琐事"和登上新闻头条的混乱，大概是造成对美国公司不信任的原因。

第三节　信任与不信任：美德及其阴影

不信任不是信任的失败，也不是信任的初步准备（"能否信任你，我们拭目以待"）；不信任是信任本身的一个重要方面。有关信任的叙述中最令人兴奋的部分就是信任与不信任的对立统一，那些认为它们只是"对立"而不作进一步分析的哲学家，因此没有理解信任动态性的特有本质。凯伦·琼斯的逻辑观很好但过于简单，他认为信任与不信任是*对立*的，但不*矛盾*，也就是说，一个人不必在信任或不信任之间二择一；人们可能只是无动于衷。我可能不信任萨莉，因为我和她没有任何来往。但我也不会因此而怀疑萨莉。但是，这一简单的逻辑描述忽略了一种复杂的"逻辑"，即在努力克服不信任的同时会获得信任，反之亦然，更不用说"复杂感情"的逻辑梦魇，即同一时间信任和不信任同一个人（甚至在同一方面）。这就是我称之为"本真的"信任，它包含了关于不信任的所有考虑，信任本身既不简单也不"盲目"。

我想在这里做出一些区分，不是区分信任的"种类"，而是区分信任与本真信任的两个原初类比。我区分了*简单*信任——天真的信任、无异议的信任、无可置疑的信任（有教养的儿童的信仰）、*盲目的*信任，后者实际上并不天真，但却顽固、倔强，甚至可能是自欺欺人的和*本真的*信任。目前许多关于信任的文章——大部分关于该主题的通俗文献——认为简单信任是真正意义上的信任（劳伦斯·贝克尔对"非认知"的强调似乎包含了简单信任）。充斥着操纵与狂热的群体通常将盲目信任视为一种典范［"除非你一*直*信任他，否则你不会真正相信某人"——已故的弗兰克·辛纳特拉（Frank Sinatra）给予我们的启示］。人们也可以在此处谈及埃里克·埃里克森（Erik Erikson）所说的*基本信任*，它存在于我们大多数人乐于理所当然地认为的身体与情感的保障中，这在战争和偶发的暴力行为中受到了侵犯，这种保障的丧失会产生焦虑或*害怕*的情绪，但这会使我们误入歧途。

盲目和简单的信任可能与本真的信任具有一些共同特征，例如，一定程度的自信，或凯伦·琼斯称之为的"乐观主义"（她认为要和"看到事物好的一面"相区别——这使人想起了巨蟒剧团的一首脍炙人口的歌曲）。其共同特征还包括脆弱性和风险。然而，尽管如此，盲目信任与简单信任在和怀疑的关系方面仍然具有明显的差别。简单信任全无怀疑。盲目信任否认怀疑的存在。然而，本真信任，明确表达和"阐明"的信任，必然认识到不信任的另一种选择，并考虑到不信任的理由，但最终仍然站在了信任这一边。人们还可以区分其他的可能性：将信任作为一种策略的谨慎信任，充分意识到背叛、操纵信任的可能性，在这样或那样的合作背景下谨慎地将信任限于这样那样的任务中。但我想强调的是，这种形式的本真信任是重要的，它在生存和超越不信任的同时，作为一种有修养、有智慧、情绪化的态度也是有意义的。

本真信任是由怀疑和不确定性，以及信心和乐观主义构成的。（人们可以比较奥古斯丁和陀思妥耶夫斯基对宗教信仰的描述。）简单信任是某一种典范（例如，对拜尔的婴儿和劳伦斯·贝克尔的无辜者而言），但是，简单信任很容易被天真、无知所蒙蔽。例如，在备受讨论的奥赛罗这一案例中，盲目信任是一种极度的，甚至充满悲剧色彩的愚蠢。[15] 但是本真信任包含了怀疑，并且在有意克服它。尽管二者最终都坚持信任，本真信任与盲目信任之间的不同之处在于它接受不信任的存在。[16] 信任，也就是信赖，是某种决定，而不是基于概率或策略得出的结论。

本真信任在政治上体现得最为明显。福山称之为"高度信任"的社会本身可能并不是特别值得信任，而且我们在任何情况下都可以认为一个人对怀疑应该采取欣然接受的态度。一个"高度信任"的社会可能成为荒谬地滥用权力的牺牲品（德国与日本是他主要列举的例子，两国的事实令人深思）。另一方面，不信任可能是一种政治美德。对政府的不信任——政府的权力越大，不信任就越深——往往是合理的，有时甚至很明智。关于这一主题，古代哲学家庄子和我们的托马斯·杰斐逊（Thomas Jefferson）一样有说服力。然而，在许多国家，对政府的愤世嫉俗已成为一个严重的问题，威胁着政府的治理能力。因此，每一位作者都告诉我们，在政治、商业、爱情和其他人际关系中，对于合作与繁荣而言极其重要的是信任而非不信任，但事实似乎是，两者都是必要的，只要比例合理。有关信任的大多数解释都未说明信任在哪些方面会失效，在哪些方面会出错，在哪些方面会不断受到考验或被视为理所当然，而这导致了（并非是必然的）信任的瓦解。单独的信任（比如爱）不是"答案"。人们观察到信任有时是愚蠢或极为糟糕的，结论是毕竟信任是一个正当证据和保证的问题，从这一观察向结论的飞跃本身便不合理。我们指出，信任的失效（或任何人际态度、爱情甚至仇恨）并不一定表明需要凯伦·琼斯称为的证据主义。爱也会出问题，但因此坚持认为爱必须准备利用理性捍卫自身便有些不合情理或玩世不恭了。[17]

一点点的信任便可以影响并且有可能克服不信任。正如康德和几乎所有其他人所推测的，纯粹的不信任并不是一个和谐社会的基础（尽管有著名的反向运动）。最为严重的后果便是*妄想症*，应该用哲学进行长期治疗。当然，妄想症是精神病学中一个被广泛探索的领域，但是，现象学与妄想症的逻辑也值得进一步探索。[18]我推测：人们常常将妄想症描述为幻觉，看见并怀疑不真实或不可信的东西，或者，只是在认识上稍微地更得体一些，迫使人们对可能证实或可能没有证实的事实做出有悖情理的解释。但是，这些有关妄想症的轻蔑看法没有领悟那个熟悉的玩笑，"有时他们真的想要变成你"。妄想症既不需要证伪，也无须强加有悖情理的解释方案。妄想症往往是对事物真实情况的一种完全合理但最终会自我毁灭的看法。这种观点即使是真实的，也会使生活和人际关系变得不可能。（社会科学文献充分证实，那些更为准确地判断失败或背叛之可能性的人远没有"过分乐观"的人出色[19]。）但是，本章的主题是信任，而不是不信任和其极端的情况。关键在于，不信任——肯定不是妄想症或类似于妄想症的疾病——与信任不是对立的，因为不信任是本真信任的重要组成部分。

244

第四节　结　　论

我们为什么要关注信任？之所以谈论信任不仅是因为需要将它作为一个哲学概念而加以分析，而且是因为信任作为一种实践也是可以实现和恢复的。另一方面，不谈论信任会使我们认为信任是理所当然的，而不信任是一种超出我们控制的现象，瓦解了信任而且造成持续的不信任。无论信任是否包括社会的或制度的限制或认可，它都不仅仅是个体心理或个人"性格"的问题。它提出了一种*生存*困境，费希特很好地捕捉到这一困境，他坚持认为"你是什么样的人，就选择什么样的哲学"。我们现在应该厌倦了从霍布斯等人那里借用的曾经显赫一时的犬儒主义，它试图将不信任诉诸不负责任、人类的软弱和无法逃避的环境。我们在哲学上所相信的东西会产生差异。相信人类承诺的可行性与必要性是使我们能够值得信任的关键的第一步，也是信任的先决条件。我们可以将信任设想为一种共同的社会实践，我们充分参与其中，可以转换信任者与受信任者的身份。信任不是预测和概率的问题，也不是信念的问题，不能与类似机器的可靠性相比较，也不能和依赖性相混淆。

顺便而言，这便是为什么信任是计算机做不到的另一件事情。[20]

第十三章　情绪理论再思考

乔治·唐宁

　　哲学界对休伯特·德雷福斯有许多亏欠。德雷福斯一直强调熟练的身体实践在使我们的世界变得易于理解这方面所发挥的作用。我在这里将相似的思路扩展至情感（affect）与情绪（emotion）这一主题。

　　可以说，哲学家曾经一度忽视了情绪。现在不再是这样了，在过去的30年里，我们看到了所谓的"情绪理论"的显著崛起。这一新的领域已经有了大量的哲学文献——十多本书以及许多论文。情绪理论也不仅仅限于哲学。与此同时，人们对实验心理学的兴趣也与日俱增，长久以来被搁置的情绪主题几乎在一夜之间成为最受欢迎的研究主题。有趣的是，两种思想趋向之间也产生了某种相互影响。哲学文献有时也会决定研究人员选择提出什么问题。[1]而且，某些研究成果也对哲学解释产生了较大影响。人类学家、社会学家和心理治疗师对情绪理论的探讨使这种跨学科的气氛愈发浓厚。[2]神经生理学家也收集了大量有关情绪的生物和化学基础的新的实验数据。[3]

　　笛卡儿、休谟、巴鲁赫·斯宾诺莎以及哲学史上的其他哲学家都对情绪有着深刻的见解。[4]但是，当代情绪理论，无论在其复杂程度方面，还是在窥视其智慧方面，都将这一主题向前推进了一大步。对于不熟悉当今这一领域的读者，我们为其推荐几本读物。威廉·莱昂（William Lyons）的《情感》，论证严密且可读性极强，突出地概述了许多最重要的问题。[5]贾斯汀·奥克利（Justin Oakley）的《道德与情感》的第一章，很好地总结了近期的许多哲学著作。[6]（奥克利对情绪理论与道德问题之间关系的论述也很有趣。）在我看来，罗伯特·所罗门的《激情》（*The Passions*）一书，仍然是我们拥有的最为丰富的哲学方法之一（尽管我在几个重要问题上不赞成所罗门的观点）。[7]尼克·弗莱吉达（Nico Frijda）的《情绪》[8]，理查德·拉扎勒斯（Richard Lazarus）的《情绪与适应》[9]，以及保罗·埃克曼（Paul Ekman）和理查德·戴维森（Richard J. Davidson）主编的《情绪的本质：基本问题》[10]，可以使我们更加了解实验心理学研究。

　　这里我关注的是哲学文献。新近的哲学文献引起了热烈的讨论，也使很多内容获得关注，因此，人们几乎无法忽视重要的主题。尽管仍然有一个主题遭到了忽略和无视。至少我会在这里证明，身体在我们的情绪体验中的作用几乎完全被忽视了。在少数几个没有被忽视的例子中，人们对身体的理解也很不充分。更为夸张的疏忽令人难以想象。[11]

第一节

情绪理论中对身体的遗忘是如何发生的？

人们可以从多个层面进行推测。不过我只提及一个重要原因。新的情绪哲学的大部分进展都是通过一个关键举动产生的。让我们看看安东尼·肯尼、所罗门、莱昂和许多其他人如何提出将情绪视为认知的一种特殊形式[12]。推动一种情绪体验的必定是一系列评价、估量、判断和解释。我感到恐惧吗？那么，我认为某一对象或情境是危险的，并且危及我自身。我感到愤怒吗？于是，我会认为有人冤枉了我。甚至当我愤怒地用脚踢爆了车胎，我也会诙谐地将之（轮胎——译者注）理解为具有能动性的存在，它的行为（爆胎——译者注）是不公平的，应该受到我的怒火的倾泻。

是什么使这些"特殊的"认知不同于无情绪认知？它们是如何与其他认知和信念交织在一起的？我们怎样才能通过梳理他们的认知，从而更好地定义不同个体情绪的独特性质呢？这些认知和愿望之间的关系是什么？它与行动之间的关系呢？与采取行动的理由之间的关系呢？与行动的原因之间的关系呢？情绪哲学已经对这些问题和许多相关问题予以了广泛的探讨。有关其中一些问题的答案已经粗略达成共识；其他问题则是众说纷纭，莫衷一是。但是，几乎所有与这些问题有关的论文都赞同一点：正是对认知评价的关注首先拉开了整个讨论的序幕。

我也不会对这一点有所异议，因为我完全赞同。我也不想在此处多谈围绕着不同次要主题而逐步形成的这些争议，它们本身往往令人着迷。相反，我直接转向手头的问题。

从最近有关身体的文献开始，我将证明其中的一贯主张会不可避免地产生矛盾。然后，我会提出另一种观点，更加强调身体在情绪中的作用。我将努力表明这一观点不仅克服了之前的矛盾，而且使我们能够更好地理解情感体验的许多重要细节。

第二节

首先，我宣称的有关身体的精确陈述被遗漏了。

我讨论的不是情绪的生物化学基础，而是主观的身体体验；讨论我们身体中的感觉，以及我们对它们的所为。梅洛-庞蒂喜欢谈论"活生生的身体"。[13] 我们正是依靠身体感受着情绪，我建议这一问题应该从理论层面予以关注。[14]

248　　到目前为止，情绪理论文献中关于身体经验的内容有什么？现在为数不多的讨论可以分为三种立场。

*立场 1。要理解情绪的本质，最好的方法是明确搁置身体经验。别管它，哲学家；它只会迷惑和误导你。*例如，这就是所罗门的清晰要点（我再重复一次，不过出于其他原因，他的著作仍是我最为欣赏的作品之一）。[15] 这一立场传承自萨特。[16] 其部分意图在于尽可能地与旧式的詹姆斯-兰格（James-Lange）的情绪理论保持距离。（詹姆斯和兰格简单、断然地将情感与有意识的身体感知区分开来，仅此而已。如今，包括我在内，几乎没有人愿意捍卫这一观点。）[17]

立场 2。我们对情绪的身体经验虽然并非无足轻重，但却只是一种感受性（qualia），*一种类似于刺痛的感觉，除此之外，我们无法再言说什么。*这一立场是三种立场之中最为普遍的。代表人物是戈登（Gordon）。[18] 他主张（例如，第92页注释）需要考虑我们体内的感知，然后，他很快就认定没有什么可说的了。戈登认为这不是什么问题，因为人们可以分析情绪的核心，即它的认知，后者完全独立于身体。[19]

*立场 3。我们确信某种形式的情绪的确发生了，但我们对情绪的身体经验只能起到有限的作用。*这是莱昂的观点，他的方法很特别：以一种精细的方式实际讨论身体经验。[20] 莱昂注意到，情绪和身体的关系是"情绪哲学中一个尤其被人忽视的领域"，他阐明了应该停止这一忽视的具有说服力的原因。[21]

然而，除了这一值得赞赏的告诫之外，他几乎没有得出其他结论。刚才陈述的便是他提出的更为具体的观点，认为一种情绪的身体维度是某种指示信号（对自己和外在的观察者而言），它表明某人的当前状态实际是一种情绪状态。

当然，我认为这是正确的。三种立场中只有莱昂的观点与我将在下文提出的
249　观点相一致。莱昂真正有了新的突破。然而，我们还需要更多地关注身体与情绪。

第三节

在谈及我所主张的观点之前，我想首先更为清楚地表明我们十分渴求这样的替代方案。因此，初步的主张是：试图在不涉及主观身体经验的情况下，具体说明情绪的本质会不可避免地产生矛盾。以下是支撑这一观点的三项论证。

（1）强度论证（The intensity argument）。当然，强度的程度因素是我们所指

"情绪"的一个关键方面。我只感到一丝丝的悲伤。我感到毛骨悚然、胆战心惊。虽然一开始不太生气，但她说得越多，她的火气就越大。情绪强度暗含的尺度比例（scaling）被纳入了我们对情绪的理解之中。

现在，如何在排除个人的当下身体经验的情况下，理解主观强度这一要素？试试看。一个人几乎立刻谈到了怦怦的心跳、呼吸的减弱或增强，某些肌群的张力增强或减弱（我的手开始握成拳头，等等）。这种情况也不仅仅是强度范围的上限。我们几乎感觉不到呼吸的细微变化或刹那间眼神的轻柔或温情：所以，我悲伤的瞬间就像那羽毛的轻拂。

举个例子，这绝不意味着，眼神的柔和就是过往情感的全部。首先，认知评价也是必不可少的组成部分。我的悲伤是"关于"某件事，分析"关涉性"（aboutness）就是指向评价与信念。其次，对于某一行为的愿望、要求、动机（即使我无法立即确定这一行为是什么）是另一组成部分。我并非试图回到詹姆斯-兰格的理论。我只是说，仅仅谈论评价与信念，以及随之而来的欲望和动机，是不够的。这两点都必然否认可缩放的强度是我们所说的"情绪"的一部分——谁会想否认这一点呢？不然就得描述感受到的身体经验了。

阿蒙·琼斯（Armon-Jones）在其杰作《情感的多样性》中勇敢地试图绕过强度问题，这令人深受启发。[22] 她至少认识到了问题所在。然而，令人难以置信的是，她认为，从现象学角度来说，某一种情绪强烈的原因在于认知，即思维的紧张！但是，除了伴随的身体经验之外，还有什么能使一种思想变得"紧张"呢？思想的明晰性？但没有当下的情绪，思想亦很明晰。重复或持续浮现的思想？但是，首先，某一思想可能会随着一种消沉的情绪氛围反复出现。其次，一种强烈的情绪（这种情况肯定时有发生）出现和消失得都很快；在这种情况下，其认知的重复性不可能是情绪强度的决定性方面。

顺便提一下，我并不是说不存在另一种无需任何直接经验的"情绪"感觉。我们认为杰克因为爱海伦而具有行为 X，尽管杰克在做 X 的瞬间觉得，他当前意识的情感层面并没有什么特别的东西。在这种情况下，我们利用了"情绪"的某种倾向意义。正如其他人有力地辩护的那样，这一倾向意义是派生的。这取决于我们对情绪作为感觉经验的片段的理解。[23]

（2）*位置论证*（location argument）。请思考一个任何人皆可尝试的试验。下一次当朋友告诉你他那时的情绪时，如果情况允许，问问他身体的哪一部分对情绪有所体验（心理治疗中一种熟悉的交流方式）。[24] 我所说的"体验式干预"是提问"你感觉怎么样？""你现在是怎么了？"诸如此类的问题。"以身体为核心的体验式干预"是一个重要的子类型，例如，"你身体的哪部分感受到了这一情绪？""那里是什么样的，描述得再详细些"，等等。或者在你感受到某一情

250

绪时问自己这个问题。

答案几乎总是会有的。我们可以在喉咙、胸膛，或在眼睛周围，或是在深腹感受到悲伤的情绪。抑或同时在两个或更多的位置感受到这一情绪。或是通过身体蔓延至全身的悲伤，其他的情绪亦如是；需要注意情绪在身体的感受位置。

251　　如果身体的感觉经验维度并不是我们所谓的"情绪"的本质部分，那么这一问题怎么能如此容易地具有意义（更不用说有治疗的效果）？[25]

（3）"无对象"论证（The "no object" argument）。在许多情绪理论中，有一种观点认为情感总具有意向性：情绪总是"关涉"某物。我怕蛇，我很高兴苏珊来看我，我通常对生活感到焦虑。没有意向对象，就没有情绪。

不幸的是，这样的普遍原则根本站不住脚。想想心理治疗的另一个例子。最常见的莫过于患者在治疗过程中说："我现在很悲伤（或愤怒、快乐，等等），但我不知道这是怎么回事。"至于意向对象，他/她一无所知。

在情绪理论中，一种常见的处理这些反例的方法便是区分"情绪"和"心情"（mood）。心情被认为更全面、更易于扩散且更持久，而且没有意向对象。或者，如果有的话，那么（根据某些同意海德格尔观点的著者）一般而言，只有世界是其意向对象。

然而，这样是不行的。接受心理治疗的患者并不是在心绪中突然感受到一种没有明确"关涉性"的悲伤。悲伤的情绪往往不会持续太久，也不会蔓延。它可能相当强烈并且特质鲜明；而且，表现的时间只有一分钟或几分钟而已。简而言之，它的体验调性（experiential tonality）可能与其他的悲情完全一样；主体只是没有察觉到客体。当然，人们可以单纯地从定义上将其称为一种心情，但只有以循环为代价。

我们也不能通过指出主体很可能在五分钟之后会与意向对象"产生联系"的方式来解决这一问题。她有五分钟感到悲伤；随后一幅祖母的图像映入眼帘，以往的记忆展开了，而现在聚焦的"关涉性"成为治疗时讨论的主题。首先，在看到图像前的最初几分钟，情绪仍然没有意识对象；如果我们关于情绪的概念表明
252　它有着具体的关涉性，那么可以意识到的对象正是我们所需要的。其次，在很多时候患者会变得很难过，会寻找产生这种心情的原因，并且"联系"不到任何东西。当然，心理治疗的一个好的研究假设是，仍然存在一种未被意识到的无意识的"关涉性"。但这只是一个经验性的且非常粗略的论断。而大多数情绪理论主张情绪与对象之间具有一种逻辑联系。

如果我可以感受到愤怒、快乐等，却没有意识到这些情绪的意向对象，那这又意味着什么呢？显然，一般来说，我是在自己的直接身体体验中发现了可作为情绪的日常感觉。诚然，有一些情绪之为情绪，是因为其在本质上必须具有意向

对象：可以说，要体验嫉妒，我就必须得有一个具体的嫉妒对象，而且我已经对此形成了某些认知判断。然而，许多情绪并非如此；因此，对于我们来说，情绪首先就不是真实的。我们再次看到，否认主观身体经验的核心地位会使我们陷入严重的矛盾之中。然而，一旦我们恢复了身体经验的正确地位——也就是说，它与认知一样处于理论的核心位置——这些人为制造的困惑便会烟消云散。

在继续下面的内容之前有两句题外话。第一，我认为有一种方法可以挽救情绪本质上具有意向性这一主张。我不会在这里阐述这一论点，仅仅予以暗示。当我们感到悲伤的时候，却又不知道是怎么回事，我们似乎都有对失去之物的牵挂之感。就像说话时，一个人开始说了一句话，然后忘了他说它的目的是什么。在类似的意义上，即使在用空白代替失去之物的情况下，人们也可能会认为情绪仍然显示了意向性的基本结构。事实上，这就解释了为什么我们会意识到空白就是空白。然而，这条分析脉络虽然很可能会挽救意向性，但仍然无法拯救脱离身体体验的情绪概念图。（这一点很容易证明。那些只有空白存在的情绪实例，将需要指涉除空白本身之外的其他东西，以便将情绪算作情绪。）

第二，让我说清楚自己还未说的话。我并不是说我们意指的情绪词汇主要是指体内的感觉，也并非在暗指我们首先通过类似于内省的东西来理解情绪词汇的意义。（在这两种情况下，我都持相反看法。）我的观点仅仅是——如果我们看看情绪词汇所起的概念作用，那么①我们会为主观身体经验找到一个明确定位，②认识不到这一定位，情绪词汇的全部作用就不可能连贯。

253

第四节

假设我们承认，我们感觉到身体内发生的东西是情绪的核心部分，不是威廉·詹姆斯（William James）所认为的那样是整体（情绪——译者注）描述，而是描述的一个关键部分，我们还能说些什么呢？

实际上可以说很多。但在考察身体经验的作用之前，我们需要更仔细地观察其包含的内容。困难在于，几乎没有人意识到我们身体经验的纯粹复杂性。简言之[26]，我必须指出三个不同的方面。

（1）*自主神经系统活动*。当然，我不是指生理过程本身，而是我们如何主观地感受到这一过程。当我们经历某种情绪时呼吸会发生变化，心跳会加速或减慢，等等；我们会感觉到身体上的某些轻微的，抑或集中的变化。一般而言，情绪愈强烈，主体的相关感觉也表现得愈加明显。我们在强烈的恐惧中会感觉到自己的手在出汗、四肢在颤抖。

自亚里士多德伊始，每当哲学家论及情绪体验的身体维度，他们几乎只描述了这些感觉到的自主现象。新的哲学文献也是如此。有意识的感知所引起的生理骚动——当它被完全认可时，这才是身体被认可的地方。

当然，这些自主过程在何种程度、以何种方式冲击着我们的意识，这一问题尚未解决。例如，皮肤电反应（在某些情绪中可以测量到皮肤电导率的变化）。[27] 我们有时会有一些关于皮肤导电的边缘意识，或者甚至有时候是一种专注的意识吗？当被试谈及他们的皮肤发热，有虫子在皮肤上爬，或"电流"沿皮肤电击的感受时，他们是指一种皮肤电变化的感知吗？——虽模糊但仍是感知。[28]

这里我并不是在这一具体问题上表明立场。我的假设更加有限。①在某种程度上，无论是多么轻微的自主活动都正在涉入我们的感知；②这种感知是我们通常所指的感觉情绪的部分（但只是一部分）。

（2）*运动准备*。每当我们感受到一种情绪，就会以不同的方式激活自身的肌肉；而且很可能总是如此。哲学文献几乎完全忽视了情感体验的这一有趣的方面，一些实验心理学家已经对此进行了准确的解释和研究。[29]

例如，当我们感到愤怒时，我们的姿势和面部表情就会产生或大或小的变化。当这一变化极为细微时，我们选择加以掩饰时，别人几乎感受不到这样的变化。但它是存在的；很可能是必然的存在。[30] 我们发现自己的身体正准备出击。这可能表现为下颚的肌肉活动（也可能几乎又无法感知），就像我们准备咬东西一样；或者就像我们准备击打时肩膀的调整（也许几乎感觉不到）；或者以类似的方式。最常见的情况是肌肉紧绷。有时肌肉会放松：比如，由于羞愧，脖子便松弛了下来，如果任其进一步发展的话，就"准备"脑袋耷拉下来。

研究环境中相当有说服力的证据表明，每当被试报告自己感受到某种情绪时，他们的面部无一例外地都会发生一些肌肉活动。人们对身体其他部位的研究较少。但是已有的研究表明，同样的姿势和肌肉准备也发生了。[31]

这些微妙的调动（mobilizations）在我们的意识中有多大程度的呈现呢？我怀疑，在默认的模式下存在相当多的调动。当然这并非偶然，例如，当接受心理治疗的患者被要求在感受到某一情绪时密切关注他们正在经历的事情时，往往会提到这种肌肉现象和自主反应。

（3）*机体防御*。令人惊讶的是，实验心理学的研究尚未涉及这一方面。尽管这与我的论点不甚紧要，但这点很重要，我仍要提及。许多心理治疗师都熟悉这一领域。[32]

当某一种情绪首次出现时，在某种程度上我们总是倾向于从身体上抵触它。我们利用身体减轻这一情绪的强度。假设我的愤怒轻微地使我的下巴动了起来，就像"准备"咬东西一样；在这种情况下，其他某些肌肉组织可能会阻止下颚收紧。当然，这些都是无意识的习惯。很可能是人们在幼年时学到的。任何时候，当人们感受到某一情绪时，常常也会感觉到情绪在起作用。

当然，"任何时候"只是一种随便的猜测而已。这些机体防御具体的表现频率——以及收紧或放松的程度与什么情况有关——都是悬而未决的经验性问题，需要进行认真的研究。这样的机体防御可能有多种形式，它们似乎也是经过精心策划的。即使所体验的情绪很轻微、很短暂，它们也能发挥作用。事实上，它们可能会起作用（这可以从外部观察到），即使在下列情况下也是如此：①某人可能希望被试感受到某一情绪，②但实际上她没有。于是便引出这一假设，即被试阻止并抑制了这一体验，在某种程度上正是因为她无意识地利用了这些机体防御。

这样的机体防御显然不是情绪本身的一部分。可以说，它们与情绪是一同产生的。然而，出于即将变得明朗的原因，它们值得一提。

总之，每当我们具有某种情绪时，我们的身体体验就会立刻变得更为复杂。从生理学上讲，不仅是当下发生了很多事情，而且这种生理积累的诸多要素影响了我们的主观意识。那么，这种丰富而又复杂的活动又有什么意义呢？

第五节

256

几乎每一种情绪理论都会在某一点走向一条思辨的路径。其实也应该如此。因为一个引人注目的问题出现了：那就是功能、意图、目的问题。为什么我们首先会有情绪？它们的作用是什么？我想简要来回答，希望这一答案可以合理地反映情绪的多样性和复杂性。

首先让我谈谈最近几年某些实验心理学家所提出的一些富有创造性的建议。

乔治·曼德勒（George Mandler）认为，一种情绪常常会对人产生"干扰"。[33]它侵扰、打断了人。这是情绪最突出的特征之一。它要么会分散我所做事情的注意力（我在读书的时候，最近一次失败的悲伤充斥着我），或者，如果这一情绪与我所做之事有关（当我和凯特交谈时感到很高兴），它便突出了活动（或对象）的某些特征，同时遮蔽了其他的特征。情绪扰乱了现象领域。我们与世界的直接联系出现了问题。情绪愈强烈，这种扰乱的破坏就愈大。

接下来，让我们考虑另一位著名的实验心理学家基思·奥特利（Keith Oately）的有益比喻：情绪会向我们传达"消息"。[34]就像红色的警示灯，它想要告知我们某些事情。这一信息关乎我们的计划与意图的一种变化，关乎与之有关的我们必须考虑的新事物。这就像是一份现状报告。一些重要的情况已经在某些方面发生了变化；我们必须重新制定某一或更多的计划。树后窜出一只危险的动物：我的恐惧告诉我，我的生存的整体意向受到了威胁，状态发生了变化。我的朋友去世了：席卷我的悲痛静静地宣告一系列与我们有关的计划都已消亡。

现在再加上第三种想法：情绪为我们创造了"行动准备就绪"的条件。这是由尼克·弗莱吉达（Nico Frijda）专门提出的概念。自主神经系统的觉醒，加上肌肉的准备就绪，使得我们兴奋不已；我们已准备好行动了。也许更好的说法是，情绪使我们的行动方向发生了变化。例如，愤怒会让我们对这个世界采取攻击性的、高度亢奋的姿态。而悲伤更倾向于使我们稍微放松下来。我们在原始的身体水平上屈服、变得温和，并为他人可能安慰或照顾我们做好准备。（当然，某人可能从不习惯让别人照顾自己。在悲伤中，我们的身体都在为此做准备。）

因此，情绪"干扰"我、传达"消息"，以及改变了我的"行动准备就绪"模式。这些要素是如何协同作用的呢？

问题的核心在于它们如何合作。随着情绪引起了我的注意，我的身体处于一种变化的状态，现在我进入了一种被称为询问的过程。携带着消息的情绪提醒我，我生活中的某些方面——无论多么微小——现在已然不同。但这个不同是什么呢？有何不同呢？会有什么影响呢？我需要修正自己的信念-欲望网络的哪一部分？以及在什么层次的普遍性上进行修正？[35]

关键在于，我是利用*自己的身体*来询问；更确切地说，是一种特殊形式的具身参与。我体内已经"虚构"了这一情绪。在维持这种身体状态并保持这一情绪的过程中，我发现了对象-境遇（object-situation）（情绪所关涉的）如何在我的感知中重新排列。我理解了这一境遇，接受了新方面一个又一个地出现；我就像使用工具一样利用我的身体做这些事情。相反，就像视觉感知一样，我必须使头部处于合适的位置才能使我的眼睛看得见东西，因此，类似地，我利用处于情绪状态的身体来理解新情况之于我的充分意义。通常情况下，语言也会牵涉其中；我会为新境遇寻找新的词汇。但是，就连搜索词汇也受到了我身体的具体布局的支撑与引导。

这明显是一套复杂的身体实践、身体技能。要保持并利用身体的情绪状态，必须欣然接受、追踪所感觉到的身体的细微差别，并容许其发展；同时相应地容许这个境遇呈现新的形式。

这里有一种复杂的意向性在起作用。身体同时发挥着多种作用。在一定程度上，身体一如既往地在意识外部起作用；在梅洛-庞蒂（Merleau-Ponty，1962）看来，身体支撑着意向弧（intentional arc）。但是，无论身体的作用多么微不足道，它也会呈现于人们的感知之中。我们可以认为，处于某种工具模式下的身体在情感共鸣的时刻变得更为现实。它既让我进入了世界（先于意识），也帮助我（有意识地）理解了世界。[36]

第六节

有人可能会反驳说，情绪有时来去得太快，因而不会发生这样的询问。但是这些情况都很有限。例如，也许询问是被压缩后瞬间展开的过程。我正在过马路——我突然发现自己蹲在路边，汗流浃背、浑身发抖。一辆飞奔的汽车疾驰而过，差点要了我的命。我感受到的情绪是恐惧，诸如"危险、紧急、当务之急、快跑"是我的认知。但是，这些认知都是无意识的，是突发的高速自主过程。在考虑任何有意识的选择之前，调动会直接产生行动。

然而，缩短正常探究过程是比较罕见的。将其称为一种变体更为合理些，这不是我们所谓情绪的典型实例。顺便说一句，请注意，即使在这一例子中，询问过程也没有真正消失。它好像只是被取代了。我惊魂未定地站在人行道上回想起这一事件，呈现其细微差别，并为其寻找表达方式等。利用我身体状态的双重意向性，我可能会在一定程度上"检查"我对这件事的认识。

另一极限情况在于情绪的来去过于迅速，除了身体的痕迹之外什么都感觉不到。也许我感受到了一腔怒火，但我会尽快转移自己的注意力。这里的询问过程被截短了，而不是被缩短或代替了。这类似于一个有意识的视觉感知，最初只是模糊的时候，它被忽视和忽略了，而不是被我们关注到。如果我们把这一瞬间看作视觉感知的一般原型，显然我们对此理解甚浅。对于转瞬即逝、未发展的情绪也是如此。这些情形下的情绪从未传递过任何"消息"。它要求展开意义，但这一要求却被忽视了。

还有一种极限情形是与借助生物化学方法人为产生的情绪有联系。药物或大脑的刺激，可能会产生一种任意强度的有意识情感状态。在某种程度上，此处宣称的"消息"是错误的。随后发生的事情仍然具有理论意义：通常情况下都会产生询问过程。这种询问可能比较偏倚、滑稽；与大脑研究人员人为刺激被试的视觉图像类似，它可能会导致错误的评估和评价方式。然而，我们也在这一例子中发现了正常过程，它只是出了少许偏差。

总之，情绪的范式单元是一种延展、复杂的行为。它同时也是某种身体感觉；它与有关的情境相一致；同时形成了某种认知。这一活动会持续简短的一段时间。[37] 情绪展开并可以持续一秒、数秒甚至数分钟。[38] 持续多长时间是一个悬而未决的问题。我在此仅就典型情绪案例的最低持续时间提出自己的主张。我的意思是，这种意义上的情绪至少持续了足够长的时间（例如，一秒钟或几秒钟），无论这种情绪的某种演变是多么有限，我们都可以有意识地注意到它。

我们还可以发现简化版本的例子：例如，没有认知结果，抑或身体感觉被瞬时的动作所消除。然而，我们可以很容易地将这部分版本理解为完整版的变体。另一方面，仅从部分版本自身来看，它们绝不会让我们充分理解完整版的运作方式。

第七节

这一分析的寓意在于我们必须谈论实践与选择。首先是实践。人会利用她的身体使某一情境的情绪特征更充分地涌现出来，如果我的这一观点是正确的，那么讨论这件事做得好或坏是有意义的。我们讨论的是一组或多或少都能熟练的技巧。

我将这些称为*身体微实践*（*body micropractices*）。它们包括诸如：①感知到体内情绪感觉形成的能力；②允许身体状态存在的能力，在场的和意识的，而不切断它；③像镜头一样利用这种状态考察相关情境的能力；④追踪身体状态持续的细微差别与调节的能力。更多的身体微实践和语言实践相重叠：例如，⑤将情感感知与寻找适合新出现的情况的语言相结合的能力；以及⑥处理一个人的意向层次（intention hierarchy）的能力，确定最"适合"情绪的强度和含义的层次（有关最后一点的论述篇幅更少）。

当然，这是在一个相当普遍的层次上对身体微实践进行的描述。当我们讨论不同情感状态的细节时，其丰富性和复杂性便会愈发明显。然后，我们可以谈论身体注意力的分布、呼吸与运动的功能、特定肌肉群的收缩，等等。[39]

西奥多·沙茨基（Theodore Schatzki）提出了一个有益的想法。他在《社会实践：通往人类活动与社会的维特根斯坦式进路》中区分了他称之为的*分散的实践*（*dispersed practices*）——如描述、要求、解释、提问，以及*整合的实践*——例如烹饪、耕作、娱乐，等等。[40]虽然这两种形式都与文化有关，但分散的实践更为基本、广泛。它们也几乎是全部整合实践的前提条件，并成为后者的组成部分。

在我看来，我所描述的身体微实践显然也属于分散的实践的范畴。西奥多·沙茨基的列表主要包括言语行为的类型，应当予以扩展，从而将身体微实践囊括进来。[41]身体微实践在我们的生活中同样很普遍，也有着类似的基本特征。它们也以相似的方式（作为构成部分——译者注）进入我们的整合的实践。[42]

有人可能会反对，认为情感身体微实践与言语行为不同，它们具有强烈的生物"本能"因素。但我们很容易回应这一反驳。在情感状态下，无论给予我们身体以何种生物驱动力，我们行为的实质性部分是由文化塑造的。为了将身体微实践划归为其他基础实践，全部所需要的就是对（前者的）一部分进行文化方面的塑造。[43]

第八节

接下来是对身体微实践之文化维度的详述。

人与人之间的情感技能可能会存在巨大差异。即使对单独的个体而言，他/她的发展程度和模式可能会因情感领域（悲伤、愤怒等）、紧张程度、人际关系环境（传递及接收技能等）等而有明显的不同。[44] 最重要的是，文化之间、社会群体之间 [45] 以及家庭之间都存在变化。我们如何、何时能认识到这些变化呢？

我们开始对此有所了解。由于近年来在婴儿发育的实验研究方面取得了卓越的进展，我们可以提出一个坚实的假设。[46] 身体微实践在很大程度上早已形成。它们是由生命前两年中反复的相互交流的微小细节所决定的。当然，基因和体质因素也有影响。正如我们所确定的童年后期的影响，例如模仿同龄人，实践中的指导，诸如体育活动，甚至创伤（可能会遗留机体防御的残余）。但是，前语言期的影响似乎极大。

我曾在别处详细讨论过这一研究。[47] 其中很大一部分是基于对父母-婴儿非语言互动录像的分析。（对此可以采取量化方法。）我在此仅举一个例子。丹尼尔·斯特恩（Daniel Stern）非常精确地展示了一系列典型的形成模式。一些父母在婴儿表现出某种具体的情绪（悲伤、愤怒、喜悦等）时，他们自己成人的身体会首先参与或反映婴儿的节律性运动。然后，他们有条不紊地控制节奏，以类似的方式引导婴儿控制他（即婴儿）的表情。其他人参与进来，并系统地增多他们的动作，让婴儿与他们一样产生某种明显比婴儿预期的更强烈的表情。其他人加入；然后，既不是不足匹配也不是过度匹配，而是让婴儿摸清并探索她自己的发育规律（毋庸置疑，这是最好的结果）。其他人起初没有加入——没有相互的律动和匹配。因此可以认为，婴儿的情绪被孤立了（这是最坏的结果）。

在萨尔佩特里埃（Salpêtrière）医院，出于研究和治疗的目的，我们利用录像分析父母-婴儿的交互活动，每天都要面对这些现实。值得注意的是，这些构成行为（formative actions）主要是由父母在无意之间产生的。然而，这些是惯常的行为（成年人始终这样做，时间长达数月），而且其影响较为持久（到目前为止，这一点已被确认）。[48]

这样的研究表现了一个关于情绪的有趣悖论。我们所有人往往认为情绪是我们身上最"自然"之物——无论好或坏，都是本能和前文化的精髓。这在某种程度上是正确的；一些出色的研究表明，表达性运动倾向有其核心，这个核心显然是连在一起的，它普遍存在，在中国和墨西哥同样有效，在婴儿与成人间也同样有效。[49] 但最主要的是，这一印象是错误的。我们如何在情绪状态下进行身体实践，很大程度上是因为我们经受了精湛的训练。[50]

我自己推断出的含义有些许不同。尽管根德林（Gendlin）经常提到"身体"，但事实证明，他所说的"身体"仅仅是指一个人在躯干中部可能感觉到的任何东西。这似乎是对具身性的一种奇特的有限想象。在治疗过程中，我倾向于强调以一种更为广泛的形式与身体相联系，以及对我称之为的情绪运动图式进行更加系统的重组（Downing，1996）。如何将这一形式与其他治疗方法结合起来，还需要根据患者、机构或工作环境、治疗目标等具体情况而定。当然，人的"教练"（父亲、母亲、祖父母、兄弟姐妹等[51]）几乎没有意识到这种影响和传递，就像我们成为父母接替教导者的角色时，也没有意识到这一点一样。然而，没有意识到这一点并无任何妨碍。如果有什么的话，正如福柯所认为的，它似乎强化了文化塑造身体的绝对能力。[52]

263

第九节

此时我才能谈及另一个更为基本的要点。我们需要更多篇幅予以讨论。

目前我已讨论了情绪经历，它们似乎基本上只与个人相关。但是情绪也有很强的交互成分。这不仅意味着我们早期的情感微实践是在人际环境（interpersonal context）中逐步建立起来的，它还包括这样的现实，即我们的情绪状态常常与一个或多个当下在场之人的情绪状态相互交织。在这种情况下，情感间的联系多而微妙。

关于成人，我们需要考虑两组微实践。一组是在他独处时利用的微实践，另一组是那些与他人联系而产生作用的微实践。（当然，这两组微实践会有重叠。）例如，互动的方面包括：①将情绪"传递"给他人的具身技能；②对他人的情绪"进行接收"的技能；③"协调"这类交流的技能[53]；以及④利用共有的情感状态共同全面地解蔽世界的技能。我认为，这种交互维度与在个人基础上的运作具有同样重要的作用。

然而，这一观点较为复杂，我必须在别处继续探究其含义。[54] 我在下文继续只关注情感的个体作用。因此，读者应当谨记，还有一半的描述尚未说明。

第十节

我们现在可以转向在讨论情绪时引起很大混淆的问题：选择的问题。首先，我们需要了解一定的历史背景。

传统上，情绪在几个世纪以来一直被理解为"激情"（passion）：情绪就这样产生了，主体在受其冲击之前是"被动的"。人们认为选择只是随后的行动：在愤怒状态下，一个人是否选择身体出击，等等。

萨特首先提出了一个重要的反对意见。他在《情感理论梗概》一书中认为是我们在选择自己的情感；而且我们这样做是出于策略性目的的考量，其确切性质往往为我们所掩盖。我们并非"忍受"而是实现某一情绪。在给出这一解释的同时，他还对自欺欺人的本质做了相当详尽的哲学解释。（萨特后期最有名的著作《存在与虚无》实际上是对这些自欺欺人之反思的延续。[55]）在当代情绪理论中，所罗门在其著作《激情》中修正了这一观点。尽管在可操作性（manipulativeness）上消除了萨特的论调，但所罗门肯定了相同的基本主张，即从根本上说，我们选择自己的情绪。

有趣的是，这种反对意见也出现在心理治疗领域。在所罗门出版《激情》的同年，罗伊·谢弗（Roy Shafer）出版了《精神分析的新语言》一书，在精神分析界产生了巨大影响。[56]谢弗也认为，情绪并非发生在我们身上。他猜测情绪实际上是我们构造的"意志行为"。为什么日常语言会像单纯描述天气一样描述情绪呢？在谢弗看来，是因为日常语言带有我们规避的烙印。当我们以这种方式交谈时，是在共谋逃避自主与责任。[57]几年后，一些"人本主义"（humanistic）治疗师（主要是在格式塔疗法和交往分析的某些领域）也出现了一些类似的想法。它仍然是人们经常听到的一种论点。[58]

那么，哪种观点是正确的呢？是情绪发生在我们身上这一传统观点，还是我们自己引起情绪这一新的观点？

在我看来，提出的问题本身就是错误的。到目前为止，这一争论的措辞在于：我们是选择某一情绪，还是出现某一情绪才进行选择？但此处对情绪的分析表明存在第三种选择：在情绪过程中进行选择。

我认为，萨特-所罗门的观点蕴含着一种卓越的洞察力：在我们的情绪体验中存在着超出我们通常所想象的运用能动性的潜力。然而，萨特-所罗门对这一能动性可做之事的描述是错误的。

人们已对这一反对立场提出了冗长且具有说服力的批评。[59]在此我不想予以

264

265

重复，只是提出我自己的主张。在正常情况下（即除了涉及操作的特殊情况之外），认为我们选择具有某一情绪是没有意义的。情绪确实*发生在我们身上*。我们对之做出反应；这种反应——包括最初的认知评价和一些最初的生理刺激——正在进行之中，在我们真正知道发生了什么之前，就已经在进行中了。[60] 到目前为止，传统观点是非常正确的。我们发现自己身处情绪之中，就像坠入了汪洋大海。

但这是否意味着没有选择的维度？绝对不是。一旦这些并行事件（初步评估、自主反应、肌肉活动）的第一波跨越了意识的门槛，*那么*我们就可以而且应当讨论能动性的参数。我们可以谈论一个人控制情绪的各种方式；或突出，或减弱，或打断情绪；或者对情绪进行询问；或者拒绝承认情绪，等等。我们可以谈论对细微潜在决策点的稳定流动的感知，或该感知的缺失。所有这些都发生在情绪爆发后，但都是在持续的过程中。

人们一旦理解了这一重要的区分，便可以更为明确地批评反对观点。这一批评同样适用于萨特、所罗门、谢弗，以及主张类似观点的人本主义治疗师所提出的观点。

（1）我们是自身情绪的创造者这一观念是对情感功能的一种基本误解。想想看，如果不是这样的话会是什么样子！如果我们的情绪真的没有迫使我们重新评价周遭世界，那它对我们而言还有何裨益呢？如果这些精细的工具只是记录我们自己选择的突发奇想，那它们还有何用武之地呢？那真是一种奇怪的生活方式。这相当于某种孤独症的短路状况，关闭了关键的信息渠道。实际上，生存本身就会有问题——更不要说是丰富完满的情感生活了。

（2）这一新观点的优势在于，它试图解释为什么我们在情绪体验中常常无法266 察觉到利用能动性的可能性。劣势在于这一新观点给出的回答过于简单。这完全归咎于自我欺骗：我们隐藏自己的选择是为了逃避责任。但这显然只是一个因素。对任何特定的个人而言，缺乏必要的身体技能和习惯可能是更为重要的因素。

我并不是说逃避责任毫无意义。我也相信自我欺骗有时也会起到一定作用。但是只看到逃避的方式而忽视其缺陷的做法是错误的。[61] 逃避责任涉及一系列而非一种技能；而且这些技能比较复杂、微妙；如果我的观点是正确的，那么，再多的"责任承担"也不能取代逐步获得和/或改进这些技能的过程。[62]

（3）反对观点同样忽略了这个事实：生理发展有其自身的动力，自己可以向前发展。请再记住同时发生的事情：①自主现象（心率、呼吸、出汗，等等），②肌肉活动（例如，准备咬合时下颚肌肉产生的微妙变化），连同③机体防御的预选调动（prechoice mobilization）。正如人们无法阻止在轨道上高速运动的物体，他们也不能"希望"这一群体压力迅即消失。

这并不是说这类生理过程存在于某一领域，而选择存在于另一领域，而是正相反。我们可以主观地感知这些过程，我们也能够在同种程度上对其加以引导和调节。例如，若肌肉现象（包括肌肉准备和机体防御的反作用）以有限的方式涌现，那么我可以清楚地加以影响。与此同时，我很容易影响出现的呼吸方式（顺便说一句，这是一个极具心理重要性的影响点）。我同样也有可能影响一部分额外的自主神经系统现象（例如心率）。（研究强有力地表明，我们的自主反应比我们直觉上认为的更易受到自动控制的影响。）我可以影响这些身体现象本身，还可以广泛地影响如何使用它们询问相关的外在情境。然而，我不能简单地"希望"不存在这些过程。我也不能"希望"它们没有发展和持续的动力。

只有考虑到这几个限制条件，我们才有可能确定选择的真正位置。然后我们　267做出应有的选择，承认它在情绪体验中普遍存在。然而，我们不再认为选择即是全部。可以说，萨特-所罗门的观点正确应对了为人类所否认的责任与自主性领域，却与另一否认的领域——具身性的现实领域相联系。

第十一节

关于选择，我们再多论述一些。如前所述，情绪携带着"消息"。我需要这些消息修正自身的信念-欲望网络。但是，当我初次理解消息的内容时（也就是说，当最初的意向对象进入意识），有时会出现一些复杂情况。我的意向及其支持的信念很少孤立存在：方案 A 通常是方案 B 的子方案，而方案 B 又是方案 C 的子方案，等等。那么我应该关注这一联系的哪些方面呢？这并不总是显而易见的。两种或更多的语境可能同样相关。我可能会发现自己正在应对一种与生俱来的模糊性，并且只能被迫做出选择。

设想一个例子。我挂了电话。表哥罗伯特刚刚告诉我说，我昨天的话深深地伤害了他的感情。（我们计划一块儿去度假，昨天一直在设法解决其中的一个难题。）我的反应是惊讶，因为我没有料到他会有这样的反应，然后是失落、懊悔并且生自己的气。在这种情况下，我感到有些心烦意乱，我激活自己的身体状态来一探究竟，我想要且需要仔细检查。在任何情感展开的过程中，我必定有一部分这样的感觉：*它于我有多重要？* 但在这种情况下，我还必须确定：*这里重要的"它"究竟是什么？*

它是指我组织计划的休假这一意向吗？现在这一点有疑问。或者是指我更大的方案，即在这个（比如说）经常陷入紧张的关系中，试图产生一个更好的关系吗？或者是还要一个更大的意向（比如说最近几年被采纳的），希望与我的整个家庭建立更满意的联系？或者是更为宽泛的意向，即对自己和他人之间的事情给　268

予更多关注？这些关系层层嵌套。我应该关注哪个呢？我应该具体注意哪一层级的描述呢？

问题在于有时我们找不到这里的事实。[63] 我们可以认为，情绪只是以一种明示的方式展现出来。"现在请注意这一点。"因此从某种意义上讲，所解蔽情况的已知事实是显而易见的。然而，关于框架，我们尚未确定——窄的框架？较为宽泛的框架？还是非常宽泛的框架呢？——为了展开询问（interrogation）我需要做出选择，我必须马上断然地做这件事。

我认为，海德格尔在《存在与时间》中有关情绪的令人费解的评论正是以这种情感询问中的语境模糊性为基础的。[64] 例如在讨论畏（anxiety）时，他首先坚持认为畏与怕（fear）相异。现在这一区分较为常见。但海德格尔还认为，畏的真正对象不是任何具体情境，而是整个世界。不久之后，畏的对象不再是"世界"，而是指作为整体的我的一生，我的"向死而生"（being-towards-death）（也就是说，我畏的是这样一个事实，即我可能在没有充分意识到什么对自己有意义的情况下死去[65]）。

乍一看，这里的问题应当是，一般意义上的畏是一种常见的情绪。我们经常能感受到它。然而，海德格尔最终强行声称这种情绪很"罕见"，抑或是"真正的畏"很罕见（Heidegger，1962：234）。他在这方面将畏与怕进行了对比，认为只有后者才是一种世俗体验。畏作为隐藏的潜能，据说是怕的"基础"，使之成为可能（Heidegger，1962：234）。但是，根据海德格尔的说法，我们通常只会感觉到怕这一情绪。[他甚至简要描述了一些怕的常见类型（例如，Heidegger，1962：181f，391f）。]

现在，理解所有这一切的方法就是仅仅承认海德格尔的语义约定，然后假定他——令人惊讶的是——关于通常所说的畏，没有说出什么有价值的东西。不过，我认为有一种更有意思的方式可以解读他的评述。

然而，如果我们考虑到情绪的意向对象中经常出现的语境模糊性，这些评述看起来便不再矛盾了。如果我进行选择，那么强烈的情绪体验包含着甚至在其最高层次上根本解决我的意向等级问题的可能性。我的怕/畏可以集中在有限的语境；或者我可以选择更为宽泛的语境；或者，如果我决定这样做，我甚至可以跨越至尽可能宽泛的语境。在极限情形，这可能会发展成一种自我对抗（self-confrontation），例如，我在这个世界上的全部时间。我所认为的事实可能会出现严重的不一致。我的最为强烈的价值观也许会受到质疑，同时，我对自我和他人的核心信念也会受到质疑。

我更喜欢这一理解，因为我发现海德格尔的论述总体上十分深刻。克尔恺郭尔（Kierkegaard）许多出色的反思也正是关于这类情感的升温（affective escalations）。[66]

克尔恺郭尔不仅谈到我们对这些经验的需求，还谈到了它们如何被恰当或不恰当地经历——情绪体验如何成为自我折磨的陷阱或产生富有成效的改变。[67]他的这一观点不仅与怕[68]，而且也与悲伤相关。[69]尽管我现在先不予以讨论，但我主张对愤怒和幸福进行类似的分析；可能也需要分析其他的情绪。

我们讨论的不仅仅是选择，还有一系列背景技能，这些技能是选择能力的基础，我需要再补充这一点吗？当然，这也是克尔恺郭尔深入讨论重复的原因之一。如果你仔细地阅读文本，你就会发现，克尔恺郭尔的重复不仅仅是获得了某些有关最近基于情绪而对计划和信念重新创作的悄然消逝的思路的问题，而且也是一个学习如何去做的问题。克尔恺郭尔明智地认为，只有反复进行这一过程才能实现此目标。[70]

第十二节

最后再说几句。情绪的认知理论喜欢强调情绪与理性的密切关系。它通常以一种或两种方式支持这一观念。

首先，如前所述，每一种情绪类型都具有一个由数个表现为命题形式的判断所组成的认知核心。因此，情绪具有某种内在的命题结构。而我们有了命题，便至少有了理性的基石。

其次，认知理论往往指出，我们普遍倾向于认为，实际发生的情绪片段与其对象之间具有恰当或不恰当的联系。当我们说到恐惧时，它被夸大了，或者恰恰相反，它与其对象相适应，我们便引入了一种心智与世界相契合的规范性约束。

在我看来，这两种主张都是合理的。然而，我认为仍要对这一问题进行更多探讨。如果我在此处给出的分析是正确的，那么便存在一种情绪与理性相互交织的更深层的感觉。我认为，情绪具有使我们直接面对我们的信念-欲望网络中矛盾的功能。它们不仅传递信息；还迫使我们修改某些不一致的信念和意向的具体分组。

我的这种观点根本不是要把人的生活刻画得过分理性。这里所指的"理性"，简而言之就是无矛盾的规范和单纯的归纳。[71]只有在这种规范的背景下，才能发现任何缺乏一致性的情况。

事实上，我认为，我们的生活充斥着主要和次要的矛盾。情绪的迷人之处就在于它如何在技术意义上挖掘出非理性。这种修正行为如何依赖于运用具身技能，同样饶有兴味。

270

第十四章　海德格尔式思维与商业实践的转变

费尔南多·弗洛雷斯

　　休伯特·德雷福斯对海德格尔的解释，使一些领域的理论研究与实践发生了变化，人们通常认为这些领域和哲学截然不同。例如，他的研究在信息技术界的传播日益广泛。[1]我相信德雷福斯解释下的海德格尔为企业管理的变革开辟了更加深远的可能性。有了德雷福斯笔下的海德格尔作为我们思维的基石，我与商业设计协会（Business Design Associates，BDA）的同事一直在发展并与客户共同应用另一种商业解释，该类型既对大多数商业顾问和在美国商学院接受教育的人们所持有的理解形成了挑战，又使我们的竞争力得到了明显提高。我将说明源自德雷福斯笔下的海德格尔的某些观点如何推进我们的工作。[2]但由于我们的工作正使商业朝着不寻常的方向发展，因此，我将首先回顾有关商业的标准解释。然后，我将转向我们对商业的重新解读，并阐述商业活动的五个主要领域的后果：①了解顾客，②设计业务流程，③财务，④策略变革的实施，以及⑤企业家精神。（对商业的这种理解对于理解权力、战略制定和营销也产生重要影响，但限于篇幅，我无法予以讨论。）我的总体论点是，应该将商业思维与实践理解为人文学科的一个分支。如果不这样理解，不管我们是否直接从事传统的商业活动，我们都会失败。我不会论证第二个论点，只将其作为信念予以陈述：人文学科实践者的责任是在教育课程中给予商业研究适当的位置。

第一节　通俗理解的商业实践

　　大多数坚持工商管理硕士学位（MBA）培训的管理顾问和人员都认为，最好把人理解为具有欲望的理性存在者。这样的存在者使用推理（有时认真考虑，有时不认真考虑）将其感觉分析为欲望。然后使用自己的理性创造出满足这些欲望的方式。这种解释目前还没有关于商业的内容。商业是作为我们创造的分配商品以满足需求的主要手段而出现的。所有从事商业活动的人——也就是几乎所有人——都通过交换有价值的商品和服务来分配满意度。因此，商业理论的重点在于交换，而现代企业则是从以最小成本产生最大的总体交换价值的尝试过程中发展起来的。顾问和管理人员都提倡对这种交换价值的生产进行多重度量。原始利润（raw profit）、经营利润率、资金流动以及市场份额是标准条件，但人们只需拿起《斯隆管理评论》或《哈佛商业评论》这两本杂志，就会发现商业思想家提出了如资本成本和投资回报等愈发复杂的措施。

由于以交换为核心的解释忽略了商业活动对我们而言完全值得的东西，它导致了大量不经济的商业行为。更糟糕的是，它把那些试图追随它的商人变成了优化程序（optimizers）般的人，他们的行为就好像若公司的股价下跌，他们的生命便失去了意义一样。这样的生活要么使人疯狂，要么使人顺从，每一种都会阻碍创新与承诺。

我们应该构建什么样的商业描述来替代之前的解释呢？首先，我们应该替换在很大程度上支撑商业思维的人类的启蒙观。在这里，德雷福斯对海德格尔的解释变得举足轻重。尽管自笛卡儿以来，人类就一直以这种方式塑造自身，但人类并不渴求主体。他们是以一种协调的方式熟练地应对其所处环境和彼此关系中的存在者。因此，他们获得了共同的技能（我们沿用维特根斯坦和德雷福斯的术语，称之为实践），并确定了器具和角色。实践、器具与角色一起有助于确定事物与人的遭遇方式。例如，根据一组实践、器具和角色，可将人作为圣徒与罪人来处理；根据另一组便会将他们当作独立、选择的存在者来对待。我们之所以能够遇到桌子、椅子和教授，不是因为它们具有我们所理解的某些*本质*，而是因为我们有一个对象的环境，诸如书桌、讲台、讲堂、大学、学位、书籍等。当然，这些相互联系的器具、人员和机构，不足以使椅子、桌子等变得易于理解。我们还必须有使用椅子、在桌边写作或阅读、听讲座或与教授讨论的共同实践。正是在这种器具、机构和实践的背景下，我们才能识别椅子或教室。然而，为了确定诸如教授或学生等人类角色，我们不仅仅需要器具、机构和实践。必须将某些相关的实践聚合在一起，从而解蔽与器具和他人打交道的*方式*，而且这种方式非常重要。如果某一种应对器具的方式得到普遍认可，我们将之视为一种角色，例如教授或学生。当然，这并非表示我们看不到来自其他文化语境的事物与实践。在我们眼里，它们是陌生的仪式与人工制品。

然后，人解蔽或展现了共同的语境，语境中的事物和人可以作为特定的事物和人出现。我们是解蔽者，这是我们在商业设计协会从德雷福斯讲授海德格尔那里借用的重要概念之一。我们还借用了海德格尔关于从上一个观察到另一个的结论。当我们以作为解蔽者解蔽自己的方式行动时，我们便处于最佳状态。[3]我们现在往往不假思索地行动，仿佛我们很渴求主体，它解蔽了一个充斥着器具与角色的世界，但并没有为我们这些创造和维持世界的人解蔽敏感性，该世界中的人和

273

274 事物以其独有的方式显现自身。我们认为，当自己在解蔽时正在经历最佳生活状态，如果我们寻找证据的话，可以在许多简单的事例中发现它的踪影。我们可以思考一下，当和其他人设立的制度中事物的表现方式与众不同时，我们是怎样的感觉。其他的例子包括结婚以及其他伙伴关系。我们大多数人都记得这类创造物具有的一系列有趣的活动。我们甚至记得当我们有了新的实践时体验到的惊奇，例如联合金融账户使我们能够发现和体验经济责任等新事物。"最佳生活"是我们在商业设计协会使用的术语，用以表示海德格尔所谓的本真性现象。[4]

第二节　理解需求与客户

这种有关人的思维方式对商业活动的影响相当令人惊讶。如果我们认为自己是解蔽者，那么我们对关切的大部分商业的描述便会改变。我们不再认为它们在供应产品方面做得很好。相反，我们会发现商业的价值所在，因为它使我们第一次有了新的需求，而且这样促使我们发展新的实践，以某种微不足道的方式改变或重建我们的世界。这样一家企业对客户生活中的紧张状态非常敏感——客户可能认为这种紧张是不可避免的——因此生产出某种产品来缓解他们的压力。例如，没有人需要第一把一次性剃须刀。没有人需要第一个减速带。没有人需要第一个飞行里程。没有人需要第一个电脑鼠标。但是，一旦创造出这些东西，需求本身就会存在。事实上，企业就像发现了需求一样，试图阻止其他企业生产具有竞争性的产品来满足相同的需求。然而，在专注于需求的过程中，普通的企业忽略了与客户的关系，正是这种关系首先引发了新事物的产生。因为他们并不认为这种关系使人们在构成现实的新方式上进行合作，他们往往只提供能够满足先前需要的产品。当他们获得成功之后，便会寻找另一个没有满足的欲望。因此，许多企

275 业不知道如何在拓展新型产品开创的新世界方面持续发挥作用。关于如何做到这一点，计算机行业对用户群的赞助提供了很好的例子。

我们从中可以吸取什么经验？商业根本上不是交换，而是与客户建立关系，"明确"客户的关切与需求。有效的商业活动使所有从事这项工作的人意识到我们本质上是解蔽性的存在者，而非欲望的存在者。正如最受我们欢迎的企业所表现的那样，与客户的基本关系是建构世界，而不是交换。

大多数 MBA 毕业生在总结这一点时会说，有效的企业会听取客户的意见并作出革新，而且必须将这些活动融入到生产优质产品，从而以低成本进行交换这一核心活动之中。但就目前企业的构成而言，削减成本和提高质量的强烈欲望，通常会阻碍与客户建立创新关系，生产的产品与竞争对手的只是略有不同。原因

在于，专注于削减成本的经营者，往往消除了所有试验性的东西，他们的营销努力也削弱了认真倾听客户的紧张或关切这一动机，而这些紧张或关切并未直接关系到解决现有产品的问题。

正如在交换的动态中所理解的，质量意味着迅速向客户提供产品，对客户的需求作出准确评估，告知（客户——译者注）真实的情况，公正合理地应对客户的投诉，等等。在某一周，我采访了一家大的汽车制造商和一家处于领先地位的医疗用品生产商。两家公司的主管都很自豪地向我展示了他们企业价值观的一览表。二者完全相同。每家公司都试图与客户建立同样的关系。他们关心的是准时交货、较低的产品故障率等问题。汽车公司的价值观并不包括喜爱驾驶、酷车，或者舒适地驾车带着家人去度假。医疗用品公司没有宣扬人们对积极生活的热爱、免于残疾、对医生压力的反应，或其他类似的事情。两家公司都在为客户提供便利的服务以及优惠的价格方面逐步作出改进，但是，期望它们向客户展示先前认为不可能的事情具有现实的可能性，这是不明智的。因此，大部分客户不太可能会深切关注这些公司或喜欢它们的产品。然而，这两家公司都认为自己对客户比较敏感，而且具有革新精神。目前的商业思维标准不承认世界的构成，据此标准，这两家公司确实是他们所认为的那样。

276

第三节　设计商业流程

如果一家企业的基本活动是形成关系，即表达其客户的关切，从而解蔽新的世界，那么这样的企业是如何设计的呢？我们发现，我们可以聚焦于企业最重要的承诺，从而显现出人的解蔽性本质，而大部分日常交易都忽视了这一点。通过关注承诺的结构，我们同样展示了如何通过形成新的承诺来重建各方的作用。例如，如果销售员只能向送货员提要求，那么销售员就成为接受订单之人。当他们可以向研发部门提要求时，在某种程度上他们成为创新者。通过改变承诺的结构，我们可以重新设计一家公司以着手进行灵活的报价。现代合同文化的标志之一在于，它认为明确承诺引导着我们的行为。相对来说，传统文化和一些以传统理念经营的公司的习惯与职责是难以改变的。但是，如果一个人从承诺的角度来看待义务，他便能做出超越习惯所做的承诺。因此，认可承诺会产生更大的灵活性。那么，我们最好将如今灵活、解蔽性的组织理解为一个承诺网。一旦理解了这一点，我们就可以根据企业寻求保持的承诺种类与结构来诊断、设计企业。

当企业围绕其承诺组织业务实践时看起来怎样？我们从承诺的基本要素开始论述：①要求与提议，②保证，③根据对这些保证的解释履行承诺，④对由承诺构成的关系进行评估。[5]

企业通常是围绕提出要求以及完成要求的人组织的：老板和员工。如果许多要求长期有效——就像每一学期讲授的大量课程——并且在完成过程中无须对要求作出清晰的说明或任何解释，那么可以认为该企业是高效的。如果企业围绕处理事务的流程组织起来，那么这种安排是有意义的。然而，具有革新精神且对客户较为敏感的组织旨在利用要求、提议、保证以及解释执行（interpretive execution）代替标准的要求与执行关系。

要找到加入承诺的意义，不妨想想美国邮政总局和联邦快递公司之间的差异。联邦快递*承诺*让您的包裹某一时间到达——有很多关于联邦快递员的故事，为了履行这一承诺，他们超越了标准的流程。相比之下，美国邮政总局则是在*预测*你的包裹何时会到。为了清楚地说明这一不同，请比较承诺警察会在三分钟内到达的 911 服务，以及预测警察会在三分钟内赶到的服务。为了理解执行与解释执行之间的区别，比较一下这两类人，首先是在晚上对你说"你儿子七点吃过晚饭，八点就上床睡觉了，现在很好"的保姆，其次是另一个保姆，她告诉你她和你儿子在吃饭时的聊天内容，她好喜欢他们共同想出的别出心裁的游戏，她为了让他刷牙而给他讲鳄鱼的故事，然后将自己受益匪浅的故事讲给他听。第一个保姆完成了指令。另一个积极地解释了这些指令，并与客户共同检查解释执行的情况。

如果我们看看一般的制度建设，就会清楚地发现常规企业和基于承诺的企业之间的区别。比较一下做出承诺实现的伙伴关系提议和做出预测实现的伙伴关系提议，就像现在的情况一样，人们通常会预测他们何时会考虑这样或那样的建议。比较婚姻中每一对配偶相互说的话："我会这样做"与"我们该如何同意去做 X？"。

在商业设计协会，我们围绕公司人员相互之间和对客户做出的承诺来组织商业实践。管理者遵守并负责某些类型的承诺。定期对已建立的关系进行评估，以便予以调整。员工提出建议和承诺并做到解释执行。最后，将这些承诺组织起来，以便代表外部客户利益的内部客户始终考虑客户关切的事情。这样的组织使企业能够与其客户具有一种可以经常使双方比较愉悦的关系。就像前文提到的变革后的婚姻，而非日常的婚姻。

第四节　金　　融

要理解当前金融世界的构成，人们必须设想贸易始于有欲望、有理性的主体所处的物质匮乏和需求状态。人们看到他们彼此之间唇枪舌剑，各有计谋，因此得出结论认为，与其处处为敌，不如在交易中达成妥协，这才是更好的选择。因此在金融领域，承诺并不是基本的；激烈的、对立的需求才是。

当然，很少有经济学家或财务总监会说他们真的相信商业活动是这样开始的。但他们会认为这种思维方式提供了最佳模式。在我们看来，该模式的核心是某些关键要素，这些要素导致公司、客户以及供应商之间产生了不经济的对立关系。首先，用以交换的产品先前便存在着，并且具有独立于交换关系的固定价值。[6]其次，交换过程中的谈判被严格视为短期的、零和交易，其中一方在交易中获利，而另一方蒙受损失。该模型不能预测行为，反而会导致毫无意义的浪费与对立。这种浪费在营运资金的处理方式上表现得最为明显。

营运资金管理是指预测资金从账户流入与流出，并选择结算和支付的时间，从而使手头资金最大化的行为。为了简单起见，我们可以认为由财务部门负责管理营运资金相当于尽量削减公司的债务，并向公司的债权人支付尽可能少的钱款。当财务总监根据对资本流动的预测制定行动策略时，情况就变得复杂了。例如，如果库存费用不断增加，财务总监可能会让销售人员降低产品的价格。但是在销售商提起诉讼之前，这样的折扣可能使支付给他们的资金明显减少。时机是很重要的。即便如此，如果这一削减超过了节约的仓储成本，销售便会流产。如果没有超过，销售便会成功。

营运资金管理使我们有机会了解一下经济学家和 MBA 所理解的人类的原初状态。虽然合同承诺与习惯支配着我们所做的大部分事情，但它们控制不了财务部门的机智与策略，财务部门的工作就是尽可能地拿走它们能拿走的东西。在这种情况下，客户与供应商就被视为敌人。

商业设计协会在哲学和实践方面的回应是什么？在哲学上，我们遵循德雷福斯对海德格尔的解释。海德格尔认为，如果我们试图在人类的交互活动之前寻找某一起点，那便永远不能理解我们活动的意义。我们同样认为，为了理解商业活动，我们必须从最早将关切表现为需求的关系开始。在这两种情况下，基本主张是，任何活动都只能通过考虑其产生的有价值的生活方式来予以解释。[7]它不能通过考察早期的生活方式或一系列动机、行为等加以理解，这些动机和行为等之间并没有通过考虑价值而相互联系起来。在将关切表现为需求的关系之前，商业与早期的企业都是不存在的。

如果形成承诺是表达关切的商业活动的基础部分，那么任何可以表达关切却没有商业承诺的领域显然都拥有商机。这便是操纵资金流动的情况。因此，在商业设计协会，我们让客户看到：即便是赢得营运资金战役的公司，整体也处于亏损的商业状况。我们发现，有了现代通信网络，两家公司总是有可能在提出和管理营运资金承诺方面进行合作，从而有利于两家公司处理收付款业务。博弈论者坚持认为，这种非正式协议应该经常会失效，因为总有一方企业会抓住机会利用对方，即便它降低了双方的总体收益。但我们知道，朋友之间往往会避免伤害对方，只是为了一方能够以牺牲双方的利益为代价而获得相对于另一方的优势。同样，我们发现那些不断沟通并共同努力将彼此的营运资金保持在最低程度的企业往往会遵守这样的协议，并避免博弈理论家的零和博弈（zero-sum game）。

一般来说，我们会教会财务部门根据他们衡量的隐含承诺来理解账目。应付账款（accounts payable）是一种日记账的名称，其中记录了我们对供应商所作的承诺，以换取他们对我们的承诺。应收账款（accounts receivable）是相对应的日记账，记录了我们与客户的关系。工资单（payroll）是我们观察对员工所作承诺之履行情况的日记账，以换取员工对公司的承诺。库存是在客户没有要求的情形下，或在不符合客户要求的情况下，采购和生产的结果。

通过帮助我们的客户将这些账目理解为承诺以及与交付同步之承诺的标准，我们促使人们认识到，认真关注承诺的全部要素可以建立关系，关系中的各方愿意互相尊重，而不是相互敌视。一旦财务部门的人员把他们的账目看作是*在关系中*及时兑现的承诺，问题便可以从关系的角度来理解了。因此，例如付款的及时性问题可能会产生以下几类问题：*我们拖欠了哪些支付的款项？我们是否做出了过分的承诺？我们是否有条件履行我们的承诺？我们的供应商是否履行了对我们的承诺？*这些问题体现了这些方面所产生的巨大转变：通常试图尽可能地拖延支付，（销售时）做出尽可能多的承诺，并且设法向供应商支付更少的费用。

281

我们提出的这些问题会导致建立新颖的关系，它能够明确表达其中的关切，从而将之转变为能够进行互利交换的需求。将这种基于关系的视角引入我们客户的业务，往往使他们能够削减当前 30% 以上的运营成本。这可能表明，即使最强硬的财务总监，因其行为受到标准模型的影响，也未能充分体现商业企业的本质。

第五节　实行策略变革

1. 对策略实施的共同理解

在很大程度上，策略实施的前提在于欲望与理性是清晰、可控的。理性在所有人都清楚的不同事实领域发挥着作用。人善于在这些领域进行计算。报酬结构的变化可以改变欲望。策略实施活动依赖于那些意志坚强的领导者，他们的意志足以克服无论是自己还是别人身上那种根深蒂固的习惯。策略实施是通常的商业活动中最令人烦恼的一个部分，这一点不足为奇。我们来考察一下传统策略实施的四个基本要素。

第一，人们假设理性对清晰的事实起作用，因而产生的结果对所有人而言都是清楚明白的。通俗的理解是，在开始行动之前必须制定每个人都充分理解的战略目标。目标在很大程度上是由一小群人或单一的高层管理者决定的。

第二，依据人的计算能力而非控制承诺与信任的能力来理解人。这样，被选定实施策略的团队具有适当的计算技能。另外，设置实施团队体系是为了它有希望被挑出来实施新策略。因此，组织的权力体系随着团队的构成而变化。团队中的成员现在被认为拥有做出改变的权力，而之前，权力由组织内的其他部门掌控。

第三，我们看到，虽然简单的行为主义在学术界已经过时，但它在企业人力资源环境下却顽强地生存着。这种情况假设激励结构与组织的战略目标相匹配时才能最好地实施策略。人们必须因为其行为符合组织的新目标而受到奖励，否则便会受到惩罚。通常的形式是将一定比例的员工薪酬建立在有利于新的企业价值观的行为改变的基础之上。例如，如果策略的变化在于以客户为核心，同时授权员工解决客户关注的问题，那么做出回应客户投诉决定的员工会得到更高的报酬。

第四，我们同样是习惯性的存在者。领导者在实施过程中的作用在于建立和维系新的标准，这些标准为实现公司的目标以及帮助克服旧习惯提供了新的手段。人类是理性的、有欲望的主体，这一观点是正确的：给予员工适当的程序，如果应用这些程序会有经济上的奖励，他们就会这样去做。领导者必须不断地、有意地维持标准并确保人们不会退回到之前的行为方式。

2. 我们的回应：风格

将人理解为有欲望、有理性的动物，使得商业理论家们忽略了变革策略中最为重要和困难的东西。改革薪酬结构来改变欲望，诉诸理性以将明确的目标分离出来，这表明组织的存在方式具有很大的盲目性，这正是海德格尔主义者们关心的问题。这并不是说，作为一种社会类型的企业具有某种异于教会或大学的存在方式（尽管这是事实），但是，每一家商业企业都有自己的存在方式，我们称之为"风格"，它集中体现为组织内的人们最为钦佩的模范行为。

例如在苹果公司，这一模范行为很可能是以史蒂夫·乔布斯为首的"活跃团队"（hot group）研发出了苹果电脑（Macintosh）。如果是这样，我们认为如果苹果公司的员工在活跃团队中工作的话，他们的感觉会很棒。任何事物的发展都有可能表现为一个活跃团队的契机。我们可以根据一系列活跃团队来理解事业，根据一个人组成活跃团队的能力来权衡权力，等等。以研发苹果电脑的活跃团队为基础，苹果公司有着蔑视权威、高度灵活的风格。基因工程领域的高科技企业往往具有学术性的培育风格。由工程师创建的公司所培养的管理者试图把员工、供应商、经销商、生产计划以及其他一切都予以掌控，好像它们都是各种形式的设备。因此，每一类型的公司以及每一家企业，都表现出不同的风格或存在方式，

282

283

集中体现为不同类型的范例。[8]

即使那些意识到公司具有不同风格——官僚主义的、精干的、有竞争力的、垄断的、以市场或生产为导向的商业理论家，也忽略了这些风格的影响。公司的风格决定了它会注意何种可能性以及它认为重要的东西。在一个灵活、活跃团队的公司中，人们会伺机加入一个不合常规的活跃团队。他们会寻求非连续性创新（discontinuous innovation），因而失掉许多持续改进的时机。在具有培育模式的公司，无论人们的工作是对公司至关重要，还是与公司的利益相悖，他们都致力于自己的项目而不太关心客户。他们都在寻求独立的机会。

由于公司的风格决定着公司员工如何评估重要和有意义的东西，因此，策略的任何变化若重新引导了公司（关注的——译者注）焦点与活力，那就需要实行一种新的企业风格。目前，当公司领导者意识到他们需要改变企业文化时，他们往往认为自己必须解雇大批具有陈旧气质的员工，并雇佣其他有着全新气质的人——解雇许多性格内向的工程师，并雇用大量性格外向的营销型工程师。这样的行为几乎总是降低人们对新策略的敬意，加大了人们的怀疑程度并为此付出了高昂的代价。

我们认为，策略实施需要认识到风格发生的变化，而风格的变化包括三个基本成分：①出现一个新的让人钦佩的典范；②建立新的承诺结构，赋予人们符合新风格的重要角色，并以新的方式向其展现内部与外部客户；③培育信任。

3. 范例

传统的策略顾问会鼓吹预示着最大可持续竞争优势的策略方向。然后，他们会试图形成一套适合公司资源的策略，但重点在于找到一个小众市场（niche），竞争对手会因高额的成本望而却步。然后，鉴于这样一个策略目标，公司试图通过寻找具有合适职能能力的人，改变薪酬方案以及迅速行动来予以实现该目标。然而，由于坚持策略的这一改变以及人们的关切都要求风格的变化，因此，即便实施团队展示了难以置信的意志力，这种方法至多也只能产生渐进式的变化。原因很简单。人们只了解他们追求的目标，而不知道如何改变他们的关注物、合作方式、对可能性以及客户关切之处的觉知，才能使计划有效。简而言之，他们缺少好的范例来说明具有新策略的企业是什么样子，或者没有清醒地认识到自己需要体现何种新的风格。

可以通过不同的风格来追求诸如产品研发和增加市场份额的目标。然而问题层出不穷。应该通过更好地控制所有人的时间来削减成本，还是应该实施高度协调的准时制战略？后者要求谨慎使用通信系统。在第一种情况下，公司发展出了某种高度监督、控制的风格。第二种情况下的公司发展出某种协作、团队合作式的风格。然而，如果管理者在各个部门都以不同的风格制定策略，他们会在跨部门的协调、沟通和信任方面产生各种障碍。

在最适合的部门实施新策略的小规模项目，将为一个更好的开端创造条件。为了变革策略，该部门可能会借鉴公司中相对边缘化的做法。我们最喜欢的一个例子是曾经与我们合作的一家水泥公司。这家公司以低成本和高利润率的经营而闻名。它以工程师的那双充满控制欲的眼睛观察世界。但客户对它的快干预拌（quick-drying ready-mix）的产品很不满意。该公司声称将按照客户要求的时间交货。据公司所言，如果交货提早或推迟，那是因为客户的安排（客户通常是一家大承包商）一团糟。与此相反，客户向水泥公司告知它（指公司——译者注）比较死板，缺乏弹性，并且不理解在承包业务中会在一天之内做出许多改变。客户希望致电水泥公司，希望最晚在发货当天早上重新安排。这似乎是不可能的事。我们询问水泥公司如何才能认真地对待客户。我们查看了急诊室、911 应急电话、消防部门；商业设计协会-水泥公司的联合团队总体上认为，水泥公司实际上是危机处理者，而不是好的建筑商。然后，他们考察了自身处理内部危机的实际做法，并致力于开发这些做法以应用于客户。结果使得预拌业务能够在市场上占据主导地位，因而公司不得不担心反垄断的压力。这种与承包商合作的新型方式在公司内开始流行起来。像经营预拌产品这样的范例激励着其他领域的管理者，以形成自己关于预拌产品成功的解释。由于变革是一个部门接一个部门基于范例做出的，而不是通过改变一组程序做出的，因此，每个部门都可以决定自己如何理解典范的成功，从而对在此基础上所做的解释有主人翁感。

286

4. 重新设计承诺结构

尽管范例使管理者对风格的变化变得比较敏感，但管理者实际上是通过重新设计他们的商业实践将新的风格引入自己的领域。商业实践本质上是一种实践，它以一种通过满足需求以解决关切的方式来表达关切。这样的表达出现在承诺内部。因此，在为了实施某一新的策略而改变他/她的领域风格的过程中，管理者建立了一种新的周期性承诺结构。他/她还确定了那些履行承诺之人和那些对如何履行承诺进行评估之人的能力。此外，管理者对客户有了新的理解。客户是否非常注重成本？客户想为新产品感到高兴吗？客户想要一种特定的服务方式吗？管理者根据给出的新范例回答了这些问题。就水泥公司而言，客户希望摆脱危机。制定的承诺结构不需要长期的计划，而是需要灵活性，包括以特殊价位提供紧急重制的快干水泥。

在以这种方式重构自身领域内的承诺的过程中，管理者构建的环境使他们的员工能够根据自己的最优标准来表达风格与策略。这种新的风格体现在谁对谁做出承诺。如果公司需要大力开展产品研发，那么产品研发人员就必须向客户做出承诺。产品研发是在考虑客户投诉等这一回路中进行的。如果削减成本存在问题，那么财务人员便会加入到重要的承诺之中。当管理者仔细调整承诺结构，员工每次做出承诺时都会主动而非反思性地接受并推动变革。

287   然而，让员工严肃看待承诺是相当困难的。即使是高级管理人员也往往会重新陷入通常的行为方式。因此，承诺培训是任何计划实施的重要部分。希望、抱怨、程序说明、愿景、猜测等等都必须转化为要求。其他人感到困惑的看法，以及对将要发生之事无所不知的断言都必须转变为提议。预测必须转变为承诺。如果新的承诺结构中没有这样的培训，实施新的策略只会付出巨大代价。培训也会改变人们行动和说话的背景意向，使其能够将自己当作情境的解蔽者而非有理性、有欲望的存在者。在培养信任的背景下，这一活动会变得更为明晰。

    5. 培养信任

    鲜有公司行为会产生不信任、抵制和怨恨，改变和实施新的公司战略则会带来更多这些影响。我们大多数人认为这一经验事实具有显而易见的原因。策略的改变威胁到了人们已经习以为常的职业和工作方式。一家会威胁到员工和供应商福利的公司破坏了自身的信任。然而，这里被削弱的信任并不是最佳的信任方式，解释为安全感会更好一些。这种安全基于一种潜在的感觉，即我们的身份是固定、脆弱的，并不断受到攻击的威胁。根据德雷福斯的观点，海德格尔认为，现代组织的某些普遍结构极大地增强了这种自我观，这些结构包括努力让自己看上去很好、合群、爱说闲话，等等。[9]在这样的环境下，人们通常都是在背后进行议论。信任是匿名地建立和损害的。怀疑在大多数情况下随处可见。在令人恐惧的流言旋涡中加入一条改变的指令，现存的一点稳定性也荡然无存。因此，任何一种新的企业风格和策略都必须通过建立信任的实践来实施。

288   建立信任需要在组织设计、形成承诺以及角色建构等许多方面加以改变。[10]首先，这意味着要学会评估他人的真诚、能力以及他/她对自身身份的关切。（关心某人的身份表明，最重要的是有助于他形成和履行承诺，并且有助于他作为提出和履行重要提议之人保持较高的信誉。）为此，建立信任的主要做法之一必须是对管理者和员工进行定期、可靠的评估，主要是在团队成员间公开进行。我之所以强调规律性，是因为人们一开始会钻评估的空子，利用评估来增强自己的权力，削弱他人的权力。但是，如果定期和公开进行评估，过段时间后权力游戏会变得非常明显，孕育着怀疑的语言风格的影响便会大大减弱。更重要的是，人们开始认识到自己的言谈可以改变他人和自己，而不是通常造成的流言旋涡。他们因此认识到解蔽出一种新的存在方式的意义，并发现他们没有脆弱、固定的身份。

当参与者变成可以信任的同事时，表达关切和产生新风格这一活动就会变得更为有效。

第六节　企业家精神

从有关企业与客户建立新型关系的讨论中可以明显看出，我们对企业的看法颇具创业精神。事实上，我们认为具有创新意识的企业家是典型的商业人士。此外，我们认为德雷福斯对海德格尔有关思想家和艺术家的本体论描述的解释，对企业家的工作会有所启发。[11]

在当前的商业思维下将具有创新意识的企业家看作极具天赋的套利者，他们发现某些在其自身环境中没有太高价值的东西，在其他环境下出售可以获得巨大的利润。因此，根据标准观点，金·吉列（King Gillette）认为在大多数经济背景下，一次性剃须刀片所需的制造能力与材料不会为人们所高度重视，但如果将两者结合到其生产中便会极为有价值。这样的解释描述了企业家所做的小部分无关紧要的事情。金·吉列的重要贡献在于他看到了一次性剃须刀片具有的*可能性*。尽管还没有制造出这一产品的技能，但是有处理金属和切磨锋利刀刃的技术。此外，很明显的是，在结合技术与材料以具有成本效益的方式生产产品方面，许多具有创新意识的企业家表现平平。这样的企业家不会富有，但这并不会使他们的企业家精神有任何的削弱。企业家的关键能力在于看到产品和服务的新型潜力，并将人们聚集在某一组织内生产和销售产品来实现这些可能性。

那么，具有创新意识的企业家是如何偶然发现新的可能性的呢？和艺术家、政治领袖以及其他文化创新者一样，企业家对那些有可能给我们的生活方式带来全新风格的不太重要的实践会很敏感。海德格尔认为，尼采对他所处时代的那些微不足道、灵活的技术实践非常敏感，他写作的目的是使人们与之保持一致。[12]无独有偶，金·吉列注意到了一次性瓶盖这一特殊发明，并且为用后即可丢弃这一非常微不足道的做法所吸引。他意图扩展这一实践，并且耗费了数年时间来寻找这样做的合理方式。最后，他忽然想到了剃须刀，一种与男人的责任与完美无缺紧密相关的工具。他不仅使用一次性剃须刀片帮我们刮了胡子，而且改变了我们对自己、事物和他人的理解——简而言之，改变了我们对存在的理解。他深刻地改变了我们日常的生活方式，以至于我们认为用后丢弃是理所当然的事情，尝试用先前的人类历史来解读它。我甚至记得用这种方式解释创世纪的故事。我在年轻时认为上帝让人类支配自然的意义在于人可以使用自然物，并可以随心所欲地丢弃它们。从那以后，学识让我认识到一次性的支配方式是一种现代现象，但

289

我们依然生活在金·吉列的时代，也就是说，我们生活的时代是尼采所描述的技术时代的变体。重新配置（Reconfiguration）是我们在商业设计协会的术语，用于指明将诸如用后丢弃这样不重要的做法纳入文化核心的创业过程。

290 　　金·吉列并未通过提出一次性剃须刀片的想法进行重新配置。他必须将人们聚合起来判断其（一次性剃须刀片——译者注）可能性，致力于生产并向他人进行推销。简言之，他必须建立一个人们关心其产品的组织。企业家通过展现他们的产品和设想是如何作用于人们具体的生活背景的来将人们纳入麾下。企业家在构建组织时会把他们的做法引入员工与伙伴的生活中，而这些同伴发现这些做法很有价值，但自己却难以做到。此外，一旦企业家成立了组织，他必须定期让员工了解他们创新的根源，让他们重新关注并更新已经弃之不用的做法。所有这些行动都有助于人们意识到自己正在共同解蔽一个特殊的文化世界。

　　因为企业家改变了我们的文化对事物意义及其重要性的立场，所以我们认为企业家也是历史的创造者。他们自己为现在看来反常的做法所吸引，但如果有恰当的表现方式，这些反常的做法就会改变处理日常事务的文化风格。例如，从这一角度来看，重要的不是是否把灵活性或将自己当作一次性的东西视为一种改进，而是这样的事实，即改变我们理解存在的能力才使我们成为最具人性的人。

　　当我们首次利用海德格尔关于企业家的解释，便遇到了许多 MBA，他们认为这是在胡说八道。他们认为，企业家只是自私自利的套利者。起初我们回应道，我们只是在描述企业家的实践，而不是他们的心理动机。但是，与越来越多的企业家交谈后我们发现，他们对历史有自己的理解并认为自己在改变历史。简言之，他们与自身活动的解蔽本质没有脱节。他们认为自己在为客户提供他们喜欢的一些新事物，这将改变他们的生活或震撼他们的心智。企业家和那些寻求创业的人认为，创立企业的过程中必须有探索异常和不重要之事的机会。

291 　　学术界、政界以及文化界通常不恰当地将商业置于次要地位。商业之所以受到轻视，原因在于它是需求的合理化而非自由的合理化。[13] 不仅批评商业的人提出这一主张，许多商界人士也接受这一事实，从而导致了自身的文化贬值。此外，一些人利用这一状况来证明商业交易的道德标准低劣。过去自由市场的概不退换可能是最为臭名昭著的例子。如今的不诚实行为更多类似于某人承诺自己的软件程序很快就会面世（尽管它还处于早期的研发阶段），以防止客户购买竞争对手的产品，从而使竞争对手破产。

　　这一策略根本上是否合理，对此我无意进行辩护。相反，我想回到我的基本观点：商业和其他为人高度重视的活动一样，能够使我们解蔽新的世界并将自身开显为新世界的解蔽者。在我看来，解蔽是我们最高的道德之善，当企业倾听客户表达其需求时，当企业围绕承诺设计自身时，当它将供应商与客户变为合作者时，当它培养出新的公司风格时，当它能够使企业家开拓新的世界时，它便能增进这种善。因此，商业应该遵守的道德标准是我们最具解蔽性质的活动。我们正在卓有成效地让那些商界人士领会这一点，但我们只是在休伯特·德雷福斯解释海德格尔时为我们开显的世界中才认识到这一点。[14]

第十五章　对控制的追寻与关怀的可能

帕特里夏·本纳

> 把操心（本书译为关怀——引者注）这一现象整理出来，就使我们获得一种眼光，得以洞见生存的具体状况。

——*马丁·海德格尔*①1

在本章，我将描述海德格尔对本体论的复归和他对思维、语言、敞开性（openness）以及参与（engagement）的洞察如何影响护理实践中的临床与伦理知识研究。作为一名经验丰富的护士，我发现海德格尔对实践的理解和解决护理现象的本体论方案，无论联系的质量与内容如何，相关联的基本立场都给予了阐明护理的日常关怀实践之意图与意义所需的洞见和语言。²海德格尔将牵挂（solicitude）定义为"本真的关怀"，即考虑到所看到的以及回应的他人之生存：

> 这种操持本质上涉及本真的操心——也就是，涉及他人的生存，而不是涉及他人所操劳的"什么"。这种操持有助于他人在他的操心中把自身看透，并使他自己为操心而*自由*。②3

海德格尔认为，我们是有限的存在，被"抛入"一个由他人构成的世界中，这一见解揭示了日常照料关系中可能存在的限制。作为有限的存在，人们不能完全和自由地选择去关心，也不能对如何展开一种照料关系进行控制。一个人对那些处于照料关系中的人的理解与回应能力基于他的敞开性。尽管熟练的护理者必须增强对他人的熟练调和能力，但是没有"技术"、个人属性或技能可以保证对方会予以回应。另一方面，反应的效果可能远远大于看护者基于他/她提供的服务所预测的效果。因为牵挂本身便受到有限性和被抛状态所影响，处于某种特殊的

---

① 译文引自：（德）马丁·海德格尔. 存在与时间[M]. 修订译本. 陈嘉映，王庆节译. 北京：生活·读书·新知三联书店，2012：266.

② 译文引自：（德）马丁·海德格尔. 存在与时间[M]. 修订译本. 陈嘉映，王庆节译. 北京：生活·读书·新知三联书店，2012：142.

人际关系就排除了预先选择提供什么或者所提供之物对他人的意义。这种动态、共同构成的关系在实践与描述中比在形式化的理论和法律中更易于理解。

海德格尔早期对于关怀、牵挂、有限性、被抛状况以及实践优先于理论等的著述影响了我的研究。[4]海德格尔晚年对技术的批判增强、澄清了这些洞察，因为技术有可能将人转变为资源。晚年的海德格尔警告说，技术的特有排序方式（the kind of ordering characteristic of technology），即他称之为的"座架"（enframing），使我们在一个需要强化和控制的系统中把一切都体验为资源。这种座架可能会阻碍我们看到和联系具体的他者，而且也可能成为护士在日常护理工作中尽力关怀所面临的相关威胁。早期和晚年的海德格尔都认为接受性（receptivity）、反应性（responsiveness）以及调和可以抵消座架的危险，出色的关怀关系已经充分证明了这一观点。

刚才描述的海德格尔方案的各个方面不能作为我的研究的"理论"框架。我怀疑，如果我不是一名护士并且对日常护理有着实践、经验的理解，如果我将调和与本真关怀的体验转换为科学和技术语言的努力并未遭受挫折，我便不会接触到这些思想方案［或者用海德格尔的话来说，这些方案会为我创造出一片林中空地（clearing）］。此外，休伯特·德雷福斯[5]通过海德格尔的洞察和他与弟弟斯图亚特·德雷福斯[6]在技能获取方面的合作而提出的检验人工智能的实践方案，为将海德格尔的思想应用于日常社会实践以及熟练的道德行为提供了具体模型。然而，再多的理论或模型也不会创造出存在于护士的故事和在她们的日常实践中明显看到的画面和可能性。我对其所作的解释并未超越护士的故事和真正的实践。此外，如果他人不理解我与我的同事搜集到的护士的叙述和描述，那么我的研究也就不可能有积极的反响。

海德格尔、德雷福斯兄弟、查尔斯·泰勒[7]以及简·鲁宾[8]（Jane Rubin）的思想，对护理研究的四个相互关联的领域产生了很大影响：①护理实践以及实践的伦理学研究[9]；②技能获得研究以及人类专门知识（expertise）的本质[10]；③健康与疾病状态下的压力与应对研究[11]；以及④有关人类实践与关怀之解释现象学的发展。[12]本章将借鉴海德格尔的本体论，将护理实践作为一种认识方式来进行研究。

我所说的"知道"，并非指离身认知（disembodied cognition）。相反，根据海德格尔的解释现象学，我主要依据"知道如何"在特定的情境下行动来定义认识，按照或由人的社会关系进行定义。抽象的科学和社会理论以及应用技术中包含的知识类型显然有助于了解护理实践，但这种知识不能作为护理实践的唯一或根本依据。根据海德格尔的观点，人并不是不谙世事的智者，而是总在关怀他们在日常生活中照面的事物，牵挂着通常与他们进行互动的其他人。"关怀"构成了人的存在方式。人们采用的技术和理论知识以及实践技巧（know-how），都是

295

因为人的生存关怀自身、他人和事物。体现我们知道如何做事这一能力的日常实践发生在海德格尔称为的"世界"之中，人们把这一套复杂而连贯的社会关系、可能性和活动途径视为理所当然。世界的"世界性"（Worldhood）是指所有这些复杂、相互关联之活动的终极意义或含义。实行这些活动的目的是为人的生存本身。人类为自己创造的实践世界以及使用技术设备所需的技能被解蔽的原因在于人类关怀自身、他人和事物。海德格尔对世界、意义和关怀的说明，使我能够解释和理解护理实践的叙事性说明，而且是以保持重要的世俗活动的内在背景和关系完整的方式。

296

发展护理"知识"的传统理论策略包括建立清晰的、无语境的、形式的实践和理论原则，护士应该予以"学习"。事实上，任何低于这种非语境化、形式化理论和实践的东西，都被视为无知而非知识。进入学术界后，护士教育者迫切需要为护士的护理知识和实践提供科学、技术的语言，以便根据自然科学和关于人类的成长、发展和社会生活的形式理论来建构护理课程，从而使护理知识合理化。尽管加强护理的科学和技术性知识清除了许多错误信念、不合理之实践以及迷信观念，但这一"知识生产"缺乏理解，甚至掩盖了许多嵌入特定的患者、家庭和社区的看护关系之中的知识。

在缺乏理解护理实践的意向与内容的同时，这一知识生产也面临将任何社会实践形式化（去语境化和清晰化）的局限。[13] 护理教育者产生了不计其数的态度、任务、诊断和干预的清单，所有这些都会产生新的清单。更令人担忧的是，一旦人们将护理实践定义为态度、诊断以及干预的孤立单元而缺少那些行为（为了……，为……起见，出于那个意图，出于那个目标）的意义，在特定的临床情况下，他们无法回复到日常的综合性临床知识，后者总是需要全神贯注的推理。因此，用现有之经济、科学的语言表达护理知识，会和护士实际的护理实践所蕴含的知识与道德观念相矛盾和不一致。[14]

意义、关系、背景和时机的重要性被排除在过程、结构、程序以及诊断之无语境的列表之外，这些过程、结构、程序和诊断曾用于构建医疗机构的理论护理

297

课程并解释其护理行为。护理已经陷入海德格尔称之为的"座架"或知识的技术排序方式，这一模式使护士疏远了自身的理解与实践。海德格尔在评论中一针见血地指出：

> 如果人已经为此受促逼、被订置，那么人不也就比自然更原始地归属于持存么？有关人力资源、某家医院的病人资源的流行说法，表示的就是这个意思。[①][15]

---

① 译文引自：（德）马丁·海德格尔. 演讲与论文集[M]. 孙周兴译. 北京：商务印书馆，2018：19.

这一关于组织和调运物资的表述描述了如今商品化的医疗保健系统的情形，该系统侧重于技术程序与经济利益。护理是一种复杂、无形和被贬低的关怀实践。护理和普通医学一样，都受到从技术方面看待健康和完整性这一趋势的威胁。也就是说，它将身体视为机器；将个体视作分析单元；将医疗保健系统描绘成售于经济免费主体——医疗消费者的某种技术治疗的商品。

例如，器官移植技术造成了这样的道德困境：将临终之人视为可供买卖的可行的组织移植，而忽略了当前使得器官移植成行的愿景，即在死亡的阴影里勇敢地给予机会从而使生命免于悲剧。仅由经济利益驱动的器官移植"业务"使得医学界冷漠地将人类视为储备资源的座架。[16]

从技术角度理解卫生保健，很容易将患者视为供求经济系统的走卒，行为与精力则成为需要管理和控制的资源。医院在过去的 20 年里才开始公然将技术治疗视为商品，将疾病视为"生产线"。[17]

商业医疗合同中人的客观化反映出人在科学上的客观化。医学采用了由近代物理学发展的知识模式。海德格尔声称：

> 精密自然科学的表象方式把自然当作一个可计算的力之关联体来加以追逐……，物理学……把自然当作一个先行可计算的力之关联体来加以呈现，所以实验才得到订置，也就是为着探问如此这般被摆置的自然是否和如何显露出来这样一个问题而受到订置。[①18]

298

海德格尔认为，方法和语言决定了可被解蔽之物，并认为思维与技能、行动的结合为探索和阐明护理实践内嵌的知识提供了另外一种途径。我在研究护士的日常实践的过程中试图恢复患者的非管理、非座架的存在方式，以解蔽医疗计划与决策的信息学方法所遗失的东西。

采用有关认识的笛卡儿医学模型从一开始就以某种持续的，甚至令人不适的方式诱惑着护理。海德格尔对笛卡儿主义与技术座架的批判，以及他对思维的远见卓识，为技术知识提供了一个强有力的选择，它更接近于护士在他们的实践中知道和如何知道选择与他人相处和关心他人。海德格尔的著作使我们重新思考作为介入行动的思维：

> 思想之变成动作，并非只是由于有一种作用从思想中发出或者思想被应用了。由于思想运思着，思想才行动。也许这种行动是最质朴的同时又是最高的行动，因为它关乎存在与人的关联。[②19]

① 译文引自：（德）马丁·海德格尔. 演讲与论文集[M]. 孙周兴译. 北京：商务印书馆，2018：23.
② 译文引自：（德）马丁·海德格尔. 路标[M]. 孙周兴译. 北京：商务印书馆，2001：369-370.

　　对思想"只要思考就会行动"的理解，产生了诸如护理这样的实践，这一实践形式具有悠久的行为和思想传统，有一个基于经验智慧和日常情境行为的立足点。虽然我提出了护理的临床实践这一案例，但我相信其他的临床实践也有相似的案例。海德格尔关于思维与语言的理解促使思想家产生了一种与行动和关怀相适应的语言。临床护士被要求思考着，也就是说，在知情的情况下行动。护士必须将特定患者/家属视为他者（other），而不是简单的预测，而且她们必须认识到准确的情况，而不是笼统地进行概括。[20] 她们必须发展情境自身开显的历史性理解。

299　　为了更好地理解和说明护士的护理实践，我以小组访谈的方式对护士进行了采访，让她们讲述在自己的记忆中比较突出的临床表现，这些情况教会了她们一些新的东西，也可能是她们在护理时遇到的最好或最糟糕的例子。小组访谈建立了一个交流的语境，在这个语境中，通过对话、比较和提问可以从讲述者与听众那里阐明故事的意义。此外，参与者被要求彼此进行交流，以最自然的方式讲述源于她们的实践的故事。这样做是为了促进护理实践中自然的日常语言，并避免参与者对研究人员高谈低论。研究人员将这些对实践的叙事性说明进行录音和转写，以便在之后的访谈中澄清任何困惑，并用海德格尔描述的解释现象学对文本进行研究。[21] 除了小组访谈之外，我们还对工作中的护士进行观察和录音采访。为了增强叙述说明，我们认为观察是必要的，从而理解具有熟练行为和反应的护士的内在思维。海德格尔再次描述了类似的现象：

　　　　不过，手的作业比我们通常所以为的要丰富得多。手不光是握和抓，不光是压和推。手伸展和触及，接受和欢迎，而且不光是对物：手也伸出去，也在他人的手中受到欢迎。手能把握。手能携带。手能画画和标记，也许是因为人就是一个标志……在手的每一个作业中，任何手的运动都是由思想的要素来承担的，都是在思想的要素中表现出来的。[①][22]

　　我们需要通过对实际熟练行为的观察来掌握熟练护理人员基于反应的知识。例如，止痛药与血管活性药物的滴定不仅基于生理参数，而且要基于对特定患者反应的了解。[23]

　　选择向同事讲述实践操作的叙事性解释是为了理解护士的自然语言和专业术语，而且这些专业术语通常会对参与的护士的认可与资格产生深刻的反响。同样，海德格尔也描述了这一方法。

---

① 译文引自：（德）马丁·海德格尔. 什么叫思想[M]. 孙周兴译. 北京：商务印书馆，2017：23-24.

在言谈中，言说者有他们的出场地。到哪里呢？到他们言说的地方，到他们 300
逗留的地方，到对他们来说重要的任何给定情境中。这就是说，他们的人类同胞
和事物，每个都有自己的出场方式；每个事物使一个事物成为事物，每个事物为
我们与我们伙伴的关系奠定基调。所有这一切，时时处处，有时以这种方式，有时
以另一种方式有所指。正如所指的那样，这些都详细谈论和彻底讨论过了。那就是
以这种方式说出——言说者言说，对另一个人，也对他们自己。[24]

虽然"讲故事"访谈的目的在于研究，但对参与者来说，这却是重新参与护
理实践的一个意想不到的点。她们经常声称这些故事将她们与对她们很重要的东
西重新联系在了一起，恢复了她们在实践中经受之事的意义。一般而言，护士对
这一初步研究做出评论和陈述，认为其他护士的故事或范例已经准确表达了她们
可以在实践中认识但学术界无法言说或读到的东西。[25]

当我在研究已经退化为单纯技术与消费合同的护理实践时，我发现了一种控
制、应对机制、缺陷、问题、诊断的语言，而且这种语言掩盖了重大问题和人类
关怀。然而，最好的护理实践注入了将看护理解为养育、促进成长、痊愈、健康，
以及保护弱势群体的行动。在护士向自己与他人展示最佳状态的时候，她们会站
在具体的患者和家属身边，回应他们关切的事情。

泰瑞·霍尔登（Terri Holden）是冠状动脉监护室的一名护士，她以叙事的方
式解释了在这种高度技术化的环境中挽救生命的护理实践。她的叙述阐明了护士
的思维方式，以及她们在以本真的看护方式与他人相处。下面例子中的治疗过程
比较有戏剧性，但治愈的可能性取决于护士和医生熟练的护理实践：

琼是一位 52 岁的妇女，由于在 8 岁时感染了风湿热而在 36 岁时患上了充血
性心力衰竭而住进冠心病监护室。多年来她一直拒绝接受随访护理，因为她觉得 301
这给她的家庭带来了经济负担。她一直不遵从药物治疗，她仅在入院三周之前才
戒烟……

我们将她与心脏监护仪（可以显示心房颤动）相连接，开始静脉注射并准备
插入肺动脉导管，然后进行评估。琼的眼睛在医护人员和重症监护病房的设备上
摇摆不定。她惊恐的表情告诉我，她需要极大的情感支撑和忍耐力，也需要不断
地适应……六个星期之后，琼的状态才得以稳定，接受了心导管检查，结果表明
她的冠状动脉一切正常，这是对琼有益的一件事！！

我认为值得注意的是，琼在不知所措、怒气冲冲的一个月里受到了悉心的照
料，但这一叙述没有说明成本/收益语言。她需要持续、熟练、细心的照料。她的
母亲与此息息相关。值得注意的是，两个月中，通过仔细地滴定药物并防止她的

器械侵入管线（invasive lines）引发严重的脓毒症，护士可以将琼的血压和心率保持在安全范围。尽管她已卧床休息，但护士的熟练护理仍然能够使她的皮肤完好无损。

不幸的是，琼在入院的第三周出现了呼吸窘迫的症状，需要进行选择性插管。她戴上了呼吸器。这进一步阻碍了我们与她进行沟通。

现在，琼无法说话，我们必须继续约束她，不让她拔掉连接呼吸器的气管导管。

对于找到对琼和我们都有效的解决办法而言，这是一个创造性的尝试，而且需要极大的耐心……我们可以让她写出简单的语句，尽管有时琼的身体状况使这一行为过于吃力，她的器械侵入管线使她的行动太不方便。

我们需要找到与琼沟通的其他方式，不能完全依赖书面交流。

一把东方的扇子解了燃眉之急，成为除我们书面交流之外的一种选择！琼的丈夫从家里给她拿来了这把扇子。琼总是感觉有点热，一天的大部分时间都在扇扇子。她经常用扇子打手势，仿佛是一支管弦乐队的指挥。这把扇子成了琼的手语，用来表达自己的一些基本需要。医护人员和琼制定了以下信号：例如，用扇子扇她的左脸表示需要用毛毯盖住她的脚（由于灌注压不良，脚总是冰凉的）；扇右脸表示把毛毯拿掉；当然，指着她的喉咙表示她需要吸痰。如果扇子折起来放在她身边而且琼闭上了眼睛……表示"我需要休息！"如果她用扇子指着我们中的某一人，这表示琼的简单"谢意"。这种手语纳入了我们的看护方案。事实证明，它在满足琼的一些基本需求方面非常有效……

所有的医护人员都亲自照顾琼的情感和生理需求……我们的目标是让她进行手术。琼在病房度过的两个月使我们对她有了深入的了解，因此，我们凭直觉就知道她的病情何时会发生变化，以及是否需要给住院医生打电话。琼的焦虑周期性发作时她会屏住呼吸，结果导致她的心率降低到 40 和 30。当她睁大眼睛并充满恐惧，而且鼓起面颊时，我们通常能预感到她的焦虑开始发作了。我们会用放松呼吸的技巧平静地与她交谈，但并不总是有效。有几次需要用药物（阿托品）使她的心率恢复到正常范围。

在与她母亲的谈话中，我们发现了一段愉快的记忆，并认为这可能有助于琼克服焦虑。这值得尝试，因为她的情绪反应会降低她的心率。当琼还是个孩子的时候，她就喜欢去田纳西州的农场看望她的奶奶。她怀念在奶奶的陪伴下在门廊的秋千上听着雨声，看着雷雨交加的天气。我们向职业疗法寻求帮助。他们具有一系列与自然环境有关的磁带，其中包括一些巨大的雷暴和雨声。我无法形容琼戴上耳机时脸上的表情！！我们不再有不能用电击解决的心动过缓发作了！！……

在琼准备手术的前一周，我们趁机带她到外面的世界，离开每天面对的那堵墙。我们的另一目的是让她做好离开病房的准备。我们请住院医生（或者更确切地说，是指导他）写一份护嘱。医院的侧厅刚刚开放，通往侧厅的路上会穿过一座天桥，可以看到芝加哥壮丽的天际线。我们汇集了所有的办法——利用呼吸疗法进行通风，住院医生推病床，我们的医护人员是导游。起初，琼对离开病房犹豫不决，但在医护人员的指导和大力支持下，她愿意改为离开病房，证明这一次治疗非常好……3月1日她被送进手术室，在那里接受了三瓣膜置换术。术后过程相对而言并不复杂，3月23日她就出院了。

她照料着自己的家，在教堂唱诗班唱赞美诗，一周玩好几次宾戈游戏。她完 303 全有自己的方向并具有超凡的个性。她睡觉时只枕一个枕头并且按时吃药。琼多次回到病房告诉我们，她是多么地享受生活！[26]

在这种关怀叙事中，谈话是局部的、具体的，充满了细节。人类和医疗、患病和疾病之间的界限很容易被超越，而技术的使用是以对琼作为特定成员和参与者的关注为指导的，她既有具体的经历和历史，也有他人的经历和历史。海德格尔更为抽象地描述了相同的现象，这一详细叙述使之更有生机：

每天与他人的共处，将自身维持在积极关怀的两个极端之间——一种跃进和支配的关怀和另一种跃出并解放的关怀。它使无数混合形式走向成熟……热切的关怀是根据我们所关心的事物，以及我们对它的理解来理解的。因此，在热切的关怀中，他者被近距离地暴露出来。[27]

琼的世界缩至床中央一个狭窄的安全区域。以欢乐的姿态带琼去室外看芝加哥的灯光，就是海德格尔称之为的"跃然解放"关怀。起初，琼拒绝了这一表示，但这次成功的短途旅行证明她可以离开病房并可安全返回，这是一次往返手术的现实演练。与琼在一起决定了看护的道德、技艺和技巧。尽管琼的身体非常虚弱，然而及时发现琼的焦虑发作，创造性地利用记录雷雨的录音带中断这些现象以及利用扇子进行交流，这些都是让琼融入人类世界并成为其中一员的关怀形式。护士们的看护向前跨越是为了释放而非控制她的心境。这是人类关怀的非凡成就，使具体的他人能够感受到关怀，即使他们无法维护自己的权利或为自己的需求而"斗争"。即便琼处于好斗和迷茫的状态，护士们仍然视之为人。每一位护士都学会了"扇子交流系统"，这是关怀与看护的有效符号信息。

有关琼的叙述也十分引人注目，因为琼在成本效益分析、对"生活质量"的 304 理性计算和分配公正的名义之下很容易被摒弃。分配公正是个人层面与社会层面的问题。琼的健康状况恶化到了危及生命的极限，这既是因为资金不足（使她无法获得早期治疗），也是因为她无力戒烟。当前排他性保险权利的说教风气让琼面临着"无权"接受治疗的危险，因为她没有为自己的健康承担足够的"个人义务"。[28] 然而，该叙述没有涉及自主主体之间权利的公平与合同协议。这是一个释放关心与慷慨的叙述，在那里护士的看护试图弥补过往的不公。

更换三个心脏瓣膜是巨大的成就，是不可以被忽视的技术胜利，但它必定不会贬低使手术得以可能的充满同情心的护理这一情节。护理人员成为琼的团队，而且这一团队治愈了她。座架解蔽并未获得成功。我们必须澄清和展现看护的这些重大成就，从而引导我们理解高科技疗法的可能性与局限性。这一范例要求我们思考仅仅提供高科技药物而缺乏预防性低技术护理所产生的悲剧。它还要求我们质疑作为具有自我的人所固有的道德主义问题，这样的人可以有预见地控制自己的健康状况，而不考虑促进健康的社会环境与社会结构。[29]

重症监护护士在争论何为本真的护理，什么是合理的干预以及忽视治疗，抑或什么治疗是不切实际、徒劳无益的。为了接受高技术的医疗卫生在质量上的本质差别，我们需要从所有相关人的角度来研究我们最佳的特定帮助关系。[30] 医疗卫生伦理必须以"与他人共在"为基础，从而领会、理解以及成为他人。[31] 对医疗保健伦理与实践的研究，必须超越当前基于原则来探讨出现故障与疑惑情况的窘境伦理。他们必须考虑到日常生活中熟练的道德行为。[32] 显然，高技术的医疗卫生有时会因为不切实际的大胆行为迷失自我，但是，确定技术干预的包容与排除的普遍规则，决不能取代对特定患者的关切、尊重、道德以及临床的实践推理。危险在于，我们需要大量的人口统计数据以及规则，这就妨碍我们在具体情况下运用已经有人使用的、实际的、道德的以及临床的推理。我们领悟到，通过抽象和脱离（disengagement）寻求公平可能会使我们做出轻率的举动，或者特别是在与他人的关系上不再仁慈与公平。

临床判断与道德判断不可分割，必须以了解和理解具体情境中的关怀和可能性为指导。澄清与解决问题的一种方式在于研究使我们更了解我们最佳看护关系的实际情况。[33] 理论或经济学公式无法取代患者、家庭以及群体的第一手材料。医疗卫生领域内座架的全面逼迫使我们有可能看到受计算方式危及的实践活动。海德格尔说道：

> 因此，在座架盛行之处，便存在最高意义的危险。（引自荷尔德林的诗句）
> 但哪里有危险，
> 哪里也蕴藏拯救力。[34]

当前医疗卫生实行的解释，让琼的叙述中显而易见的看护实践隐形遁迹和边缘化了，这一系统中人们只看到高科技程序，只有这些程序才能使人们获利。事实上，人们认为看护是保险公司的"成本中心"，手术与治疗是"收入来源"。

这种"会计学"态度要求在减少护理的同时增加收费的手术，即使看护更为人道，而且从长远来看可能会削减保险公司与患者的成本（例如，耐心、细心地治疗脚部溃疡可以不用进行侵入性手术）。在利用最先进的技术进行治疗的过程中，需要注意我们共有的人的境况——我们的具身性、有限性、对看护的需求，以及我们许多技术干预的不可持续性。健康和痊愈需要一个人完全恢复其具身能力，或者我们对技术的依赖能够为人所接受。 306

对琼的具身精神和人格的细致关注所体现的认可实践做法，将技术治疗从痛苦折磨的领域中拯救出来，并呼吁我们更早地提供护理，从而使英雄般的技术疗法不再经常被用作护理的替代品。这些护士提供了一种海德格尔所说的对技术的自由关系，如果能够恢复这种边缘化的救治方式，就能改变技术治疗所带来的危机。重新将人理解为参与者，将医疗卫生人员的道德行为理解为某一共在过程和泰然处之（letting-be）状态，这样可以改变危险的原子论观点，也就是将自我视为负责控制对象-身体（object-body）的心智。[35]这一人的可能性可以使我们免于对立、不信任的权利争论，这些争论的基础在于我们担心医疗卫生只是某一经济问题，而我们自身却是以利润为导向的商业化医疗卫生系统的原料。

当我注意到护理实践时，原子论与契约社会的观念已经达到了新的顶点。如果将医疗卫生看作完全自主的自由主体之间的商业契约，那么健康首先便是个人的责任。医疗卫生以治疗和技术修复为导向，疾病预防以个人控制身体、情感与健康为目标。许多用于控制我们情绪的流行心理学和药物方法，被解读为另一种需要管理的资源，甚至把我们的情感也理解为需要管理的资源。海德格尔认为，情感使我们的存在向自身敞开，如果他的观点是正确的，那么这一方法便剥夺了我们向事物与相关人开显自身的人的能力。

对于以技术控制健康这一范式而言，护理显得比较尴尬。如果我们能够放弃摆脱医疗关怀的不切实际的技术愿景，我们就可以通过日常的护理实践，注重建设与健康相关的社区与环境来改善我们的健康状况。[36]启蒙运动承诺我们最终应该能够解决护理的负担，因为科学的进步应该使我们能够摆脱具身性（embodiment） 307 与会产生混乱的情绪性（emotionality）的弱点，人们正是因为这些弱点才需要看护，这一承诺是一种昂贵而令人失望的幻觉。在我们寻求控制的过程中，我们掩盖了这样一个事实，那就是，我们不是一出生便是自主的、受过教育的，我们也不会在无需关爱、供养和支持的情况下走进坟墓。我们否认海德格尔所谓的我们处于被抛状态。追求一个必定免受社会污染之"不良"影响的孤立自我既很神秘，在根本上又很反常。[37]

有关熟练护理实践的研究，在行业、社会工程和专业知识方面对注重增强和表现优势与能力的熟练护理及其竞争者做了比较，这些方面以局外人的立场对个人与社会予以客观评估,该研究还根据对缺点和不足的判断提出问题的解决办法。这两种帮助方式不一定完全对立。每个都可以为另一个服务,因为人们对所缺失东西的理解推动着变化与发展。然而,不理智的方法——发现缺陷和衡量某人在多大程度上达不到规范——能够建立权力关系,使得临床医生对情境中实际的可能性失去判断力。有关护理的临床与道德的出色研究,对获得任何复杂的人类熟练行为中的专门知识都具有相关性和意义,这一熟练行为需要与某一具体情境或个人、具身智能、模式识别、常识理解、熟练的技巧、嵌入社会的实践知识的进步、凸显感以及对情境的历史性理解相联系。海德格尔提出了自己的例子:

> 一个细木工学徒……学习制作衣柜之类家具的人,在学习时不光是要练习使用工具的技能。他也不光是要熟悉他要制作的常用样式。假如他要成为一个真正的细木工,他首先得让自己去应合各种不同的木头以及在其中蛰伏的形象,去应合木头如何以其本质的隐蔽丰富性突现于人类的居住中。这种与木头的关联甚至支撑着整个手艺。没有这种与木头的关联,这门手艺就会停留在空洞的瞎忙碌中。其中的活计就只能由生意利益来决定了。每一门手艺,所有人类的行动,始终都处于这样一种危险当中。①38

308　　在上面这段文字中,海德格尔指出了调和(attunement)和基于反应的行为所包含的思维与技能,普遍存在于人的专门知识之中,并且在实践中形成了卓越(excellence)这一概念。39 因此,专业临床医师并不只是关注明确的、预先设定的问题。专家可以确定或发现问题,因为从以往的临床表现可以获取深刻的视角背景。海德格尔告诉我们:

> 从古时直到柏拉图时代,*技术*一词就与*认识*一词交织在一起。这两个词乃是表示最广义的认识的名称。它们指的是对某物的熟知,对某物的理解与精通。认识给出启发。具有启发作用的认识乃是一种解蔽。40

因此,专业的临床医师不只是在利用知识;他们也在发展临床知识。这种观点认为实践不只是实施了内化的理论;还是某种动态的对话,人们在这种对话中提炼、驳斥、改变、增强理解,而且至少充满了理论无法详细描述的细微差别与质的区别。

护理实践是一种内嵌于社会的认识和解蔽方式。我发现,海德格尔的现象学有助于重新讨论理论与实践的关系问题,并且发现无理解的解释是空洞的。理解需要专业的实践者,他们必须不断学习解释是如何起作用的,何时使用它,它何

---

① 译文引自:(德)马丁·海德格尔. 什么叫思想[M]. 孙周兴译. 北京:商务印书馆,2017:22.

时不相关，以及它何时在不经意间可能会歪曲相互竞争的商品。理论*总是*在解放人而实践*总是*在束缚人，如果我们怀疑这一假设，就能更好地认识到理论与实践的限制。[41] 在原子个体之间的"理论"人际关系时代，创新的护理实践可以帮助我们克服我们对参与和关怀的恐惧。正如琼的例子所表明的，我们的最佳护理实践可以帮助我们将痊愈、减轻痛苦和康复融入到商品化的技术疗法中。在关于实际看护关系的描述中，我们可以重新发现社区的可能性、关注和人类关怀的习惯，以便我们想象的联系不会局限于利用技术增强可预见性和社会控制。

海德格尔对技术性自我理解的解释，澄清了我们对整体主义的追求为什么不断偏向控制范式的极权主义。[42] 当我们将生活中愈来愈多的领域医学化，以此加强控制作为资源的身体时，极权主义便取代了整体主义。[43] 当爱和休闲成为另一种治疗方式，我们的减压策略在不知不觉间就会要求我们把加强对个人的控制转变为避免与他人共在，我们可能会断定：与我们治疗疾病相类似，我们的整个生命都在以相同的技术方式筹划我们的健康。正是在这一点上，海德格尔对我们当前技术性自我理解的洞见非常有帮助。我们被召唤是去关怀还是去控制？医疗卫生是一种有用之物，还是本身就是善？是一种基本权利还是承诺的实践？拒绝技术是不可能，也是不可取的，但是，我们可以利用最佳的看护关系引导我们的技术，帮助我们抵制技术性的自我理解。

问题在于，我们是否可以从社会的角度理解构成并内嵌于社会的实践知识，即与维护人类世界相关的知识的关怀网络，并开始重视这种熟练、勇敢的行为。护理、母爱、父爱、教育、儿童护理、老年人护理、社会福利，以及保护地球等，所有关怀实践都可能是具有拯救性质的做法，即便这些做法被社会所威胁和忽视，这样的社会创造了一个神话，那就是，始终加强管理和控制生活的各个方面。解释和客观、理论的认识方式无法取代与特定、具体的他者共在所产生的情境行为与可能性。[44] 如果没有抚养孩子、教育老少、照顾患者以及保护地球所需要的可信赖、熟练的关怀，我们在技术上的突破便毫无意义。我们确实没有必要为这些突破设置安全保障，因为每一次突破都会产生潜在的后果，因而需要新的关怀网络。

第四部分

对相关问题的回应

第十六章　德雷福斯的回应

休伯特·德雷福斯

　　在本卷，有一半的撰稿人所处理的问题直接源于我的研究。在大多数情况下，他们对我的一个或另一个中心论点持批评态度。因此，我试图尽可能充分地回答这些批评，但这样做就会耗尽本书分予我的篇幅。其他每一位撰稿人提出的看法都令我为之着迷，非常值得讨论。我对这些论文以及批评我的论文表示深深的谢意，但我不得不把它们开启的对话推迟到下次。眼下我要感谢所有我的朋友和以前的学生，他们的工作使我对当前大家关心的问题的广度与相关性感到振奋。

第一节　对乔·劳斯的回应

　　类似于乔·劳斯的论文使存在成为值得纪念文集讨论的主题。劳斯（本书中单独出现的"劳斯"专指乔·劳斯——译者注）最为清晰地解释了我对应对技能的理解；但他却忽略了我对于各种应对实践之间如何相互联系的理解。因此，一开始，他便认为我可以而且应该坚持我的有关熟练活动的现象学，同时放弃区分各种技能以及它们之间的相互依赖。因此，劳斯质疑我为区分技能的层次所作的辩护，这些区分标志着我的海德格尔/梅洛-庞蒂式观点与他的观点不同，他认为所有技能活动都只不过是语言渗透的应对。我赞同劳斯的主张，即我们一旦拥有语言，所有应对都会被语言所渗透，但我并不认为这样会削弱对技能的区分，海德格尔与梅洛-庞蒂认为，如果我们要理解人类在世之在的本质结构，那就必须做出这一区分。

　　劳斯为包罗万象的实用主义整体论做了辩护，后者否认了我做出的全部区分。具体而言，他意图否认我发现的两个基本区别：①透明应对 [1] 与明确表达之间的区分；②明确表达和理论之间的区分。一方面，他意图否认我关于应对技巧的区分，另一方面否认有关好/坏、对/错的规范。他甚至意图消除我对这两种规范的区分。我所关心的每一种区分都消失在了全部被语言渗透的应对的"浓汤"之中。作为回应，我会使用我开始认为是我的哲学方法（我不知道自己还有这样的方法）：

注意海德格尔与梅洛-庞蒂在有关讨论现象方面的区别中的线索，然后检验这些现象并进一步阐明海德格尔与梅洛-庞蒂所做的区别。

劳斯十分清楚，海德格尔区分了三种存在状况，即可用性（availableness）、不可用性（unavailableness）以及现成在手状态（occurrentness），并将每一种状况与此在应对事物的相应方式联系起来：*环视*（circumspection，*umsicht*）、*解释*（explication，*auslegung*）[2]以及*认知*（knowing，*Erkennen*）。然后，他增加了应对偶发、理论性发现的另一方式。梅洛-庞蒂鉴于自己在知觉和我们及动物共同具有的具身技能方面的兴趣，在此在应对事物的这些方式下发现了新的层次。为了回应劳斯提出的根本问题，我们需要明确这五种活动。

在最简单的层次，我们发现自己与动物可以熟练做到的事情，比如行走、爬树、绕过障碍物、躲藏、进食、为了看清物体而与之保持适当距离，等等。这些都是我所谓透明应对的情况。梅洛-庞蒂指出，在这些活动中，我们被情境所吸引，就像被格式塔张力所吸引一样，以这样一种方式做出反应，以减少这种张力，达到一种平衡感。也许，说我们是受背景而非情境所吸引是比较好的，因为严格来说，只有人类能够设想自己所处的情境之外的其他情境，才有能力置身于某种情境之中。

海德格尔对于环视的描述与梅洛-庞蒂关于熟练应对的解释的类似之处在于，其中此在只是做了情境所要求之事，没有反思、思虑（deliberation），抑或是具有命题内容的心理状态。劳斯极为精彩地描述了这种应对方式，正如他所言，这种应对方式直接回应了可供性的存在。海德格尔与梅洛-庞蒂唯一不同的地方在于，他强调对于此在（Dasein）而言，这种应对产生于一个角色和设备的世界中，在这个世界中，事物都有意义，并且从一开始就经历着与他者共享的体验。海德格尔不想利用有关婴儿的实验来支持他的观点，即此在总是在一个共享的、有意义的世界中，但我想他得知丹尼尔·斯特恩（Daniel Stern）等[3]的研究之后会很高兴，他们认为婴儿自出生起便会有选择性地回应他们的母亲、语言、面孔，等等，并以最微弱的方式有选择性地回应共享的社会世界。有证据表明，婴儿自出生起就学会了他们的文化风格——教养、好斗、专制，等等，所以他们总是分享他们的文化对成为什么样的人的意义的理解。[4]

注意到梅洛-庞蒂描述的现象学与海德格尔所描述的现象学之间的联系，这使我纠正了劳斯帮我指出的错误之处。对于此在而言，我绝不应该认为动物本能的应对方式比社会性的应对方式更为基础，我当然也不应该将"身体应对与社会规范性之间的对比等同于实践应对与*明确*表达命题内容之间更为基本的对比"。[5]日本婴儿的例子表明，基本的社会规范在透明应对层次已然有效。[6]如今我认为，梅洛-庞蒂之受格式塔影响的应对与文化风格（或语言）的海德格尔式社会化之间哪一个更为基本，这个问题本身就是错误的。显然，人类婴儿如果无力对情境的格式塔吸引做出反应，那他们就不可能获得动物本能或文化方面的应对技能，而且如果婴儿获得的应对技能并不总是受其文化的影响，这样的婴儿显然不是此在。因此，梅洛-庞蒂意义上动物层次的熟练应对总是存在于此在已然被社会化的活动之中，反之亦然。 316

如果存在某些干扰，而且打断了透明应对的进程，那么我们通常会置身其中，但会密切注意情境中发生的事情。这是明晰化（explicitation）的层次。在这里谈论信念、欲望、目标以及通常的命题内容是有意义的。这是胡塞尔、塞尔、唐纳德·戴维森和布兰顿以不同方式探讨的意向性层次。海德格尔与梅洛-庞蒂都承认他们所谓的表征性思维十分重要，但他们都会说，所有从这个命题层次开始分析的思想家都开始得太晚了。劳斯则更进一步，甚至否认透明应对和以内容为媒介的审慎行动（content-mediated deliberate action）之间的区分。

我们也可以变得超脱些，不考虑任何具体的实际情境，只盯着事物看。然后，它们作为偶发的实体（occurrent substances）与我们照面，我们可以逐渐了解其性质。最后，我们可以在不考虑人类世界的情况下探讨事物，提出并检验与之相关的理论。这便是科学发现层次。劳斯认为，一旦我们认识到透明应对与它打交道的世界一样完全都是"冗长"的，那么这些区分也就失去了意义。

所有这些区分都很重要而且不能被消除，在为之辩护之前，我意图确定我们已经考虑到了有关的现象。海德格尔利用敲击活动区分了此在在以上四个层次的应对。人们能够以环视的方式透明地使用锤子。然后，海德格尔说道，锤子便从视野中退场（withdraws）了。人们发现这把锤子对于正在做的事情而言太重，难以上手。与太重的锤子照面是一种解释。或者人们可以知道他所使用的锤子这一物体具有重这一属性。请注意，我们所谓锤子的*情境性方面*（锤子对我而言太重了，没法做这件事）和*去情境属性*（*desituated property*）（锤子在任何情境中都具有重的性质）之间存在明显的区别。海德格尔从未将未上手（the unavailable）层次和情境性方面与去情境属性之间的相关区分予以充分主题化，但它在《存在与时间》中扮演着重要角色。[7]

最终，海德格尔超越了亚里士多德，他提出了一种称为理论发现（theoretical 317 discovery）的处理事物的新方法。当人们将情境与共享的有意义世界括起来时就会产生理论发现。如果人们将锤子"去世界化"（de-worlds），并将其重新整合为某种理论，那他们就会发现锤子-物（hammer-thing），它不只是一个具有沉重属性的现成存在的实体，而且还是一个具有一定质量的实体。

记住这些区分，我们便可以转而关注劳斯有关消除这些区分的尝试。

反对理由 1，透明应对和刻意或明晰应对之间，在哲学上没有令人关注的区

别，因为它们都属于实践语言技能的情况。正如劳斯所言，"为什么不将语词的明确表达……视为意向性模式之实践应对的典范，而是要与之进行比较呢？"[8] 我的回答是，这里要消除两个重要的区分。首先，有时在局部情境中，语词确实会被当作用具（equipment）来使用，语言以非命题的形式透明地发挥作用。我在《评论》中举了一位医生的例子，她正全身心地进行一台手术，对护士说"手术刀"，然后很快发现她的手中出现了一把手术刀。然而，人们在受到干扰时往往是以命题的形式使用语言，例如当木匠说锤子太重时，他会要求同事递给他一把轻一些的锤子。

这产生了第二个区分。一旦情境的要素得以明晰，某种语言应对——例如索要重量较轻的锤子——便会利用词汇编集（lexicality）和情境的各个具体方面。但是语言的使用还有同样重要的一面，正如海德格尔所强调的，即在局部情境之外使用语言传递信息。在大部分时间，我们使用语言对和我们本地的境况没有直接关联的对象和事件做出断言。然后，我同意劳斯的观点，我们仍然在利用某种实践技能，但这一技能不同于谈论我们共有的局部*情境*内的事物；去情境化的技能使我们能够言说*世界*上任何地方所发生的任何事情。正如劳斯指出的，在这两种情况下，说话者都栖居于（dwells）他/她的语言之中作为"表达潜力的一个丰富配置领域"（19）。但是，将栖居在语言可能性的领域中描述为栖居于"当前境况"具有误导性（20）。若将我们在语言的栖居方式和在具体实践情境中的栖居方式混为一谈，以共有的局部情境约束断言的方式，和以对海德格尔谓之公共世界的平均可理解性约束断言的方式之间的区分，就能够被消除。然后，人们得出了实用的陈词滥调："使事物清楚明白……证明熟练使用词语和句子是某人应对周围环境的用具。"（20）

记住这一现象始终非常重要。海德格尔欲区分两种方式，即木匠通过把锤子放在一边而"不用浪费口舌"[9]表现锤子明显*过重*这一事实，以及他必须使用语言清晰地表达锤子*重*。然而，语言必定是一种非常特殊的实践应对技能。劳斯很清楚，情境性的应对技能"在缺少意向环境时便会瓦解"（20）。因此，非命题的实践技能只有在特定的情境中才会指涉对象，而命题语言可以指涉其他情境中的，甚至不存在的对象。接下来，劳斯试图将这一基本区分拉平。

*反对理由 2，以语言应对在场（present）事物与不在场（absent）或不存在事物之间在哲学上没有令人关注的区别。*劳斯正确地指出，我接受了海德格尔的主张，后者拒斥弗雷格/胡塞尔诉诸心理内容来解决指称问题。我也理解海德格尔的观点，我认为语言在局部情境之中的词法指涉方式，与它在其他世界内指涉事物和事件的方式存在极为重要的区别。海德格尔认为，语言可能具有这种特殊的去情境能力，因为用具指称全体性（referential totality）使我们能够在*常人（das Man）*

318

共有的平均可理解性的背景下选择器具网络中的节点——意义。一旦我们把语词和这些意义相联系，就可以在没有语言技能的情况下，在任何局部情境外指涉它们（语词——译者注），我们甚至可以在物体不存在时有意指涉它们。

劳斯发现这一解释比较"模糊"，我承认这只是对现象的描述，并非是一种指称理论。我认为，海德格尔相信，任何像弗雷格提出的普遍理论，从理论的本质而言，都必须从我们的背景可理解性的嵌入性（embeddedness）和使指涉成为可能的参照整体中抽象出来。劳斯会同意这一观点，但他还是提出了一个实用主义解释。首先他消除了情境与世界之间的区分，然后概括了（我认为这不甚合理）指涉在局部情境中和世界中的作用方式。他写道，"语言的使用……指向其周围环境，*类似于任何其他形式的实践行为，它的连贯性基于维持对实际环境的实践把握*"（21）。在我看来，快的行动是将"现实环境"从当前的情境性环境［字面上看是一种限界立场（circum-stances）］扩展至宇宙任何地方的事件状态。坚持唐纳德·戴维森的善意原则（principle of charity），即我们所有人都必然共有的普遍世界或背景可理解性可以让人们实践地把握*现实环境*，在我看来，这似乎是以更加晦涩的方式解释了这种模糊性。诚然，"类似于其他的实践应对活动，除非断言在实质上'正确'把握其现实环境，否则它的意义便会瓦解"（22），我不理解这怎么能被认为解释了人们如何能够指涉他们当前局部环境之外的事物，甚至不存在的事物。

此外，"断言……适用于整个背景，其中……每一断言都是有意义的"（22），这一主张似乎是错误的。每个断言既可以*在某一情境中*指涉，也可以指涉*某一情境*，但它并不指涉它*所处的那一种情境*。这并非否认"断言……通过对整个'语境'的实践理解发挥作用"（23），但语境在此处比较模糊；如果所讨论的是对情境或世界的实践理解，那么断言的作用就会有所不同。饶有趣味的是，劳斯认为，思考人们真正能指的在局部情境之外的指称的恰当方式是把它看作使用设备进行远距离操作。这种可能的远距离的指称和知识产生了新的领域——"远程认识论"（telepistemology），它研究由指称不在场事物所产生的问题。用约翰·豪格兰德（John Haugeland）的术语来说，当人们从事遥控机器人的研究时，就会从宽带（broad-band）联系转变为类似海德格尔与梅洛-庞蒂描述的上手应对，转变为笛卡儿提出的狭带（narrow-band）联系，可以说，这种变化产生了一系列特殊的认识论和本体论方面的困难，包括远距离指称的问题。[10]

我肯定忽略了这一点，但在我看来这并不是在表明"断言是一种'特殊'用具"是一种"错误的观念"，（22）劳斯只是忽视了局部情境（现实环境）与世界（我们大众共有的平均可理解性）之间的区分，因而他独断地认为语言在两者中的作用相同。

319

320

反对理由 3，明晰表达与理论解释之间在哲学上没有令人关注的区别。 在这里，劳斯曾试图消除情境与世界之间的区分，现在则意欲消除世界和宇宙之间的区分。一切又再次取决于应对实践的作用。劳斯在细节上令人信服地解释了应对实践在进行科学研究和指涉科学研究的实体中的作用。我想说的是，劳斯所有详细的描述都是正确的且富有启发性，但他利用科学家研究中的现象学和社会学的方式消除了*构成*实践（constitutive practices）与*存取*实践（access practices）之间的区分。如果宇宙具有某种结构并被划分为不同的自然类别，这是我在别处进行辩护的重要主张 [11]，那么人们可以认为理解这些自然类别的实践是偶然的，而不是必要的。然后，它们需要一种严格的指称形式，这种形式实际上是一种与日常应对完全不同的意向性。我在论文中已经详细讨论过这个问题，因此，我不会在这里为这一区分进行辩护。但有一点是肯定的。这不仅仅是一场学术争论。自然科学的地位——它的权威、资金、应当如何教授等等——都基于对这一区分的正确理解。

反对理由 4，透明应对与社会规范在哲学上没有令人关注的区分。 劳斯认为，"技能具有不可还原的'社会性'"（26）。在我看来，这种主张明显是错的。除非有人意图否认高级哺乳动物具有技能，否则，许多动物很明显都具有非社会性技能。[12] 而且，尽管语言具有普遍性，人们仍然具有非社会性技能。例如，他们可以对声音进行定位、躲避捕食者以及爬树。

321

在社交技能领域，劳斯意欲掩盖另一个重要区分。我承认社交技能是一种规范性的透明应对方式，它不同于单纯的成功与失败——就像我摔跟头一样——根本不需要是社会性的。[13] 然而，可以从规范性角度评价社会技能并不意味着全部社会技能行为都是完全规范的，因为它们假定个体是社会的一员，在这个社会中，个体可以评价其他成员之行为的对错，并为他们分配责任。我一直青睐的例子是站立距离（distance-standing）（即社交距离——译者注）这一实践。很小的时候（在我们长大成人之前），我们就被这些规范社会化了，而且无意识的社会压力强化了这些规范。豪格兰德很好地说明了这一过程。[14] 梅洛-庞蒂可能会补充道，如果我们不像训练的那样遵从规范，我们就会有一种背离了某种舒适平衡的不安之感。这些非命题的但仍然规范的社会技能就会被人们所谈论——当它们被关注时，就会按照好与坏进行区分，比如姿势的好/坏、发音的好/坏，这些技能还会被体验——当它们完全被体验时，就会被认为与情境是同步的或不同步的。它们是"与其他主体交互"社会实践的基础，并使之成为可能，我们"在实践中*认识到*，这些主体意向地指向一个共有的*世界*"（27）。婴儿不需要认识任何东西，也不需要有一种我-你（I-thou）联系才能被社会化。赞成或反对是必不可少的，但是对他人之责任的产生要晚得多。再次看来，劳斯与他认为的"布兰顿型实用主义者"（Brandom-type pragmatists）创立的层次为时已晚。这不仅仅是学术上的区分。皮埃尔·布迪厄（Pierre Bourdieu）专门指出，社会权力建立在具体化和透明的*习性*（transparent *habitus*）层面之上。

在下一层面，我们的确发现了合适与不合适、正确与不正确的做法，例如犯了语法错误，或驾车在错误的方向行驶，某人将不属于自己的财产据为己有，等等，然后，我们作为主体感受自身。在这里，我们认为人们应该以这样的方式负责，即他们对他们的发音不负责。反过来，可以将这些明确的规范编纂和表述为原则、法律与规则。

作为与众不同的实践应对的核心，无论我试图对语境、情境、世界和宇宙作出的区分最终是否站得住脚，我都非常感谢劳斯对我的质疑，能够让我为这些区分进行辩护。在努力辩护的过程中，我学会了区分海德格尔与梅洛-庞蒂的现象学与劳斯的实用主义形式。[15] 因此，现在一个全新的问题展现在了我们面前。（真正）认为人们所想与所做的每一件事都包含语言渗透的技能，这能给我们带来什么呢？为什么劳斯如此热衷于否认存在主义现象学家仔细推敲出来的区分的意义呢？反过来说，只是这些区分在哲学与本体论方面的重要性，才让我如此坚决地捍卫它们吗？

322

第二节　对特德·沙茨基的回应

我非常感谢特德·沙茨基（Ted Schatzki）（即西奥多·沙茨基）极为细心地阅读并评论了我有关熟练应对的现象学。我很感激并大体上同意他将我的解释扩展至人与人之间的应对。我也同意，而且今后会采用特德对人们心理状态方式的构想，这种状态能够被理解为通过决定做什么事情有意义来影响人们的行为。因而我会在有限的篇幅尽力回答特德·沙茨基有关我的某些应对观点的反对意见。这些意见对我很重要，因为它们迫使我说明为何自己如此致力于透明应对，也即非主题应对（nonthematic coping）。

我将关于特德·沙茨基对主题应对的重要性所作辩护的保留意见总结为四个论点：

（1）特德·沙茨基承认，我在主动应对（active coping）过程中无须在主题上意识到自己当前的活动，我只想补充道，如果我这样做，它（主动应对——译者注）几乎肯定会把我搞得一团糟。

（2）当我的应对比较透明时，我可能而且通常在想其他的事情，但这并不是成功应对的必要条件。

（3）也许我需要明确意识到特德·沙茨基的滑雪例子中的环境，并且需要检
323 查工具以实施某些技能，但我可以在完全没有察觉的情况下，对大多数技能的整
个格式塔或可供性做出简单的反应，正如我所举的距离-站立和换挡的例子。同样，
一个人可以感到焦虑或五味杂陈，而不用在主题上意识到这些情绪。

这三个现象支撑着我的观点：尽管人们必定会感觉到自己是否同步或偏离了
平衡感，但是*明确意识*到任何事物并不是熟练行动的必要条件。

（4）我不赞成特德·沙茨基主张的"主体总是……意识到某物"（38，我强
调的重点）。看来，对于某些高级的熟练活动，人们必定无须意识到任何东西。
拉里·伯德（Larry Bird）说道，球场上的自己有时在传球之后才意识到刚刚所做
的动作，一名以色列飞行员曾经告诉我，要在一场空战中驾驶自己的战斗机并发
射各种导弹，似乎必须暂时失去知觉，而且之后想不起来曾经做过的事情。也许
大脑在面临严重的危机时必须将它全部的血液用于技能模块，而一点也没有留给
意识模块。在这种极端的情况下，甚至非主题意识也可能只会产生阻碍。尼采和
杜威会喜欢这一想法。

因此，我的最强论点是，对于高级技能活动而言，主题意识，*甚至是非主题
意识*，都是不必要的。感谢特德·沙茨基向我施加的压力，我现在认识到这一论
点的重点在于，背景应对必然是非主题的，而且在很大程度上是无意识的。皮埃
尔·布迪厄在有关*习性*如何通过姿势、情绪等产生作用的解释中，充分讨论了这
一现象。该现象使得海德格尔认为，这样的应对根本不是一种意向性，因而可以
作为全部意向性的可能性条件。[16]

第三节 对约翰·塞尔的回应

324 既然我总是把约翰·塞尔对意向性和背景的说明看作是这些主题在当代最为
重要和最满意的说明，所以，我对海德格尔的大部分理解都是在回应它们的过程
中发展起来的。因此，对我来说，正确理解塞尔的论证便尤为重要，这样我理解
的海德格尔便不是在反对一个假想的对手。另外，如果塞尔的观点被证明类似于
胡塞尔的观点，尽管这对于现象学的历史很有启发性，但对我来说，这远没有他
的观点是否为海德格尔所反对的立场的最佳版本那么重要，所以，我会整理好海
德格尔对它们做出的最佳反对意见，然后，看看塞尔能否成功地为之辩护。当前
的交流是这一持续争论的最新阶段。

但在我能够讨论使我们产生分歧的深层问题之前，我必须澄清四个术语方面
的要点。

（1）在我反驳塞尔有关意向性说明的论述中，以主体/客体或内在/外在的术语陈述他的观点从来都不重要。就我的目的而言，他的心灵/世界二分也是这样做的。对我而言重要的是，对塞尔来说，全部意向内容，甚至使满足条件得以可能的背景，都在心灵/大脑之中，因而在原则上，无论世界是否存在，意向内容都可以完整地保存在梦里或缸中。如果把缸里剩余的东西称为自给自足的主体（self-sufficient subject）会惹得塞尔不高兴，我可以不用这一术语，但事实是，他的观点听起来非常像胡塞尔所说的笛卡儿主义，塞尔自己说道："我同意各位哲学家的观点，他们试图用'方法论的唯我论'、'先验还原'或者只是'缸中之脑'的幻想等概念来获得意向性。"[17]

（2）同样，我对塞尔关于背景的说明提出的疑问，并不取决于我们每个人所使用的术语。我来到伯克利后不久，他便开始与我讨论意向性，而且我很快发现他的观点，即背景提供了使意向性得以可能的非意向条件，非常接近海德格尔所说的"最初熟悉性的背景……不是有意的，而是以［一种］隐晦的方式在场"。[18]1980年和1992年，我们分别举办了一次关于背景的联合研讨会，我发现两次会议非常具有启发性，但是，我越是读塞尔关于背景的论述，就越不理解他的观点。

塞尔认为，背景由技能和能力以及对通常可能发生的情况所作的某种准备构成。我认为，至少有一些构成背景的能力、技能以及对反应的准备是身体的，而不是心理的，事实上，塞尔在讨论获取技能时说"反复实践能使身体取代规则，而后者则消失在背景之中"。[19]但塞尔也想说背景是心理的，"心理的"意指"我的全部背景能力都在'我的头脑中'"。[20]但是，由于头部和大脑是身体的一部分，因此，我对背景的位置感到困惑。它是心灵内的第一人称体验，还是身体内的第三人称机制？我熟知，塞尔"对'心理的'和'身体的'这些传统词汇并不满意"[21]，但是，他还有什么其他的本体论词汇呢？梅洛-庞蒂说道，活生生的身体既非精神的，也非物理的，而是"第三种存在"——"运动意向性"[22]，抑或他有时所谓的"意向组织"。塞尔想说背景也是这样吗？我对此表示怀疑，尽管如果他这么做了，我会很高兴。

（3）我和塞尔都认为，当某人在获取新技能的过程中遵守规则时，"反复实践会使身体取代规则"（《意向性：论心灵哲学》，第150页）。但我不能接受塞尔的观点，即当一个人变得熟练时，规则便会隐匿在背景中，而不是像辅助轮那样被弃之不用。拿他所举的靠右侧行驶的例子来说。我同意，如果通过遵循"靠右侧行驶"这一规则来学习开车，那么，当我在学车时，该规则在我的行为中起到了直接的因果作用。我也同意，基于这个原因，我们可以说该规则在我的行为中间接地起着因果作用，因为，如果我以前没有遵循这一规则，我现在就不会靠右侧行驶了。但在我看来，显而易见的是，尽管我的技能性行为依旧*符合规则*，但我不再像一个初学者遵守*程序*那样*遵守*规则了。规则曾经一步步地引导着我的行为。在这样做的过程中，我的大脑产生了一种结构。现在正是这一结构，而不是规则本身，在控制着我的行为。说我现在正"无意识地遵守规则"（87）掩盖了这一重要的变化。出于同一原因，如果这意指我*现在的*行为，那么说"我的行为是'对规则敏感的'"（87）似乎是一种误导。

因此，我同意，根据这一*科学的*断言，我当前的行为是由规则*间接导致*的，而且根据*逻辑的*断言，要理解我的行为，人们必须*提到*规则。（这就解释了为什么，当要求我说明自己在做什么时，我会援引规则。）但那些肤浅的*现象学*声称，我当前开车时"在无意识地遵守规则，"或者我现在对规则很"敏感"，在我看来，这种断言要么是以一种非常误导的方式做出上述真实的断言，要么纯粹是无稽之谈。我不明白为什么塞尔既坚持说他不是在做现象学，又坚持使用这个令人困惑的现象学术语。

（4）我确实说过，塞尔认为，当我们看到一幢房屋或听到有意义的话时，我们是在"解释"基本的数据。我承认以这样的方式描述他的观点会产生误导，我同意他的观点：我们应该以正常的日常方式进行"解释"，在这种方式中，"解释行为的本义情况相当少见"（73）。然而，我担心的不是我们是否需要*解释数据*，而是塞尔所认为的，要看到像房屋这样的功能性客体，我们必须为宇宙的某种物质*赋予一种功能*。正如他所指出的：

在这一点上要了解的重要一点就是，这些功能决不是物理学的任何现象所固有的，而是由*有意识的观察者*（和使用者——引者注）从外部赋予的。①[23]

赋予和强加的本义行为也相当少见，塞尔不可能以日常方式使用这些术语。因此，例如，塞尔认为，为了听到有意义的语言，我们必须将意向性强加于人们嘴里发出的声音。这里需要区分几个不同的可能问题。对于神经科学来说，解释声波如何在大脑中得到处理，从而使它们对某些运动做出反应，这无疑是一个合理的课题。人们也可以像塞尔一样提问，声音流成为一种言语行为的逻辑要求是什么。然而，要问我们*体验*到的从人们口中发出的无意义的响声，如何能成为有关*言语行为的体验*，在我看来，这个问题似乎是错误的；它基于这样的观念，即我们通常能体会从人们嘴里发出的无意义的响声，但我们并没有这样的体验。当塞尔说"孩子……学会把从自己和其他人嘴里发出的声音看作是代表或意指某物"时 [24]，这充其量是非常大的误导，因为尽管儿童的*大脑*是逐渐有序地处理人们嘴里发出的声波，从而使儿童听到有意义的声音，但*儿童根本就没有学会*把这些响

---

① 译文引自：（美）约翰·R. 塞尔. 社会实在的建构. 李步楼译. 上海：上海人民出版社，2008：14.

声*当作*有意义的声音，因为，从儿童的角度来看，这项任务总是已经完成了。

当我听到诸如"指派"或"强加"这类通常描述心理活动的术语，被用来解释粗鄙的东西是如何获得意向性的时候，我不禁在想，塞尔既不是在做脑科学，也不是在做逻辑分析，而是在做糟糕的现象学。但塞尔在他关于社会实在的著作中为其方法进行辩护。他说自己只是在提问并回答逻辑问题，绝对不是在做现象学，并补充道，"我将用第一人称意向性的词汇努力揭示社会实在的某些基本特征"。[25] 我不明白的是，如果他不做现象学，为什么要使用第一人称词汇？正是这种词汇误导了像我这样的人的推测，既然这种强加的活动不是有意识的，那它必定是无意识的。胡塞尔将这种既非有意识又非无意识的假定的心理活动称为"超验的"，而且谈到了将纯粹的数据"视为"有意义的超验意识，但我从未理解它的意思。把赋予意义描述为第一人称的心理活动，随后又取消这种心理影响，这似乎言过其实。

现在，我们终于谈到了严肃的问题。塞尔与我在三个基本问题上存在着分歧。①什么是意向状态？②什么类型的意向状态——命题或非命题的——会引起运动并使之成为行动？③塞尔是在做逻辑分析还是在做现象学？

1. 什么是意向状态？

328

当我一开始写到关于意向性的内容时，我断言海德格尔与梅洛-庞蒂对日常持续应对的解释回应了对情境的征求（solicitations）——既不需要意识，也不需要意向性。[26] 塞尔向我指出，即便是熟练应对也可能成功或失败，因此也有满足条件，所以熟练应对一定是某种意向性。尽管我本应有更好的理解，因为海德格尔与梅洛-庞蒂确认他们正在研究一种更为基本的意向性，只不过还是一种意向性，但我在早期的论文中却忽视了这一点。我感谢塞尔提醒我注意到这一错误。[27]

我并不是在质疑塞尔的最低逻辑条件，他认为所有的意向状态必定具有满足条件，但事实证明，塞尔也为这一强的实质性主张辩护，即这些满足条件一定是"心理表征"。重要的不是"心理"或"表征"这些术语，而是塞尔富有争议的主张：满足条件的内容一定是命题的。正如塞尔所指出的，他使用的"表征"可被所有用于解释它的概念所取代，例如行动具有满足条件这一逻辑必要条件，以及（我称之为现象学的必要条件）那些具有"命题内容"的条件。[28] 遵循海德格尔关于行动，以及梅洛-庞蒂关于知觉的观点，我认为知觉包含满足条件，而且行动在通常意义上没有必要是命题的。[29]

2. 什么类型的意向状态——命题或非命题的——解释这些行动？

塞尔和我都赞同这一逻辑必要条件，即身体动作要成为一种行动，必须由其

329　满足条件所引起，这可能意味着身体动作仅仅在成功运动的约束中对满足条件敏感。然而，当塞尔补充说，对于为了说明某一行动的意向状态而言，表征行动之满足条件的命题内容，必定伴随并引导适当的身体动作，在我看来，他就是在做现象学。在塞尔看来像逻辑分析的东西，在我看来就像是现象学，因为动作还有另外一种产生方式。梅洛-庞蒂断言，人们在进行持续的熟练应对时，会受到偏离满意格式塔的紧张感的引导，因此，人们只有适应了满意格式塔后才能回想起自己成功地做了什么。这一最终格式塔不能预先以命题形式进行表征，甚至在人们达到它之后也无法进行表征。[30] 弱逻辑条件在塞尔与海德格尔、梅洛-庞蒂等存在主义现象学家之间并不存在争议，但存在主义哲学家却对塞尔主张的强现象学的必要条件提出了疑问。

　　我们存在主义现象学家并没有断言塞尔的解释是糟糕的现象学，更确切地说，它是充满努力、审慎、深思熟虑行为的现象学，比如关于哲学的演讲和写作，因此就没有考虑到人们在运动过程中或在寻找自己的生活方式时所经历的那种熟练应对。因此，我同意塞尔的观点：做哲学是"意向心理行为的典型案例"。但这并不能说明我的观点是"自我反驳"，即我们大部分时间并没有进行塞尔所谓的心理行为。事实上，我认为塞尔的现象学支持了我的观点。我的主张是，尽管我们经常进行我所谓审慎的活动，但是这种审慎的活动并不是我们关联世界的唯一方式，也不是最基本的方式。

　　正如塞尔所明确指出的，这个问题在体育方面达到了极致。他描述了一位身心疲惫，但求胜心切的网球运动员，他比分落后，且努力保持注意力，在这一描述中，塞尔对受到驱使而赢得胜利是什么感觉给出了令人信服的描述。我承认这样的人正在为实现某些具体的目标而努力奋斗。我相信塞尔所说的，在某类"严肃的竞争性活动中"，努力是比赛的代名词。然而，并非所有体育活动都需要如此紧张，也不是所有的网球锦标赛都需要如此。如果蒂姆·盖尔卫（Timothy Gallwey）——我曾经上过他的网球课——是教练的话，他会建议塞尔描述的那位运动员放松下来，像禅宗大师那样只对情境做出反应。[31]

330　行动者总是在尝试，塞尔对此深信不疑，他举了我有关拉里·伯德报道的例子，拉里·伯德经常不知道自己在球场上的行径，直到他将它作为一种情形，即"我们无法获得实际的满足条件；我们无法了解行动者试图（原文如此）要做的事情"。[32] 因此，塞尔认为，我类似于禅意流的描述是不相关的，因为他将听到的这些描述断言为尝试是无意识的。但我的主张是，行动者在这种情况下根本没有在做尝试。此外，运动员在毫不费力的应对上耗费了多少时间，在刻意的尝试上耗费了多少时间，这都不是问题。重要的是，存在一种前语言、非命题的应对，它发生在体育运动的最佳时刻。在这种情况下，行动者并不是在有意识地尝试做任何事情，也没有理由认为他的尝试是无意识的。

海德格尔与我亦想断言，这种响应式的、非命题的持续应对，使塞尔充分描述的、深思熟虑的、命题的尝试成为可能。但塞尔反对这一举措。他认为，即便存在我所描述的那种响应式的应对，尝试也更为基本，因为它在控制所有熟练活动中起着因果作用，"完全是意向行为"（81）。你不能只对一种格式塔做出反应；你一定是在服务于你所*尝试的事情*时才会做出反应。这在许多行动类型中是讲得通的。我通常不仅熟练地转动我的舌头，也会在读某些词时移动舌头，让你明白我在说什么，而且我通常会在打网球时挥舞我的手臂，以赢得比赛或打得好一些，或使自己得到锻炼抑或别的什么。在这种情况下，如塞尔所言，意向性往往会上升到技能的层次。

然而，正如我所指出的，还存在着另外一些活动，例如，我们站在与他人保持适当距离的位置而没有注意到自己在这样做，以及我们无意识地定位自己和发现自己在世界中的方式，这些并不服务于诸如赢得一场比赛，或赢得一分这样具体的目标。这些情况中没有表征的意向性。相反，我们可以说一直存在背景技能。塞尔无疑会回答说，当我站得离我的对话者比较远时，即使我无意识地感受到了一种拉近我（与对话者——译者注）的拉力，但这也只可能是因为我在试图进行交谈或实现某种其他目标。我会回答说，即使我根本没有试图与他们做任何事情，我通常也会站在离人适当的距离，面对他们，等等。更一般地说，塞尔总是认为，我在寻找自己在世界中的存在方式时的所有活动——我走路、穿衣服、坐在椅子上、上下公交车等等时所有的定位和应对实践——都恰恰是我试图在世界中应对某些情况所引起的。但是，我看不出这种空洞的断言有什么好处。在我看来，至少可以准确地说，如果我没有进行梅洛-庞蒂、海德格尔和杜威等人描述的那种前语言、非命题的应对，我就实现不了任何有意识的、深思熟虑的行为。我认为，海德格尔的背景不仅仅是一种才能、能力或技能；它只是一种*活动*，其满足条件只是做自己感到合适的事情，而不详细阐述人们试图达到什么目标的任何命题内容。

综上所述，塞尔提出了动作成为行动的*逻辑*和*现象学*条件。弱逻辑条件在于，动作是由行动的满足条件引起的。强的现象学断言是，动作一定是由这些条件的命题表征引起的。如果从足够微观的角度来说，塞尔与我之间对意向行为的逻辑条件没有分歧。即使我的例子中的网球运动员不知道最佳格式塔是什么，他也能感觉到自己是在接近或远离这种格式塔，因此，满足条件确实在指导他的行为中起到了因果作用。如果这就是意向内容的因果作用表示的全部意义，那谁还会否认这一必要条件呢？但我*确实*想否认塞尔的强现象学必要条件：控制某一行动的意向内容（即对满足条件的表征）一定是心理的，即命题式的。我断言，网球运动员在持续应对中不能在命题意义上表征最佳格式塔，尽管如此，它依旧可以引

331

导他的身体的动作。正如梅洛-庞蒂所言，"作为运动能力或知觉能力的体系的我们的身体，不是'我思'的对象，而是趋向平衡的主观意义的整体"。①33 我感谢他的这一描述。

332 　　我不明白，为什么塞尔以他的现象学反诉（counter-claim）来反对这一现象学断言，尤其是如果他只关心动作之为行动的逻辑条件的话。他认为，自己必须否认存在着一种格式塔控制（gestalt-governed）的行为方式，而且这比他如此充分描述的那种有意在命题意义上控制的行为更加基础，我猜想这有两个原因。①我私底下认为，他想在自己关于行为的逻辑分析中包括这一断言：构成任何行动的动作必定由其满足条件的命题表征所引起。②塞尔的主-客本体论中没有身体意向性的容身之地。

　　3. 塞尔是在做逻辑分析还是在做现象学？

　　正如我们所看到的，尽管塞尔以他的强现象学立场的名义耗费了大量的精力来质疑我的梅洛-庞蒂式现象学，但他的退路是，自己只是在做逻辑分析。塞尔认为现象学是误导的和肤浅的，我为了为现象学辩护需要说明的是，塞尔试图将他的现象学解释偷换为他的逻辑解释的一部分，这种尝试是不连贯的。

　　塞尔以现象学描述开始了他的说明，这表明行为体验一定包含着对行动者的意向与其动作之间因果联系的体验。他利用怀尔德·彭菲尔德的研究对此作了有说服力的论证。彭菲尔德声称，当他在患者的大脑植入一个电极，并使患者可以举起自己的胳膊时，患者会觉得自己没有做这个动作，而是彭菲尔德"把他的胳膊从他身上拉出来了"。塞尔认为，这里所缺乏的是患者的努力感，是患者举起自己手臂的意向使自己举起手臂的这一体验。塞尔总结说，"现在，我将这种具有现象的和逻辑性质的体验称为行动体验……该体验具有一种意向内容"。34 行动体验具有意向内容，即适当的身体动作是由完成行动的意向所引起的。塞尔将

333 该意向称为行动中的意向，并指出在正常的日常行为中，"行为体验就是行动中的意向"。35 行动中的意向之意向内容，其满足条件是我通过执行行动中的这种意向来引起这种身体动作。因此，塞尔说，"在行动的情况下，我的意向状态引起了我身体的某些动作"。36 对于成为行动的动作而言，该动作一定是由行动中的某一意向引起并持续引导的。正如塞尔所言，"意向性深入到了自愿行为的基层……每一个动作都受到流动意向性的控制"。37

　　鉴于以上断言，我自然而然地认为，行动中的意向是体验到我的努力引起了我的身体动作。但塞尔说我歪曲了他的观点，因为我认为意向状态或心理表

---

① 译文引自：（法）莫里斯·梅洛-庞蒂. 知觉现象学[M]. 姜志辉译. 北京：商务印书馆，2001：202.

征"是一种东西"。他指出，他明确认为，在无意识行动的情况下，人们执行某个身体动作的意向可以使其完成这一动作而没有意识到这一意向。因此，他坚持认为"表征……不是一个本体论范畴，更不用说是现象学范畴，而是一个'功能范畴'"（74）。

我现在理解了塞尔的观点：通常当人们行动时，他们的身体动作是由自己的行动体验所引起的，所以他可以在彭菲尔德让患者举起手臂的例子和行动体验之间进行*现象学*的比较，以使读者理解动作之为行动的*逻辑*条件。他的逻辑分析的结果是，无论我是否意识到我正在做的事，关于我试图所做之事的心理表征一定伴随并引起我的身体动作。最低程度的逻辑要点在于，某一行动的成功条件必定在引起这种行动的成功条件中起因果作用。因此，对于塞尔来说，行动中的意向在因果意义上必定是自指称的，他写道，像他这样谈论因果的自指称性，就是在谈论"意向现象的逻辑结构"。所以，应该明确的是，我的行动*体验*的现象学，只是一个入门的楔子，是一个必须被丢弃的梯子。塞尔坚持认为，在最终的分析中，不是行动体验，而是意向内容本身引起了身体动作。

我现在明白自己错误地认为塞尔将因果力归于心理的东西，即行动体验，但我发现，塞尔有关逻辑结构具有因果力的说法很难理解。对于塞尔来说，"因果关系的基本概念就是使某事发生的概念"。[38]因此，当我具有举起手臂的体验时，正是这一体验使我举起了手臂。故而每当我做一个动作，即使是无意识的，人们都会认为一定有某种东西使我的身体动作得以发生。当塞尔说，"正如我一样，如果我们相信'原因'确定了真实世界中的真实联系，我们便是因果的实在论者"。[39]塞尔在这一点上确实坚定，他接着说，"根据我的阐述，行动……是心灵与世界之间因果和意向的交易"。[40]然而，抽象的结构是如何存在于真实世界并且使某事发生的呢？

塞尔无疑会回答说，意向内容尽管只是一个逻辑结构，但它可以通过在大脑状态中实现而产生因果作用，而大脑状态是可以产生因果作用的。[41]然而，即使我们赞成塞尔的心/脑一元论，也无法解决当前的问题。塞尔认为，与意识经验无关的大脑状态不可能具有意向性。因此，即使我们承认可以像计算机那样在大脑中实现形式的逻辑结构，并因此具有因果效力，但这并不意味着在脱离了意识的大脑中也可以实现某种意向结构（比如行动的满足条件）。在没有意识的情况下，至多可以认识到实现某一有意识的意向状态的倾向。正如塞尔所言：

> 无意识的意向状态，例如，无意识的信念，实际上只是大脑状态，但它们可以被合理地认为是心理状态，因为它们具有与大脑状态相同的神经结构，如果不以某种方式阻止的话，大脑状态便会具有意识。单纯只作为大脑状态，它们没有

334

意向性，但确实具有潜在的意向性。[42]

我们如何谈论无意识的信念，这一说明似乎是可信的，但是将这一观点推广到无意识的动机性行为时会产生奇怪的后果。只是行动中的潜在意向如何能够引起成为某一行动的身体动作呢？塞尔看到了这一问题并且回应道：

335 　　在我们当前的非二元论的实在概念中，没有任何意义可以依附于这样的概念，即体形（aspectual shape）既可以表现为体态，也可以是完全无意识的。但是，既然具有体态的无意识的意向状态是在无意识时存在的，而且在无意识时引起行为，那么在这种情况下，我们将什么意义附于这种无意识概念呢？我认为，我们可以将以下完全适当的意义赋予它：将无意识的意向性归因于神经生理学，就是将某种能力归因于以有意识的形式陈述的原因。在没有引起一件有意识的心理事件的情况下，无论无意识的意向性是否引起无意识行为，这一点都成立。[43]

然而，这是行不通的。假设在家里聚餐时，比尔"不小心"把一杯水洒到了他哥哥鲍勃的腿上，因为正如比尔的治疗师后来告诉他的那样，他有一种想要惹恼鲍勃的无意识的愿望。解释这一行为不仅需要潜在的信念，例如，比尔的长期信念——鲍勃窃取了他的母爱，而且还需要实际发生的信念，如偶然的意愿使鲍勃心烦意乱，以及实际发生的愿望，如希望鲍勃烦恼。这也需要塞尔所谓的"先在意向"（prior intention）——通过泼水来扰乱鲍勃——以及实际上"控制"比尔的身体动作的一种"行动中的意向"，所以，这些动作就是泼水的情况，而不是水分子在四处运动。

根据塞尔的观点，无意识的大脑状态不能确定体态，但我的例子要求引起适当身体动作的行动中的意向具有实际的，而不仅仅是潜在的体态。否则，你就不能说比尔在做什么，甚至不能说他在做任何事情。看来，由于构成行动的动作是由行动中的意向引起的，故而行动中的意向必定不只是一个逻辑结构；它一定是某种心理状态。

在即将发表于《国际哲学评论》（*La Revue Internationale de Philosophie*）的《既非现象学描述，亦非理性重构：回应德雷福斯》一文中，塞尔在谈到自己的研究时说："我试图在不使用现象学方法的情况下分析意向性。这项研究没有预料到的一个后果是，我的分析揭示的因果和逻辑结构的结合超出了现象学的范围。现象学传统，无论是胡塞尔的先验形式，还是海德格尔的存在论形式，都不能产

336 生这些结果。"但我们刚才看到，要回答关于产生身体动作的因果问题，塞尔必须超越逻辑分析，进入现象学。所以，在我看来，现象学在塞尔的逻辑分析中的作用不仅仅是教学式的。不管塞尔喜欢与否，他似乎致力于这样的观点：人们将

自身的意向状态体验为动作的原因，这是某一动作之为行动的部分逻辑条件。塞尔最重要的洞见可能是，至少在行动的情况下，现象学不是一个肤浅的出发点，而是必然的终点；这种逻辑分析必然导致现象学。我猜想，这就是我们 30 年来在一起讨论和授课的原因所在。

一种思考该问题的方法是注意塞尔在分析行动时考虑到了因果关系的重要性，因而超越了胡塞尔。但在我看来，他在这样做时只是成功地表明，试图通过将感知和行动的可能性追溯至心灵以及它们内在的意向性，从而对之（感知与行动）做出解释，这样的努力注定要失败。关于基本的物理世界和个人心灵之内在意向性的笛卡儿/胡塞尔式本体论，并不足以解释我们是如何行动的。我们可能只是不得不咬紧牙关，支持身体意向性和作为第三种存在方式的在世之在。

最后，为了理解塞尔关于我的观点，我必须假设有两个塞尔，作为现象学家的塞尔和作为分析哲学家的塞尔，他们各自都持有一种有力、一致的立场。现象学家持有的强观点认为，存在所谓意向状态的真实实体，而且，因为有行动，所以这些状态必定是动作的有效原因，正像因为物理世界有意义和功能，所以人们必须将某种意义或功能强加于基本的物理物质一样。

这种观点与胡塞尔的观点相类似，是对某些包括语言、试图成功和建立新社会制度的人类活动的真实描述。但是，作为对人类*所有*意向行为和世界上*所有*功能性物品的说明，它完全是错误的，因为它忽略了更基本的意向性形式——持续应对——它使这种意向性的命题形式成为可能，也忽略了使人们找到自己在世方式的一种行为——背景应对。

337

在我看来，当我把海德格尔和他的胡塞尔相提并论时，塞尔就会发现他的现象学无法得到辩护。然后，他退回到一个较弱的立场，并声称自己只是在进行逻辑分析，因为现象学无论如何都是肤浅的。他指出，对于逻辑分析者而言，世界上存在着各种类型的实体，如行动、言语行为以及社会实体，如货币，而且每一种实体都具有包含着意向内容的逻辑结构，塞尔对该意向内容作了微妙且令人信服的细节分析。每当我批评现象学家时，便会发现逻辑分析家的身影，但我很快就发现了自己不能接受其悄然回来的现象学断言。这就好像是中立的逻辑分析家请求分析者填充作为分析的一部分的因果断言，而塞尔无法抵挡这一挑战。因此，他引入了在因果意义上有效的*心理表征*，然后断言它们只需要逻辑结构。

我知道塞尔并不欣赏恭维的话，但我发现试图公正地对待逻辑和现象学的必要条件，这是他最令人印象深刻的成就，而且我从阅读他的著作以及与他的讨论中受益匪浅。他阐明了行动，并对胡塞尔缺乏的背景重要性的社会意义和海德格尔式的意义作了说明。而且，与海德格尔不同的是，他令人信服地解释了语言行为的命题内容和更需要努力的意向状态。他在书中也散布着许多熟练应对现象的显著例子。我不明白，他为什么不利用这些例子提出他自己关于我们日常的、非命题式的在世存在的描述，以便完成他令人印象深刻的研究。当然了，这意味着他将不得不采纳一种比笛卡儿的纯粹客体和他捍卫的自给自足的主体（缸中之脑的心灵）更为丰富的本体论。[44]

第四节　对马克·A. 拉索尔的回应

马克·A. 拉索尔居然有时间为该文集写了一章，这令我感到十分惊讶，因为在过去的一年中，他几乎利用全部时间在编辑这两卷书。而且令我感到高兴的是，尽管拉索尔不得不一边撰写他的那一章，一边监督这两本书和一个婴儿的出生，但该章内容为理解长期困扰我的问题做出了决定性贡献。

这个难题可以用几种方式来表达。①背景如何使意向性成为可能？背景应对要么已经是一种意向性形式，要么是某种无意义的运动，因而它无法解释意向性。[45]或者②海德格尔在区分了意向行为与敞开性（openness）或超验超越（transcendence）之后说到"超验问题根本不同于意向性问题"[46]是指"更彻底地解释意向性和超验现象的双重任务，本质上是一体的。"[47]。解释这些截然不同的现象怎么可能是一项任务呢？

我试图在我的《评论》中厘清这一奇怪的主张，我认为

> 原初的超验不是完全不同于存在者层次上的超验活动；毋宁说，它与作为所有有目的行为的整体背景而起作用的*那种应对活动*是一样的。[48]

然而，这样一来，背景应对只是在更大程度上的应对，而对于海德格尔来说，使应对成为可能的似乎是比应对更为基本的东西。

在与约翰·塞尔共同参加的一次有关背景的研讨会上，我在探索的过程中试图利用梅洛-庞蒂来表明背景是一种以恰当方式回应当前情境征求（solicitations）的设定。我将海德格尔的熟悉性（familiarity）注释为准备状态（readiness），在《评论》中我已经说得很清楚了：

> 比如我通过避开椅子或坐在上面来应对它们的"姿态"或"准备状态"，是在我进入房间的时候被"激活"的……因而，在我把一个满是家具的房间领会为一个整体并与之打交道时起作用的那种背景亲熟，既不是像坐在一把椅子上那样的一个具体行动，也不只是身体或大脑中实施具体行动的一种能力……它是准备

在特定的环境之中对任何通常情况下可能到来的东西做出恰当回应的状态。①49

但我根本不明白的是，准备状态不仅仅是更大程度上的应对。正如拉索尔指出的，我在《评论》中认为应对解蔽了指称的整体性，而海德格尔明确表明，甚至整体应对仍然是一种发现过程（discovering）。50 实际上，只有在读过拉索尔的这一章之后我才明白，准备状态的现象学不只是更大程度的应对，而是解决了寻找非活动但比能力更积极的事物的问题。我们为恰当行动做的整体或寻视性（circumspective）的准备状态使意向行为成为可能，但它本身并不是一种行为。毋宁说，准备状态是意向行为与超越性的共同根基。51

这一点非常基本和微妙，以至于海德格尔本人对该问题也不是很清楚，他认为"此在行为的意向构成正是任何超越之可能性的本体论条件"52，而且"意向性只可能植根于此在的超越性之中，只有如此，意向性才有可能"。53 现在多亏了拉索尔，我们才可以理解海德格尔与我应该说过的话："解蔽对于海德格尔来说意味着指向……［准备状态］来激活应对技能……一种［准备状态］是由……关注情绪的'调和'方式或使我们'倾向于'世界内的某些可能性来确定可能性。"（109）

第五节　对查尔斯·泰勒的回应

我于1952年访问牛津大学时便拜访了赖尔（Ryle），希望能与他讨论海德格尔与梅洛-庞蒂。然而，他发现这些哲学家与他当前关心的问题相去甚远，于是让我去万灵学院（All Souls）见一个和我一样兴趣古怪的家伙。从那以后，查尔斯·泰勒与我一直在讨论和交流我们的论文。那时，我们都在海德格尔与梅洛-庞蒂被高度怀疑的观念的基础之上，批判主流的英美哲学及其在心理学上衍生出来的行为主义与认知主义。我们的兴趣已然改变，但我依旧发现泰勒写的每一篇涉及海德格尔与梅洛-庞蒂的文章都甚合我意，我能做的只有为他的清晰而又具有说服力的观点喝彩。

然而，我们对那些站在海德格尔肩上，用他的真知灼见来批判海德格尔自己的著作和当前文化场景的"后现代"思想家们的评价却不尽相同。泰勒认为，德里达和福柯等思想家忽略了文化实践所体现的意义的因果力——这些意义集中于影响我们的文化如何变化的仪式、符号、叙事以及哲学家的著作中。他说道，对

① 译文引自：（美）休伯特·L. 德雷福斯. 在世：评海德格尔的《存在与时间》第一篇[M]. 朱松峰译. 杭州：浙江大学出版社，2018：125.

于后现代而言，文化实践只是凭借"偶然的事件流"来做出改变。我们的分歧始于一场美国国家人文科学基金会（NEH）暑期研讨会，讨论有关实践如何产生可理解性的可替代的设想，我是策划人之一，泰勒以及本书的其他几位撰稿人也都参与了讨论。每位发言人只能停留一周，因此我们将讨论部分缩短了，所以我将利用此处有限的篇幅通过为德里达和福柯辩护来延续我们的争论。

泰勒赞同海德格尔的观点，即所有文化实践都有某种聚集的倾向——它们以海德格尔称为本有（appropriation，*Ereignis*）的方式产生作用，这种倾向诱导人们创作艺术作品，以及产生诸如思想家的话语等其他"真理确立自身的方式"。这些作品清晰表达了文化的共享意义，并与之保持一致。海德格尔早期可能并不认为需要这样的文化焦点，但海德格尔在写作《艺术作品的本源》时明确说道，"在澄清（clearing）中必须有一个存在，其中澄清处于它的立场"。[54] 当我讲授这篇论文时，我参考了库恩的范式与泰勒关于"共同意义"之必要性和作用的论述。与库恩一样，海德格尔被提升至文化高度，他认为范式转换产生了文化的变革。同样类似于库恩，并且不同于黑格尔或可能还有泰勒，海德格尔并不认为这样的转换是合理的。相反，他认为这一改变是由于各种偶然的原因，某些被边缘化的实践开始凸显时引起的某种重构（reconfiguration）［一种原-跳（*Ur-sprung*）或原初的跳跃］。然后，艺术作品和其他这类媒介使这些边缘实践得以确立自己的核心地位。

因此，像泰勒那样，海德格尔认为实践聚合为有意义的整体，所有事物都可以而且必定会起到转换和保存文化意义的明确作用。但是，海德格尔并不试图从这些意义决定的实践价值的角度解释这一变化。这使得海德格尔超越了黑格尔的观点，即文化风格或对存在的理解有充分的理由互相取代。然而，下一代的后海德格尔时代的思想家则更为激进。他们不仅忽视或否认黑格尔与海德格尔关于文化实践如何通过表达来产生作用的解释，而且对文化实践中的趋势做了另一种解释。[55] 正如泰勒所言，"历史的变化是一个大熔炉"，每一位思想家都聚焦于不同的案例，他们认为，这些案例最能解蔽我们如何使事物变得最易于理解。德里达优先处理这样的情形：当新的事件发生时，这些实践非但没有聚集为更大的统一体并更清晰，反而分散为越来越多的多元主义。举一个简单的例子，男人和女人用"怜悯"表示不同的事物，不断重复地使用这一术语会产生更大的差异，没有一个包罗万象的概念来规定全部的意义，当我们看到这一点时，我们对事物的理解是最好的。包罗万象的概念只是出于方便后来才建构的东西。此外，如果我们认为这种包罗万象的概念支配着可理解性，那么诸如怜悯这样的概念就会阻止我们对意义差异产生敏感性。对差异及其产生方式的敏感性，比尝试以统摄或集中统一概念的方式理解事物更易于识别事物。

福柯的描述则不同。受尼采的影响，他认为文化实践是对抗性的，并认为文化实践往往是由特定的问题化（problematizations）聚焦而成的，而这些问题占据了文化中某些有影响力的群体。

泰勒所举的狂欢节的例子使我们可以更好地理解福柯与德里达的观点。福柯可能会强调狂欢节如何使权威产生问题，从而使人与人之间更多的关系变得更容易理解，而德里达则关注的是，源于我们使事物容易理解的混乱如何被狂欢节所承认，没有人理解这一点，但几乎所有人都在遵守。因此，秩序似乎与泰勒，听起来像德里达所说的"混乱与矛盾原则"共存。对于德里达而言，秩序总是与混乱混合在一起，并最终以之为基础，但是，这种混乱正愈发被逻各斯中心主义（logocentrism）所压制。福柯讨论了利用规训的权力（disciplinary power）的技术掩盖种种质疑。

正如泰勒所解释的，解释学必须通过将异常现象置于新的语境，使之变得有序和清晰来摆脱冲突与混乱，寻求出路。针对泰勒，德里达与福柯反对泰勒的说法，他们声称，由于解释学从根本上致力于实践要求的连贯表达的观点，因此，解释学不能在不诋毁混乱的情况下使其有意义。但是，德里达和福柯都不反对解释学而赞同文化转移（cultural drift）。当然，两个人都拒绝接受解释学，声称当我们理解了人与物是如何被撒播（德里达的 dissemination）或问题化（福柯的 problematization）之后，方能最充分地理解这些人和物。与只关注收集和表述的情况相比，像狂欢节这样的事物在实践的这些基本倾向中变得更容易理解。相反，泰勒认为，文化冲突实际上是不可避免的，他同意解释学的观点，强调文化实践趋向于一种和谐的秩序，这种秩序虽然在当今世界无法实现，但必须将其视为理想的境界且为之奋斗。因此，在承认解释学忽视冲突之必然性的同时，泰勒强调了理想的因果力，因为后者往往会产生并保持某种统一的文化风格。相反，后现代主义者对任何理想，甚至是最为开明的理想，都持怀疑态度，如果他们把混乱当作一个需要克服的问题，那便掩盖了它在创造可理解性方面的积极作用。但是，这并不意味着他们不重视其他有意义的理想，比如解构或像艺术品一样的生活。这些理想的确暗指某些类型的混乱，而后者对于我们使事物与人变得可理解而言至关重要。

这些思想家（包括泰勒在内）都未否认转移这一要素的存在。（泰勒谈到了文化如何"逐渐愈来愈滑向世俗"。）在许多其他原因中，这些思想家都没有否认意义会改变文化。对泰勒而言，真正的困难在于，后现代思想家似乎否认善的因果效力。然而，问题在于什么是善。这并不是说海德格尔及其追随者否认善在支撑一种文化方面的重要性。海德格尔强调艺术作品和思想家保持着有意义的区别。福柯则聚焦于有关警察署长与社会工程师的文字，他们赞颂福利和规训，从而彰显整体化的"善"的影响。德里达着眼于文学、哲学文本，最近更多地在关注法律文本，以了解我们的社会捍卫秩序和为权威进行辩护，从而掩盖使秩序成为可能的混乱的术语。

因此，福柯与德里达都有着各自的善，这与泰勒有关解释学和他推崇的聚集观点截然不同。福柯想将我们当前对生命权力（biopower）的依赖问题化，使我们在社会的基础上正视激斗（agonism）。[56] 因此，对于福柯来说，问题化与激斗皆为善。德里达呼吁我们关注撒播和强化的秩序，从而寻求与逻各斯中心主义进行斗争，后者仍然在解释学倾向中使我们过着一种可理解-贫瘠的生活。文学、哲学以及法律中有名的非连贯性是德里达称为的善。狂欢节也可为其所用。

那么，对于泰勒而言，真正的问题不在于后现代思想家是否看到了诉诸善的力量，甚至也不在于他们是否致力于自己的任何善。泰勒认为，他们对善的最终因果力，以及实践从自身表达的善获取力量的方式缺乏理解。从海德格尔开始，后现代主义者就已认为最终因果力不在于善，而在于实践本身以及*它们如何作用*。因此，对于海德格尔来说，艺术品与其说表达了一种善，不如说美化了在协调实践中所发现的风格。因果力最终源于实践的聚集方式。（用海德格尔的术语来讲就是"*本有遣送存在*"。）在德里达那里，撒播才是遣送，而福柯则认为斗争是权力的基础。如果德里达或福柯有关人类可理解性如何运作的主张是正确的，那么将一种文化的善统一起来表达的倾向，就会掩盖真实发生的情况，从而削弱文化。这就是为什么德里达与福柯关注启蒙运动阴暗的一面，而似乎却无视它的理想。

我写这些内容并不是为了抨击清晰表达（articulation）以及为问题化或撒播辩护。如果我们的实践具有某种显著的倾向性（当然，这一点本身便很成问题），这三种对立的解释不可能都是正确的，而且我也不知道哪一种才是对的。我试图提升这场论争的水平，因为我希望，一旦泰勒重视后现代主义者怀疑我们的文化当前之善的因果力的基础，他就会发现他们的方法中存在的缺陷，从而取而代之。

第六节　对丹尼尔·安德勒的回应

安德勒的这一章极为清晰，给予了我很大的帮助，他说明了我追溯至 20 世纪60 年代中期的观点在何种程度上依旧与认知科学相关。[57] 他这样做是为了试图阐明这一领域内最困难的问题。什么是语境？我们如何加以应对？由于我一开始就在努力解决这一问题，因此，我非常钦佩和赞赏安德勒对情境与背景做出的明确区分，他将之视为两种语境，而且他将这些概念与当代的讨论联系了起来，并阐明了所涉及的问题。

然而，安德勒大胆尝试以清晰的分析术语定义背景，这样的术语使这个概念与认知科学相联系，阅读这些内容让我意识到这项工作是多么艰难，而我的努力对此却毫无帮助。安德勒的主张是正确的，他认为背景"不是任何东西，甚至不是一组客观实践、身体意向、所获技能或其他的什么；而是在历史上都比较神秘的实践、身体意向以及获得的技能，等等"（147）。然而，这到底是什么？如今，感谢与我合著《解蔽新世界》的作者，我想我可以更进一步地阐述这一观念。[58]通过实践"隐藏"的是某种风格。我们的文化在每个时代都有不同的风格，举一个实际的例子，在加州和纽约开车也是如此。就风格而言，某些事物或事件相关，而其他则不相关。此外，对事物、事件或情境的定义依赖于风格。因此，海德格尔将我称为的文化风格，称为对存在的理解。 345

这是一种非常现实的反自然主义。这种风格显然不是随附于实践或被实践隐藏的某种非自然意义。它是实践本身组织的方式，或者正如我们在《解蔽新世界》中指出的，是实践协调的方式。这并不是说一切都清楚了，但我希望它能帮助安德勒完成有价值的研究项目，通过密切关注这一现象来揭开背景概念的神秘面纱。

第七节 对哈里·柯林斯的回应

哈里·柯林斯具有一种特殊的天分，在关于计算机不能做什么方面，他提出了许多考究的例子。运用每一项特殊的具身技能，都需要受过特殊训练的身体，类似于他在这方面所举的实例，当这些例子支持了我的观点时，我就会想，"哇，真希望自己也能想到这些"。然而，当他使用他那些巧妙的例子如过于热心的拼写检查程序来为他的基本论点辩护时，我便开始担忧，他认为适应文化的技能/知识，并不要求适应文化之人具有功能完善的身体。我所担心的是，很快有人便会认为，一个以恰当方式适应文化的实体根本不需要任何身体。

我担心接下来发生的事情，因为我在一场关于玛德琳（Madeleine）的对话中已经历了这一争论。在奥利弗·萨克斯（Oliver Sacks）的描述中，玛德琳是一位身体部分瘫痪的盲人妇女，她通过人们为她朗读的方式理解人类世界。[59]那场辩论揭露了我谈论"像我们一样的身体"时的含糊不清之处。感谢柯林斯，我明白了，我认为，理解我们的世界需要人们具有像我们一样的身体，这一点是错误的。但我试图表明，尽管如此，为了共享我们的生活方式，某一实体需要共享我们对自身运动（self-movement）的理解，克服障碍，等等。柯林斯从身体不健全之人可以融入我们的生活方式这一事实出发，进而主张"灰色静止的金属盒"能够被 346

社会化，并因此像我们一样具有智能。我一如既往地反对这种观点。

如今，柯林斯想要接受我的观点，即适应文化的计算机必定不只是一个带有软驱输入的金属盒子，但他只承认盒子必须具有"某些感官输入"。即便盒子具有某些感官输入，我也不认为这样的盒子可以完全社会化，因为它不能与其管理者的身体保持微妙的同步，而且那似乎就是早期社会化发生的地方。

现在看来我们达成了一致，正如柯林斯所言，"一个智能所需要的一切足以使其身体潜在地社会化"（188），但在何种程度上被社会化，我们仍然各抒己见。柯林斯甚至承认，"社会化……包含的机制［比刺激—反应条件］要丰富得多，我们对这些机制则不甚了解"（190）。我认为，社会化的实体自身必定是能自己运动的，具有感觉与情感，能够觉察和关心赞成与反对，以及更多东西——远远超出了柯林斯的灰盒所具有的能力。

奇怪的是，这种抽象的、相当教条的僵局，现在正受到经验的检验；在这种僵局中，我们都诉诸我们自己对这个问题的无知直觉（uninformed intuition）。罗德尼·布鲁克斯（Rodney Brooks）与其麻省理工学院的同事建造了一台名为"考格"（Cog）的机器人，它具有金属躯干，能够移动手臂，有"眼睛"和"耳朵"，而且头部可以转向不同的方向。[60] 机器人考格清楚地表现了柯林斯的设想，即机器人具有感官输入，甚至还做一些有限的附加动作。事实上，考格的"设计初衷是经历一个具身的婴儿期和童年期"，麻省理工学院的研究人员如今计划找一个专门的研究生小组，他们会在业余时间观察这个加强版的金属盒子，在它身边走来走去并且对它说话，从而期望考格最终会变得社会化并因此具有智能。[61] 现如今我能说的就是，我已准备好承担风险，我预测了考格学不到任何东西，部分原因在于没有学生会从心底里正视它；即便他/她做到了，考格也不会感到高兴。

无论我们之中谁的预言是正确的，我都赞赏柯林斯的挑战，因为他让我们重新接触到了人工智能最前沿的研究。

347　　　　　　## 第八节　对费尔南多·弗洛雷斯的回应

阅读费尔南多·弗洛雷斯的某一篇论文，或参加他的研讨会，总会让人感到愉悦，因为我比在其他任何地方都更能看到对海德格尔所描述的现象感到敏感的实际含义。弗洛雷斯对这一卷的贡献就是一个恰当的例子。海德格尔关于存在和世界-解蔽（world-disclosing）看似深奥的观点对商业如此重要，这总是让我大为惊奇。当弗洛雷斯刚从智利的监狱释放后，我将他出现在我的办公室的那天视为我的一个幸运日，他告诉我，他一直在研究海德格尔，并且认为他的研究优于马克思的革命基础，因此，他想和我一起进行研究。我没有想到弗洛雷斯的论文会在利用计算机进行管理方面引起革新，而他对后期海德格尔的兴趣会使他对商业实践产生新的理解。我也没有想到我们会成为亲密无间的朋友，并最终合作了十多年，最近（与查尔斯·斯皮诺萨）还共同起草了一份有关商业与政治的革命宣言。

这并不是说，我认为海德格尔的本体论过于高深玄妙而与现实世界无关。我一直认为可以将哲学应用于我们的生活，我想海德格尔也会认可的。但是，将海德格尔的思想应用于商业！这似乎有些过分了。据我了解，商界人士认为，哲学是不切实际的，因为它太没有利害关系了，而且多数欧陆哲学家往往认为商业思维过于简略粗糙，因为商业理应是功利的。海德格尔本人乐于指出，哲学从来不会产生任何实际成果。尽管如此，他自己的研究表明，他认为对哲学家而言，重要的不只是推断或进行逻辑分析，还要向人们展示看待他们生活与文化的新方式，从而为他们解开活动的新可能性。

后来我才知道，海德格尔本人实际上是一名商业顾问。源于海德格尔被禁止在大学授课期间，不来梅俱乐部邀请他去做演讲，该俱乐部是"汉萨中上层阶级的杰出代表所组成的协会，成员包括商人，特别是海外贸易专家以及航运公司和造船厂的董事"。[62]据他的朋友海因里希·佩泽特（Heinrich Petzet）所说：

> 海德格尔认为它（指讲演——译者注）在许多方面是一种有益的、令人振奋的经历……听众当然没有经过哲学训练；但同样地，他们也不那么有偏见而且更愿意聆听新观念……这就是海德格尔常常引用的、对他而言非常重要的"新鲜空气"……他在不来梅第一次演讲的内容是有关技术的形而上学，这些论述变得声名远播，并构成了他生命最后三十年中整个哲学研究的基础。海德格尔在不来梅俱乐部的报告包括四场演讲……："事物"（Das Ding；The Thing）、"座架"（Das Ge-stell；Enframing）、"危险"（Die Gefahr；The Danger）、"转向"（Die Kehre；The Turning）。[63]

商人们似乎觉得自己在与海德格尔的讨论过程中获得了一些东西，海德格尔显然非常喜欢自己为俱乐部主持的研讨会。即使后来恢复了自己的大学教职，"在20世纪50年代他又八次回到俱乐部，在这里检验自己的大部分重要论文"。[64]

具有讽刺意味的是，如今多亏了弗洛雷斯，商人们开始意识到，非哲学家认为过于不切实际而难以检验的笛卡儿哲学的主张，在很大程度上支配着他们的商业运作方式。一旦商人理解了这一点，他们反对哲学与商业相关这一偏见的许多根据便消解了。然后，弗洛雷斯与其同事可以和商界人士合作，发现构建组织、制定战略和创造可以发展创新的企业文化的方法，并基于这一假设产生作用，即人们不是主要的独立决策者，而是有技能的主体和世界的解蔽者。

在我看来，弗洛雷斯似乎发展、应用了海德格尔思想发展的各个阶段的洞见，他对海德格尔的运用反过来又为我阐明了海德格尔在各个阶段解释的现象。首先，弗洛雷斯在智利担任财政部长的经历使他认识到语言对于协调行动的重要性。因此，他的论文运用塞尔的言语行为理论（theory of speech acts）阐述了《存在与时间》中语言的工具性和实用主义理解。弗洛雷斯吸收了约翰·奥斯汀（John Austin）的观点，正如他所言，行为句（performatives）通过创造满足条件做出承诺。但是，弗洛雷斯强调了陈述句（declaratives）的重要性，认为言语行为皆是承诺，只有在接受承诺的人宣称满意之后才算履行了承诺。类似于海德格尔早期的超越阶段，弗洛雷斯思考了要求、提议、允诺、命令以及声明，他认为它们的结构随时随地都是所有活动的基础。

弗洛雷斯还认为，言语行为不仅仅是用来追踪商业活动中隐含承诺的工具。他认识到使人们意识到自己的言语行为，能够使他们更真实地了解自己日常的生活情况。只要他们通过提出特定要求而产生了新的或特殊的满足条件，人们就会感觉他们共同构成了生活的情境。简而言之，他们可以从思维的睡梦中醒来，以为自己在交流与世界有关的信息，并为自己创造的那种与他人相处的方式负责。他们可以放弃自己必须了解整个业务这一描述，而将自己感受为与合伙人进行合作的谈判者。通过培养他们对其构成角色的敏感性，商界人士和其他人变得更具创业精神、更具灵活性和创新精神。这就是弗洛雷斯对海德格尔在《存在与时间》第二部分中本真性的描述。

最后，弗洛雷斯发现，如果你改变了实践的协调性，你就改变了企业的风格或对企业本质的理解。反之，改变存在的风格或理解又会开显新的活动领域，以及新的行为可能性。当弗洛雷斯继续将该哲学用于商界时，他理解了语言"通过产生新的世界生成现实"这一洞见，使我们（与查尔斯·斯皮诺萨）得以在《解蔽新世界》这本书中合作，这表明海德格尔的后期思想与理解企业家精神和政治行为之间具有相关性。我期待着我们可以多年长期合作。如果海德格尔能在不来梅的商人中找到一个像弗洛雷斯这样的学生，他会非常幸运（我想也会很高兴的）。

 注　　释　　

前言

1. AI Memo 154, January 1968.

2. Philip E. Agre, *The Dynamic Structure of Everyday Life*, MIT AI Technical Report 1085, October 1988, chapter 1, Section A1a, 9.

3. Terry Winograd and Fernando Flores, *Understanding Computers and Cognition: A New Foundation for Design* (Norwood, N.J.: Ablex, 1986).

4. Hubert L. Dreyfus and Stuart E. Dreyfus, "Making a Mind vs. Modeling the Brain: Artificial Intelligence Back at a Branchpoint," *Daedalus* 117 (Winter 1988): 15-44.

5. Hubert L. Dreyfus, *Being-in-the-World: A Commentary on Heidegger's Being and Time, Division I* (Cambridge: MIT Press, 1991).

第一章　应对及其对比

1. 这一章是为了纪念休伯特·德雷福斯，也是为了纪念我的研究生导师塞缪尔·托德斯（Samuel Todes）。休伯特·德雷福斯、查尔斯·吉尼翁（Charles Guignon）和西奥多·沙茨基对早期版本的评论使我获益良多。

2. 凯伦·巴拉德（Karen Barad）在讨论科学仪器和它所测量的现象时创造了这一术语，强调测量仪器和被测量的对象都不能在先于或脱离两者"之间"照面的具体形式的情况下，得到确定识别。"Meeting the Universe Halfway: Realism and Social Constructivism without Contradiction," in *Feminism, Science and the Philosophy of Science*, ed. Lynn H. Nelson and Jack Nelson (Dordrecht: Reidel, 1996), 161-194，同样，某一活动或世界对它的抵制或适应都是不确定的，两者之间的相互作用除外。

3. Hubert L. Dreyfus, "The Hermeneutic Approach to Intentionality," presented to the 352 18th Annual Meeting of the Society for Philosophy and Psychology, Montreal, Quebec (1992), 3.

4. Hubert L. Dreyfus, *What Computers Can't Do: The Limits of Artificial Intelligence*, rev. ed. (New York: Harper & Row, 1979), 214.

5. 同上，266。

6. Dreyfus,*Being-in-the-World*, 96. 德雷福斯特别将"医疗实践"作为一种典范例子，以此说明在这种意义上，成为"为了什么而存在"可被描述为"一种实践"。同上。

7. Hubert L. Dreyfus and Paul Rabinow, *Michel Foucault: Beyond Structuralism and Hermeneutics*. 2d ed. (Chicago: University of Chicago Press, 1983), 166.

8. Michel Foucault, *Discipline and Punish: The Birth of the Prison* (New York: Random House, 1977), 153.

9. 德雷福斯将这一区别归因于海德格尔，并利用海德格尔所用的阐释（Auslegung；interpretation）选择了"语境解释"，后者包括在注意、修复、替换、适应，以及其他方面，它们将注意力从在手的任务转移到如何完成任务。我认为这一归因是错误的；阐释还包括人们对德雷福斯"实践应对"中的特定可能性的处理方式。然而，这里不是质疑海德格尔之解释的地方；两种观点都具有哲学的吸引力，值得我们讨论。

10. "The Hermeneutic Approach to Intentionality," 6.

11. *Being-in-the-World*, 211.

12. "The Hermeneutic Approach to Intentionality," 5.

13. 同上。

14. *Being-in-the-World*, 30.

15. 同上。

16. 同上，203.

17. 德雷福斯提到的泰勒·伯吉、罗伯特·布兰顿和约翰·豪格兰德（以维特根斯坦和塞拉斯的思想为背景），是社会规范性之意向性的杰出支持者。豪格兰德将坚定的社会规范立场归因于海德格尔，这无疑是德雷福斯阐明他们之间分歧的一种重要推动力。

18. "The Hermeneutic Approach to Intentionality," 2.

19. 同上，8.

20. 该说明甚不严谨，为了理解德雷福斯的观点，它必须排除以完全不同的方式再现能力的模拟（例如，若以德雷福斯所言，国际象棋大师根据情境的格式塔选择走法，则能够凭借绝对的计算力击败大师的程序是不会精通国际象棋的），参见《计算机不能做什么》。然而，必要的相似性不必如此严格地详细说明，以至于技能的"无法解释"特征变得微不足道。

21. Aage Peterson, "The Philosophy of Niels Bohr," *Niels Bohr: A Centenary Volume*, ed. A. P. French and P. J. Kennedy (Cambridge: Harvard University Press, 1985), 302。作为玻尔在与一些人对话时作出的典型回答，彼得森引用了这句话，人们声称

和语言相比，实在对我们理解世界的引导更为基础。我特别感谢凯伦·巴拉德，他使我注意到了这篇文章。见 Meeting the Universe Halfway," 175.

22. Samuel C. Wheeler III, "True Figures: Metaphor, Social Relations, and the Sorites," in *The Interpretive Turn: Philosophy, Science, Culture,* ed. David Hiley, James Bohman, and Richard Shusterman (Ithaca: Cornell University Press, 1991), 200.

23. 意义的自然主义解释依靠表达的因果/功能作用来确定其意义，但德雷福斯没有立刻接受这些方法，而且不管怎样，自然主义者的心智主义和实用主义版本都会遭遇其他困难。

24. *Being-in-the-World*, 274.

25. 同上，215-217.

26. Donald Davidson, Inquiries into Truth and Interpretation (Oxford: Oxford University Press, 1984); Robert Brandom, *Making It Explicit: Reasoning, Representing, and Discursive Commitment* (Cambridge: Harvard University Press, 1994).

27. 这种方法提出了著名的"中文屋论证"的一个有趣的重新解释，以反对因果/功能角色语义学，该语义学见 John R. Searle, *Minds, Brains, and Science*（Cambridge: Harvard University Press, 1984）。塞尔的主张是正确的，那些只遵循符号操作之形式规则的人，并不能理解或言说某种语言。然而，原因并不在于某人的操作没有"以你了解意义的符号来表达"（同上，33），而是将遵守规则之人孤立在房间内的实践，没有和她的其他实践（应对周围环境，以维系其可理解性）充分结合起来。

28. *Being-in-the-World*, 212-214.

29. 这一理论实践概念的经典阐述见：Nancy Cartwright, *How the Laws of Physics Lie* (New York: Oxford University Press, 1983), 以及 Ronald Giere, *Explaining Science: A Cognitive Approach* (Chicago: University of Chicago Press, 1988), chap. 3。关于其哲学意义的进一步讨论，见 Joseph Rouse, *Engaging Science: How to Understand Its Practices Philosophically* (Ithaca, N.Y.: Cornell University Press, 1996).

30. Nancy Cartwright, "Fundamentalism vs. the Patchwork of Laws," *Proceedings of the Aristotelian Society* 94 (1994): 279-292.

31. 将实验室普遍视为常见的工作场所的做法，很容易让人们忽视实验在何种程度上是一种*模拟*实践，而与理论建模并无多大差别（*Engaging Science*, 129-132; 228-229，更为全面地讨论了类似的问题）。思想实验和计算机模拟等中间情况的出现凸显了类似的问题。

32. Peter Galison, *Image and Logic: A Material Culture of Microphysics* (Chicago:

354

University of Chicago Press, 1997).

33. *Making it Explicit*, chap. 3, 5-8.

34. 罗伯特·布兰顿或许提供了一种最清晰的版本来解释意义和行动的规范性。"Freedom and Constraint by Norms," *American Philosophical Quarterly* 16 (1979): 187-196.

35. 见 *Engaging Science*.

36. "The Hermeneutic Approach to Intentionality," 2.

37. *Being-in-the-World*, chap. 8.

38. 参见 *Making it Explicit*。布兰顿可能错误地将这样的内部活动（intra-active）认识称为社会的"我/你"概念，错误的原因在于，这一概念表明是已有意向的主体之间，而非基本的内活动的实践"认识"之间具有某种交互作用。

39. 约瑟夫·劳斯在其著作中区分了客观责任与认识主权（epistemic sovereignty），见其"Beyond Epistemic Sovereignty," in *The Disunity of Science: Boundaries, Contexts, and Power*, ed. Peter Galison and David Stump (Stanford: Stanford University Press, 1996), 398-416.

第二章 以民间心理学应对他人

1. 见 Donald Davidson, *Essays on Actions and Events* (Oxford, Oxford University Press, 1980), and Theodore R. Schatzki, *Social Practices: A Wittgensteinian Approach to Human Activity and the Social* (New York: Cambridge University Press, 1996).

2. Dreyfus, *Being-in-the-World*, 151, 96.

3. Martin Heidegger, *Being and Time*, trans. John Macquarrie and Edward Robinson(New York: Harper & Row, 1962), 163；此后引为 *BT*（存在与时间的缩写——译者注）。

4. 我应该明确指出，本章的"行为"和"活动"两词是互换使用的。我是这样使用两个术语的：行为是特定的所作所为，而活动是任何清醒的、有知觉之人所做的连贯行为。

5. 非审慎行为现象与路德维希·维特根斯坦的反应（reaction, *Reaktion*）概念十分相似。对于维特根斯坦而言，反应是一种自发的行为，"自发"表示不加反思或思考。如果行动之前或行动过程中没有明确的反思或考虑，那么这一行为便是没有反思的，维特根斯坦写道，这样的行为是近在咫尺的。Ludwig Wittgenstein, *Philosophical Investigations*, G. E. M. Anscombe Trans. (New York: Macmillan, 1958), 201.

6. Hubert L. Dreyfus, *What Computers Still Can't Do: A Critique of Artificial Reason* 355
   (Cambridge: MIT Press, 1992), xxviii-xxix.

7. Dreyfus, *Being-in-the-World*, 92.

8. 海德格尔将"为了什么而存在"进一步描述为"存在之可能性",是否最好将
   前者理解为目的、自我解释、作用、多组实践,抑或是它们的某种组合,我跳
   过了这一有争议的理解性问题。

9. 在这点上,技能类似于布迪厄的*习惯*; Pierre Bourdieu, *The Logic of Practice*,
   trans. Richard Nice (Stanford: Stanford University Press, 1990), book 1.

10. Jerome Wakefield and Hubert Dreyfus, "Intentionality and the Phenomenology of
    Action," in *John Searle and his Critics*, ed. Ernest Lepore and Robert van Gulick
    (Oxford: Blackwell, 1991), 259.

11. *Being-in-the-World*, 70.

12. 同上,69.

13. 同上,70.

14. 同上。

15. 许多理论家对觉知的概念持怀疑态度,因为觉知对象本身并非人们意识到的
    东西。然而,下面的内容并不是基于赞同这一观念。那些对这一概念持谨慎
    态度的人仍然可以理解德雷福斯所指的现象,例如,他们认为,即便某人没
    有关注或思考她的活动,她通常也知道自己在做什么以及为何这样做。德雷
    福斯会拒绝这种描述,转而使用非主题觉知这一概念,因为对他来说,知识
    是某种"心理状态",而"心理状态"的对象是专题性的。

16. *Being-in-the-World*, 58, 85.

17. Wakefield and Dreyfus, "Intentionality and the Phenomenology of Action," 269.

18. 例如, *Being-in-the-World*, 5.

19. 同上,58.

20. 同上,70.

21. 见 George Downing, *Körper und Wort in der Psychotherapie* (Munich: Kösel,
    1996).

22. 要理解该术语背后的基本原理,请参阅我的书, *Social Practices*, chap. 2.

23. *Being-in-the-World*, 208; 另见 220 页.

24. 同上,86.

25. 同上,58.

356 26. 长篇累牍的论述,参见 Paul Johnston, Wittgenstein: *Rethinking the Inner* (London:
    Routledge, 1993).另见 Malcolm Budd, *Wittgenstein's Philosophy of Psychology*

(London: Routledge, 1989). 另外，请参阅我关于 Johnston 的著作的综述 ["Inside-out?" *Inquiry* 38 (1995): 329-347]。

27. 我强调这就是我对维特根斯坦评论的解读。关于这一解读和下面两段中提到的观点的论述，见 *Social Practices*，第 2、4 章。

28. *Making it Explicit*, 13-18. Brandom，在我看来，罗伯特·布兰顿将维特根斯坦有关遵守规则的思想不适宜地用于他对生活条件的论述。

29. 该语境使我们想起了韦伯的主张，动机恰当意义的归属无须将行为解释为理性的。这样的解释只具有最高的恰当性（adequacy）。Max Weber, *Basic Concepts of Sociology*, trans. H. P. Secher (New York: Citadel, 1962), 32ff。

30. 将这类术语本质上和推理限定的规范结构进行关联分析。有关最近的两个实例，参见 Brandom, *Making it Explicit*, Chap. 4, and Jane Heal, "Replication and Functionalism," in *Folk Psychology: The Theory of Mind Debate*, ed. Martin Davies and Tony Stone (Oxford: Blackwell, 1995), 45-59.

31. 见 Hubert L. Dreyfus and Stuart E. Dreyfus, *Mind Over Machine: The Power of Human Intuition and Expertise in the Era of the Computer* (New York: The Free Press, 1986), Chap. 1.

32. 见 *Being-in-the-World*, 56-59. 另见他对维特根斯坦《心理学哲学评论》的述评，其中，他（非故意地）将心理状态作为有意识状态的概念（在这里是指经验）归因于维特根斯坦。Hubert L. Dreyfus, "Wittgenstein on Renouncing Theory in Psychology," *Contemporary Psychology* 27 (1982): 940-942. 感谢戴维·斯特恩建议我查看这一述评。

33. *Being-in-the-World*, 49.

第三章　实践、实践整体论以及背景实践

1. Hubert L. Dreyfus, "Reflections on the Workshop on 'The Self'" *Anthropology and Humanism Quarterly* 16 (1991): 27.

2. Stephen P. Turner, *The Social Theory of Practices: Tradition, Tacit Knowledge, and Presuppositions* (Cambridge: Polity Press, 1994), 1. 第 1 段引自 Wittgenstein, On Certainty (New York: J. & J. Harper Editions, 1969), 15；第 2 段引自 Hubert L. Dreyfus, "The Mind in Husserl: Intentionality in the Fog," *Times Literary Supplement* (July 12, 1991), 25.

3. *The Social Theory of Practices*, 2.

4. 同上，13.

5. Dreyfus, *Being-in-the-World*, 19.

6. 同上，22.

7. Hubert L. Dreyfus, "Holism and Hermeneutics," *Review of Metaphysics* 34 (1980): 7.　357

8. 同上，10-11.

9. 同上，12.

10. Wittgenstein, *Philosophical Investigations*, I §241.

11. *Being-in-the-World*, 5-6.

12. "Holism and Hermeneutics," 8.

13. Wittgenstein, *On Certainty*, §204；引自"Holism and Hermeneutics," 8.

14. Heidegger, *Being and Time*, 122；引自"Holism and Hermeneutics," 9.

15. "Holism and Hermeneutics,"7.

16. "Reflections on the Workshop on 'The Self,'" 27.

17. 同上

18. 同上，27-28.

19. 见第 5 节。

20. Hubert L. Dreyfus and Stuart Dreyfus, "Why Computers May Never Think Like People," *Technology Review* 89 (1986): 51.

21. *Philosophical Investigations* §§206, 208, 211, 217.

22. "Holism and Hermeneutics,"7. 德雷福斯在原因 2 的脚注中指出，他关于文化实践的解释不仅仅涉及身体技能：更多地包含了适当的器具、符号和一般的文化情绪。实际上，《存在与时间》第 22 页，第二节开头引用的段落已经重申了这两个原因。

23. "Holism and Hermeneutics,"7.

24. Charles Taylor, *Philosophical Arguments* (Cambridge: Harvard University Press,1995), 69-70.

25. Hubert L. Dreyfus "Why Expert Systems Don't Exhibit Expertise," *IEEE-Expert* 1 (1986): 86-87.

26. "Holism and Hermeneutics," 8-9.

27. 同上，9.

28. Martin Heidegger, *The Basic Problems of Phenomenology*, trans. Albert Hofstadter (Bloomington: Indiana University Press, 1982), 275.

29. Hubert L. Dreyfus, "Heidegger's Critique of the Husserl/Searle Account of Intentionality," *Social Research* 60, no.1 (1993): 17-38.

30. Charles Spinosa, Fernando Flores, and Hubert Dreyfus, *Disclosing New Worlds:*　358　*Entrepreneurship, Democratic Action, and the Cultivation of Solidarity*

(Cambridge: MIT Press, 1997), 189.

31. "Reflections on the Workshop on 'The Self'," 27.

32. 同上.

33. 以下五点基于德雷福斯于 1997 年 7 月 24 日在 NEH 暑期学院散发的讲义，题为"结论：背景实践与技能如何成为规范和可理解性之基础：道德-政治影响"。

第四章　现象学的局限性

1. 除非另有说明，附加说明的参考文献是指 Hubert L. Dreyfus, *Being-in-the-World*。

2. Hubert L. Dreyfus, "Heidegger's Critique of the Husserl/Searle Account of Intentionality," 34.

3. 同上，33.

4. 见 John R. Searle, *Intentionality: An Essay in the Philosophy of Mind* (Cambridge: Cambridge University Press, 1983), Chap.3.

5. 同上，12.

6. "Heidegger's Critique of the Husserl/Searle Account of Intentionality," 34（原文强调）.

7. 同上，28-29（原文强调）.

8. 参见我对意识流的阐述，John R. Searle, *The Rediscovery of the Mind* (Cambridge: MIT Press, 1992).

9. 防止两个可能的误解：我不是说所有有意识内容都是意向内容，也不是说所有意向内容都是有意识的。

10. 例如，John R. Searle, *The Construction of Social Reality* (New York: The Free Press, 1995).

11. 我非常感谢肖恩·D. 凯利、达格玛·塞尔（Dagmar Searle）和休伯特·德雷福斯对本章的评论。

第五章　背景实践、能力和海德格尔的解蔽

1. 引文出自 MIT Press edition, Hubert L. Dreyfus, *What Computers Still Can't Do: A Critique of Artificial Reason* (Cambridge: MIT Press, 1992), 233.

359　2. "Introduction to the Revised Edition," *What Computers Still Can't Do*, 56-57.

3. Hubert L. Dreyfus, *Being-in-the-World*, 7. 文本中所有插入的引文皆来自 *Being-in-the-World*.

4. Hubert L. Dreyfus, "Heidegger's Critique of the Husserl/Searle Account of Intentionality," 35-36.

5. John R. Searle, *The Rediscovery of the Mind*, 189.

6. 同上，179.

7. John R. Searle, *The Construction of Social Reality*, 131.

8. *The Rediscovery of the Mind*, 180-181.

9. *The Construction of Social Reality*, 129.

10. *The Rediscovery of the Mind*, 192.

11. *The Construction of Social Reality*, 137.

12. （主要摘自）John R. Searle, *Intentionality: An Essay in the Philosophy of the Mind*, 154.

13. 见 Hubert L. Dreyfus, *"Phenomenological Description versus Rational Reconstruction,"* *Revue Internationale de Philosophie* 即将发表；John R. Searle, "The Limits of Phenomenology," 载于本卷。

14. *Intentionality*, 154.

15. Heidegger, *Being and Time* (BT), 115.

16. 同上，98.

17. 同上，118/85.

18. *Being-in-the-World*, 103. 德雷福斯区分了局部背景和普遍背景，但并未改变这一分析。德雷福斯认为，两者皆由解蔽活动所开显。见同上，189 页注释.

19. *BT*, 232.

20. *The Construction of Social Reality*, 129.

21. 见 *BT*, 400.

22. 同上，16.

23. 同上，391.

24. 同上，393.

25. 同上。

26. 同上，394.

27. 事实上，我们很难想象焦虑状态具有何种满足条件，正如海德格尔所说的，"畏之所畏不是任何世内存在者"，但畏之所畏者的威胁"没有这种特定的有害之事的性质"。*BT*, 231。然而，把焦虑状态视为一种非意向状态似乎也不合理（鉴于其缺乏满足条件，塞尔会这样认为），因为它不单是一种主观状态——正如塞尔所言，它是"指向或关于或指涉……世界上的对象和事态"，*Intentionality*, 1.

28. *The Rediscovery of the Mind*, 140.

29. 我非常感谢肖恩·D. 凯利使我深刻认识到这一点。

30. 见德雷福斯在 *Being-in-the-World* 第 11 章中关于理解的出色讨论。

360

31. *BT*, 385.

32 *The Construction of Social Reality*, 135.

33. 我对这些问题的思考得益于和肖恩·D. 凯利及詹姆斯·希贝尔的讨论。和我写的其他文章一样，如果没有休伯特·德雷福斯愿意讨论和接受对其观点的挑战，没有他那富有洞察力却又善良的批评，没有他持续的鼓励，本章是不可能完成的。有他这样一位老师、导师和朋友，实乃吾之幸事。

第六章 基础主义的问题：知识、能动性和世界

1. 见 Charles Taylor, "Overcoming Epistemology,"in *Philosophical Arguments*, 1-19.

2. 见 Dreyfus, *What Computers Still Can't Do: A Critique of Artificial Reason*.

3. 多见于 Dreyfus, *Being-in-the-World*.

4. Dreyfus and Dreyfus, *Mind over Machine*.

5. "Se demander si le monde est réel,ce n'est pas entendre ce qu'on dit," Merleau-Ponty, *La Phénoménologie de la Perception* (Paris: Gallimard, 1945), 396.

6. Natalie Zemon Davis, *Society and Culture in Early Modern France: Eight Essays* (Stanford: Stanford University Press, 1975).

7. 引自 Peter Burke, *Popular Culture in Early Modern Europe* (London: T. Smith 1978), 202.

8. M. M. Bakhtin, *Rabelais and His World, trans.Helene Iswolsky* (Cambridge: MIT Press, 1968).

9. Victor Turner, Dramas, *Fields and Metaphors: Symbolic Action in Human Society* (Ithaca, N.Y.: Cornell University Press, 1978).

10. *Popular Culture in Early Modern Europe*, 209.

11. 同上，212.

12. 同上，217.

13. 同上，270.

14. 同上，271.

15. 同上，221.

16. Henri Xavier Arquillière, *L'Augustinisme politique* (Paris: Vrin, 1934).

17. Arquillière quotes Isidore of Seville: "Ceterum, intra ecclesiam, potestates necessariae non essent, nisi ut,quod non prevalet sacerdos efficere per doctrine sermonem, potestas hoc imperet per discipline terrorem." 同上，142.

18. 见 Dreyfus and Rabinow, Michel Foucault: *Beyond Structuralism and Hermeneutics*, 245, 251.

361

19. 见 Michel Foucault "Politics and Ethics: an Interview," in *The Foucault Reader*, ed. Paul Rabinow (New York: Pantheon Press, 1984), 373-380.

第七章　语境和背景：德雷福斯与认知科学

1. Hubert L. Dreyfus, *What Computers Can't Do* (1972); *What Computers Can't Do* (1979); *What Computers Still Can't Do* (1992). 除非另有说明，所有参考资料均为 1972 年版。

2. 在 1979 年修订版 *What Computers Can't Do* 的导言中，德雷福斯提到了认知科学（27），并在脚注（309）中引用了 Allan Collins 在杂志 *Cognitive Science*（1976）第一期给出的定义。如今的认知科学家，不管其派别和领域，都会对柯林斯的定义异常惊讶：正如德雷福斯所言，该定义明显将好的老式人工智能（GOFAI）置于核心位置，心理学是其他领域中唯一与之关系密切的领域，而且在其中发挥着次要的作用（新兴学科的"分析技术"包括了一些"认知心理学家近年发展的实验技术"）。

3. 约翰·豪格兰德在 *Artificial Intelligence: The Very Idea* (Cambridge: MIT Press, 1985)中创造了一个贴切的短语，用于指人工智能的第一个时期，大致从 20 世纪 50 年代中期的生机盎然到 20 世纪 70 年代末期产生怀疑，这与联结主义的复兴相吻合，事实上也与之相关。

4. Dreyfus and Dreyfus, *Mind over Machine*.

362

5. 每当他评论福多或乔姆斯基时肯定会这样说，当然了，他选择的是这些著者的"形式主义"声明，它们只反映了认知科学中的某一趋势，而且术语多少有些陈旧——当然，没有对德雷福斯的批评：他在写作时恰当地利用了"最佳科学理论"。这使得提出的问题悬而未决：德雷福斯是否愿意认为，迄今所有的认知科学本质上是神经科学，抑或美其名曰人工智能？阻碍对德雷福斯态度的这种解释的是，它求助于从认知心理学的实证研究中得出的论点，尤其是在《超越机器的心灵》中和该书出版后。

6. 自从约翰·豪格兰德与约翰·塞尔（各自独立地？）创造出这一词汇后，"认知主义"便渐渐为人所熟知。

7. 释义豪格兰德的标题。

8. 即与可行性问题无关。

9. 因此，语境就以"认知环境"的名义出现在这一观点中：它（语境——译者注）与心理事件发生的关系，就像物理事件的发生与物理环境的关系一样。在讨论语境时使用"环境"一词代表着一种强烈的自然主义立场，德雷福斯对此是相当陌生的。丹·斯波伯和迪尔德丽·威尔逊的关联理论是建立在认知环境对语境的识别基础之上的最为复杂的研究方案。见 Dan Sperber and Deirdre Wilson, *Relevance: Communication and Cognition* (Oxford: Blackwell, 1986).

10. 不妨将模拟这一过程的技术问题与之联系起来。

11. PDP 表示并行分布式处理。见 *Parallel Distributed Processing: Explorations in the Microstructure of Cognition,* vol.1, Foundations, ed. David E. Rumelhart, James L. McClelland, and the PDP Research Group (Cambridge: MIT Press, 1986)。PDP 模型是由输入到输出的连续层构成的前馈神经网络；因而它们是广义的感知器。见 *Neurocomputing: Foundations of Research*, ed. James Anderson and Edward Rosenfeld (Cambridge: MIT Press, 1988), 这本书介绍了神经计算传统的历史，包括 Rosenblatt 的感知器。

12. 约翰·麦卡锡的表达方式。"Programs with Common Sense," 载于 *Semantic Information Processing*, ed. M. Minsky (Cambridge: MIT Press, 1969), 403-418. 德雷福斯在 *What Computers Can't Do: A Critique of Artificial Reason* (1972), 125 中引用了该段文字。

13. 克劳迪娅·比安奇在她的博士论文中提出了这一区分，Flexibilité Sémantique et Sous-détermination," Ph. D. diss., CREA, École Polytechnique, Paris, 1998.

14. *What Computers Can't Do*, 221.

15. 同上，261. 在标准（可分离）的意义上，关切不应过于迅速地被减少到一个目标。

16. Searle, *Intentionality*, 143.

17. Searle, *The Rediscovery of the Mind,* 175.

18. 同上，129.

19. 同上；原文强调。

20. 同上。

21. Hubert L. Dreyfus, "Phenomenological Description versus Rational Reconstruction," section II, 原文强调。

22. Hubert L. Dreyfus, "Introduction" to *Husserl, Intentionality, and Cognitive Science* (Cambridge: MIT Press, 1982).

23. *What Computers Can't Do*, 248.

24. *Mind over Machine,* chap. 1.

25. 其他都是历史学、社会学观点，都是某人有时间看书、某人准备投入多少精力、某人如何大方地承认知识产权债务（intellectual debts）等等之类的问题。

26. *Themes from Kaplan*, ed. Joseph Almog, John Perry, and Howard Wettstein (New York: Oxford University Press, 1989).

363

27. John Perry, *The Problem of the Essential Indexical and Other Essays* (NewYork: Oxford University Press, 1993), 特别是标题文章。

28. 同上，尤其是 "Thought without Representation"。

29. 雷卡纳蒂（Recanati）充分利用了这一案例。例如，见 Françoise Recanati, "Déstabiliser le Sens"（即将出版）。

30. 弗里德里希·魏斯曼创造了这个与经验谓词相关的表达。*Logic and Language*, ed. Antony Flew (Oxford: Basil Blackwell, 1951), 122-151 中的"可证实性"。他的立场反映了维特根斯坦在《哲学研究》中关于家族相似性的著名论述。

31. Charles Travis, *The Uses of Sense: Wittgenstein's Philosophy of Language* (Oxford: Oxford University Press, 1989).

32. 我在此处关注的不是第一和第三个句子中的"the"，而是关注什么是冰箱中在场的水，什么是约克位于（准确？）利兹西北方向 25 英里处（准确？），或者桌子上满是（因而看不到桌子？等等）面包屑（确实？）。特拉维斯以精致的周全性创造并考察了这类例子。

33. *The Rediscovery of the Mind*, 175.

34. 在这方面，很少有本身就重要的例子（前文所举的例子：吉姆的书中的 X 的 Y 是个例外）。人们需要一种可以在有所需时编造例子的基本直觉。德雷福斯在对尚克（Schank）的餐馆脚本的批评中说明了如何做到这一点：诀窍在于专注于情境的任何特征，考察是什么关于物质或社会世界的常识与意会假设（tacit assumptions）产生了这种特征，并否定这些假设中的任何一个。喜剧式处理并没有坏处。见 *What Computers Can't Do*, 41ff.

35. 当然，这并不是说，塞尔与布迪厄的理论包含在德雷福斯的理论当中！但有着很大部分的重叠。

36. 塞尔在与德雷福斯对话时谈到，阅读维特根斯坦的《论确定性》这本书对他的思想产生了影响。

37. *The Rediscovery of the Mind*, 175.

38. 我把这些参考文献归于 Bianchi 的论文。

39. 用英语和法语表达可能更为清楚。语法当然非常依赖于语言；例如，法语中有一个词（esprit）有"心智"以及"精神"两个意思，这个语言事实给法国心智哲学家造成了很大困难。

40. 见 Daniel Andler, "Turing: Pensée du Calcul, Calcul de la Pensée," in *Les Années 1930: Réaffirmation du Formalisme*, ed. F. Nef and D. Vernant (Paris: Vrin, 1998), 1-41, for preliminaries。图灵本人没有解决这一问题，也许只是因为时间不够，但也可能是有更深层的原因。

41. 浅层原因在于德雷福斯介入该领域时的历史情境（本书导言已提醒读者）。

42. 非取消式的心理主义自然主义（和塞尔不稳定的自然主义或丘奇兰德的不加掩饰的神经生物学自然主义相反）。

43. Sperber and Wilson, *Relevance*.

44. Daniel Andler, "The Normativity of Context," *Philosophical Studies*（即将出版，现已出版——译者注）.

45. Jerry Fodor, *The Modularity of Mind: An Essay on Faculty Psychology*. (Cambridge: MIT Press, 1983), 129.

46. Dan Sperber, "The Modularity of Thought and the Epidemiology of Representations," in *Mapping the Mind:Domain Specificity in Cognition and Culture,* ed. Lawrence A. Hirchfeld and Susan A. Gelman (Cambridge: Cambridge University Press, 1994), 39-67.

47. 这可被视为某一更大问题：非概念性内容的一部分，这是目前心智哲学中一个活跃的研究领域。见 Christopher Peacocke, "Nonconceptual Content Defended," *Philosophy and Phenomenological Research* 58 (1998): 381-388.

48. 他认为塞尔给他的观点带来了这一变化，见 "Phenomenological Description versus Rational Reconstruction."

49. 例如，参见：Marc Jeannerod, *The Cognitive Neuroscience of Action* (Cambridge: Blackwell, 1997).

365 50. 例如，参见：Susan Carey, "Continuity and Discontinuity in Cognitive Development," in *An Invitation to Cognitive Science*, vol. 3 of *Thinking*, 2d ed., ed. E. Smith and D. Osherson (Cambridge: MIT Press, 1995).

第八章　抓住救命的稻草：运动意向性和熟练行为的认知科学

1. Heidegger, *Being and Time*, 59.

2. 同上，60.

3. P. F. Strawson, *Individuals: An Essay in Descriptive Metaphysics* (London: Methuen, 1959).

4. 同上，9.

5. 见 Gareth Evans, *Varieties of Reference* (Oxford: Oxford University Press, 1982)，尤其是第 6 章。埃文斯可能是通过查尔斯·泰勒的著作间接地受到梅洛-庞蒂观点的影响。

6. 见 Sean Kelly, "The Non-conceptual Content of Perceptual Experience and the Possibility of Demonstrative Thought," 即将发表。

7. 这一观点的例子，见章节"The Thing and the Natural World" in *Maurice Merleau-Ponty, Phenomenology of Perception*, trans. Colin Smith (London: Routledge and Kegan Paul, 1962).

8. 据我所知，德雷福斯尚未就该问题发表任何论文。基于他在与弗里曼的联合研讨会上，以及在我与他个人对话中所做出的评论，我将这一立场归于德雷福斯，希望这是恰当的。

9. *Phenomenology of Perception*, 104.

10. 同上，110.

11. 同上，5.

12. 同上，6.

13. 同上，103.

14. 同上。

15. Goldstein, *Zeigen und Greifen*, 453-466，引自 *Merleau-Ponty, Phenomenology of Perception*, 103.

16. *Phenomenology of Perception*, 103.

17. 同上，104.

18. Heather Carnahan, "Eye, Head and Hand Coordination during Manual Aiming," in Vision and Motor Control, ed. L. Proteau and D. Elliott (Elsevier Science Publishers B. V., 1992), 188.

19. 见 Meyer et al., "Speed-Accuracy Tradeoffs in Aimed Movements: Toward a Theory of Rapid Voluntary Action," in *Attention and Performance XIII: Motor Representation and Control*, ed. M. Jeannerod (Hillsdale, N. J.: Lawrence Erlbaum Associates, 1990), 173-226.

20. R. S. Woodworth, "The Accuracy of Voluntary Movement," in *Psychological Review* 3, no.13, (July 1899): 1-114.

21. Paul M. Fitts, The information capacity of the human motor system in controlling the amplitude of movement," *Journal of Experimental Psychology* 47 (1954): 381-391.

22. 似乎对我来说，一般而言，解释行为常数的需要才会促使心理学家发展出行为的基本理论解释，而这种解释可能要冒与那种行为的现象学说明相冲突的风险。比如，这也与梅洛-庞蒂在《知觉现象学》的"事物与自然世界"一章中谈论的感知常数相一致。

23. "Speed-Accuracy Tradeoffs," 180.

24. Woodworth, "The Accuracy of Voluntary Movement," 54.

366

25. 同上，59.

26. "Speed-Accuracy Tradeoffs," 201.

27. E. R. F. W. Crossman and P. J. Goodeve, "Feedback control of hand-movements and Fitts'law," *Quarterly Journal of Experimental Psychology* 35A (1983): 251-278.

28. *Phenomenology of Perception*, 104. 加雷斯·埃文斯在这一点上基本接受了梅洛-庞蒂的观点，尽管他在表面上描述了一种完全不同的区分，即知觉内容和指示词思想内容（the content of demonstrative thoughts）之间的区别。在埃文斯看来，两者的关系在于，人们依据指向知觉对象的行动意向阐明知觉内容——在绝大多数情况下，也就是理解知觉对象——而指示词的思想在绝大多数情况下，伴随着某一指示手势。当埃文斯把知觉内容和指示词内容之间的区别，归于对知觉行为与以指示词为基础的理解之间的区分时，埃文斯正是接受了梅洛-庞蒂的观点。至于知觉，他认为这种理解是"自我中心的"，指示行为则是"客观的"。见 *Varieties of Reference*, chap. 6.

29. *Phenomenology of Perception*, 104.

30. Goodale, et al., "A neurological dissociation between perceiving objects and grasping them," *Nature: An International Weekly Journal of Science* 349 (Jan. 10, 1991): 154-156.

31. 同上，155.

32. 见 M. A. Goodale and A. D. Milner, "Separate visual pathways for perception and action," *Trends in Neuroscience* 15, 1 (1992): 20-25.

33. 一般的现象学家，特别是梅洛-庞蒂，欲进一步声称抓取行为实际上是指向行为的可能性条件。如果该观点是正确的，那应该不会有这样的患者，可以指向但却无法抓取物体。然而，有关视觉性共济失调（optic ataxia）的大量文献使人们难以为这一主张进行辩护。关于这种文献的实例，参见 Damasio et al., *Neurology* 29(1979): 170-178, or Perenin et al., *Brain* 111 (1988): 643-674. 如上所述，视觉性共济失调是一种障碍，粗略而言是指患者可以指向但无力抓取物体。梅洛-庞蒂认为，抓取是指向的可能性条件，为了辩护这一主张，人们必须论证，不管表面如何，患者出现视觉性共济失调的症状时并不像看起来那样在指向物体。

34. *Phenomenology of Perception*, 104. 根据埃文斯的术语，物体的位置服从"客观秩序"。

35. 同上，105.

36. 同上。

367

37. 同上，103-104.

38. 同上。

39. Goodale, Jakobson, Keillor, "Differences in the visual control of pantomimed and natural grasping movements," *Neuropsychologia* 32, no.10 (1994): 1159-1178.

40. *Phenomenology of Perception*, 104.

41. Hon C. Kwan, et al., "Network relaxation as biological computation," *Behavioral and Brain Sciences* 14, no. 2 (1991): 354-356.

42. 当然，与任何行为的学习阶段有反馈相类似，网络的学习阶段也具有反馈性。

43. 当然，本章在很大程度上得益于和休伯特·德雷福斯的讨论，他既是我在管理意义上的"顾问"，也是我最有益的哲学伙伴。这两个特征很少会在一个人身上和谐地共存。对神经科医生唐纳德·博雷纳，我也感激不尽，在过去几年里，我与他在这个问题上密切合作。我也很幸运地与约翰·塞尔和布伦丹·奥沙利文讨论了这份材料。撰写本章内容离不开谢丽尔·陈的支持和建议。

第九章　知识的四种类型，两种（抑或三种）具身性和人工智能问题

我很感谢加里·威克姆（Gary Wickham）对该文本早期的草稿作出的有益评论。

1. Hubert L. Dreyfus, *What Computers Can't Do* (1972); Hubert L. Dreyfus, *What Computers Still Can't Do* (1992).

2. 本章的部分内容摘自 H. M. Collins, "The Structure of Knowledge," *Social Research* 60 (1993): 95-116; "Humans, Machines and the Structure of Knowledge," *Stanford Humanities Review* 4, no.2 (1995): 67-83; 以及 Embedded or Embodied: A Review of Hubert Dreyfus's *What Computers Still Can't Do, Artificial Intelligence* 80, no. 1 (1996): 99-117.

3. 好莱坞辉煌的科学突破在实际生活中的应用情况令人感到沮丧。

4. 这不仅仅是打网球的必要条件。即便一个没有血液的人打不了网球，我们也不想说打网球的知识包含在血液之中。我们并不想说身体类似于工具，网球运动的知识包含在球拍之中（毕竟，我们可以换用网球拍，而几乎无法转移任何网球运动能力）。

5. 第一句习语在社会中根深蒂固，我无须再做介绍；第二句习语来自 Anthony Burgess's *A Clockwork Orange* (New York: Norton, 1962)。

6. 但是，这一要素是最容易解释的，所以我一直以该维度贯穿整个章节。我在别处认为，精通某种语言的人能够以各种方式"修复"受损的符号串，而"中文屋"则做不到这一点。语言的社会嵌入性具有其他表现方式，有关这一讨论，

见 H. M. Collins, *Artificial Experts: Social Knowledge and Intelligent Machines* (Cambridge: MIT Press, 1990), 以及 H. M. Collins, "Hubert Dreyfus, Forms of Life, and a Simple Test For Machine Intelligence," *Social Studies of Science* 22 (1992): 726-739.

7. 我意识到一些论点，它们表明所有类型化的语言处理在原则上都可以利用蛮力的方式，但在对《人工智能专家》中图灵测试进行更全面的分析这一背景下，我反对这种可能性。

8. 参见德雷福斯对其书评的回应，"Response to my Critics," *Artificial Intelligence* 80, no.1 (1996): 171-191.

9. 以海湾战争中"爱国者"导弹与"飞毛腿"导弹较量为背景的这一论点，见 H. M. Collins and T. J. Pinch, *The Golem at Large: What You Should Know About Technology* (Cambridge: Cambridge University Press, 1998).

10. H. M. Collins, "Socialness and the Undersocialised Conception of Society," *Science Technology and Human Values* 23, no.4 (1998): 494-516.

11. 这是一种强烈的人类中心论观点，但我实在是想不出还有其他方法可以合理地回答这一问题。狗"自身具有独立的社会世界，与我们类似，但却有不同之处"，这样的话是不合适的，因为关于废纸箱，你也可以说同样的话。某些实体是否能够学到文化的方式，在于尝试使它懂得你的文化，看看这种方法是否奏效。

12. 这些事物绝不是唯一的范畴，虽然我认识的许多哲学家都认为放弃这方面的学习是一种失职的行为。

13. Kusch 与我试图在 H. M. Collins and M. Kusch, "Two Kinds of Actions: A Phenomenological Study," *Philosophy and Phenomenological Research* 55, no.4 (1995): 799-819; 以及 H. M. Collins and M. Kusch, *The Shape of Actions: What Humans and Machines Can Do* (Cambridge: MIT Press, 1999)中提出这样一种新的理论。

369 **第十章 半人工智能**

1. Hubert L. Dreyfus, *What Computers Still Can't Do*, ix.

2. Sabra Chartand, "A Split in Thinking Among Keepers of Artificial Intelligence," *New York Times* (July 18, 1993), sec. 4,6.

3. John Horgan, *The End of Science: Facing the Limits of Knowledge in the Twilight of the Scientific Age* (Reading, Mass.: Addison-Wesley Publishing Co.,1996).

4. Sherry Turkle, *Life on the Screen: Identity in the Age of the Internet* (New York:

Simon and Schuster, 1995), 88.

5. 同上。

6. A. M. Turing, "Computing Machinery and Intelligence," *Mind* 59 (1950): 433-460.

7. *Life on the Screen*, 88.朱莉娅的网页是 http://fuzine.mt.cs.cmu.edu/mlm/julia.html，你可以在这里与朱莉娅聊天，或者阅读她的某一（不完全的）聊天记录。

8. *Life on the Screen*, 91.

9. Atul Gawande, "No Mistake," *New Yorker* (March 30, 1998), 74-81.

10. *Life on the Screen*, 207.

11. William Gibson, *Neuromancer* (New York: Ace Books, 1984).

12. 同上，159.

13. Kendall Hamilton and Julie Weingarden, "Lifts, Lasers, and Liposuction: The Cosmetic Surgery Boom," *Newsweek* (June 1998), 14.

14. Tom Kuntz, "A Death on Line Shows a Cyberspace with Heart and Soul," *New York Times* (April 23, 1995), sec.4, 9.

15. Hans Moravec, *Mind Children: The Future of Robot and Human Intelligence* (Cambridge: Harvard University Press, 1988); Frank Tipler, *The Physics of Immortality: Modern Cosmology, God,and Resurrection* (New York: Doubleday, 1994).

16. Charles Taylor, *Sources of the Self: The Making of the Modern Identity* (Cambridge: Harvard University Press, 1989), 72.

第十一章　海德格尔论活神

1. 有关海德格尔对文化作品中神性的论述，见 Martin Heidegger, "The Origin of the Work of Art," *Poetry, Language, Thought*, trans. Albert Hofstadter (New York: Harper & Row, 1971) 17-87. 在受到事物和处所的影响而沉沦时接受神的存在，有关海德格尔的这一论述，见同卷"The Thing," 165-186 和"Building Dwelling Thinking," 145-161.

2. Hubert L. Dreyfus, "Heidegger on the Connection between Nihilism, Art, Technology, and Politics," *The Cambridge Companion to Heidegger*, ed. Charles Guignon (Cambridge: Cambridge University Press, 1993): 289-316.　　370

3. 例如，见 *God, Guilt, and Death: An Existential Phenomenology of Religion*, ed. James M. Edie (Bloomington: Indiana University Press, 1984), 37 中 Merold Westphal 维护 Otto 著作的主题。

4. Rudolf Otto, *The Idea of the Holy*, trans. John W. Harvey (London: Oxford

University Press, 1958), 26-27.

5. *The Idea of the Holy*, 41-49.

6. Heidegger, "The Origin of the Work of Art," 42（译文有改动）.

7. Martin Heidegger, *Identity and Difference*, trans. Joan Stambaugh (New York: Harper & Row, 1969), 72.

8. William James, *Varieties of Religious Experience: A Study in Human Nature* (New York: Random House-Modern Library, 1902), lectures 2 and 3, 53-76.

9. David Farrell Krell 有效地表明，对于海德格尔来说，神话、诸神和神灵的功能联系与人类的存在方式是相同的。见：David Farrell Krell, *Daimon Life* (Bloomington: Indiana University Press, 1992), 20.

10. Martin Heidegger, *Parmenides*, trans. André Schuwer and Richard Rojcewicz (Bloomington: Indiana University Press, 1992), 102.

11. Ludwig Wittgenstein, *Philosophical Investigations*, 214-219，维特根斯坦此处谈论了语词的感觉。

12. 同上，219.

13. Heidegger, *Parmenides*, 106（译文有些许改动）.

14. 同上，110-111.

15. 同上，111.

16. 同上，104.

17. 海德格尔通过主张神是"调和者"（the attuning ones）表达了这一观点，同上，111.

18. 我在此处采用查尔斯·泰勒的阐述。见：Charles Taylor, "Interpretation and the Sciences of Man," *Philosophy and the Human Sciences: Philosophical Papers 2* (Cambridge: Cambridge University Press, 1985), 15-57, esp. 38-40.

19. 见 Martin Heidegger, *The Fundamental Concepts of Metaphysics: World, Finitude, Solitude*, trans. William McNeill and Nicholas Walker (Bloomington: Indiana University Press, 1995), 66-67. 海德格尔举了一个例子，一个幽默的人自身带有某种活跃的气氛。

20. 请注意，这种对外观风格的理解有助于我们理解海德格尔如何解释在人和动物的外形中都可看到神。见 *Parmenides*, 109.

21. Heidegger, "The Origin of the Work of Art," 43.

22. 我们应该记得个人同一性这一强概念是近代早期的概念，每个人都有自己的命运。

23. 这一叙述来自俄亥俄州法官 Ronald Spon。我在细节上做了些许改动，但对基

371

本的叙述未作变动。将这一描述理解成对神性的体验可能与某些形而上学的
主张相矛盾，这种体验源于既非主观亦非客观的存在维度，宗教激进主义基
督徒会倾向于对上帝、天使、天堂等的客观性作出这些形而上学的判断。对
于"客观性"，宗教激进主义和科学的用法之间存在许多混淆。科学家和宗
教激进主义者都声称自己讨论的是客观事物，但各自的意义都不尽相同。科
学家描述的是客观而非本质的东西，我相信许多宗教激进主义者和科学家都
承认这一点。客观领域以及客观上的基本领域之间是否交互以及如何交互作
用是另一篇论文的主题。对这一问题的初步回答，见 Hubert L. Dreyfus and
Charles Spinosa, "Coping with Things-in-Themselves," *Inquiry* 42 (March 1999):
49-78. 另见 Charles Spinosa and Hubert L. Dreyfus, "Robust Intelligibility:
Response to our Critics," *Inquiry* 42, no. 2 (June 1999): 177-194.

24. 对于某些人来说，金钱和天使之间似乎存在着显著的认识论上的差异。如果
我们认为所有看起来与我们的国家货币相似的货币都是有价值的，那么我们
就会被造假钞的人所误导。天使也是如此。如果宗教激进主义者认为天使般
的行为都是由天使所为，那么他便容易受到假冒成天使之人的影响。有人可
能会使宗教激进主义者和事物相调和，就好像这些调和物是天使一样，而他
这样做只是为了欺骗宗教激进主义者。同样，天使可能和如今有关天使的流
行电视节目一样有了额外的使命，当我们意识到这一点时，我们寻找天使并
发现他在新泽西州李堡所引发的问题便不复存在了。

25. 帕特里克·哈珀在目击外星人和仙女的例子中发现了一种类似的神性，注意
到外星人和仙女都倾向于解决我们共有的关注点，该关注点也是我们共有的
主张。与天使体验相类似，Harpur 描述的许多有关外星人的经历都和有关体
验神圣者（the holy）的叙述相一致。与更为海德格尔式的普遍意义截然相反，
Harpur 本人利用了荣格的集体无意识本体论来理解外星人和仙女的意义。见
Patrick Harpur, *Daimonic Reality* (New York: Penguin, 1996).

26. *Parmenides*, 112. 海德格尔后来在同一文本中进一步阐述了这一点，他解释说，
神并没有给予我们太多的信息，而是出现在情境中，并且为了让我们适应情
境而言说。*神圣者*是*神*的本质特征，后者作为注视者而看入平常普通的东西，
也就是显现。这种显现就其自身而言是显现者，那是将自身注入无弊之物的
神圣者。那将自身注入无弊之物者和显现者具有看和道说的基本的显现方式，
我们注意到，这种道说的本质不在于高声宣布，而在于这种意义上的声音
[*Stimme*]：无声的定调[*Stimmenden*]、示意、展现人的本质（同上，114）。

372

27. 我要感谢 Jeff Malpas、Maria Flores，以及 Mark Wrathall 提出的有益建议。

第十二章 信任

1. C. A. J. Coady, *Testimony: A Philosophical Study* (Oxford: Clarendon Press, 1992); Keith Lehrer, *Self-Trust: A Study of Reason, Knowledge, and Autonomy* (New York: Oxford University Press, 1997).

2. Bernard Barber, *The Logic and Limits of Trust* (New Brunswick, N. J.: Rutgers University Press, 1983); Niklas Luhmann, *Trust and Power: Two Works*, trans. Howard Davis, John Raffan, and Kathryn Rooney (New York: John Wiley and Sons, 1979); Anthony Giddens, *Modernity and Self-Identity: Self and Society in the Late Modern Age* (Stanford: Stanford University Press, 1991); Francis Fukuyama, *Trust: The Social Virtues and the Creation of Prosperity* (New York: Free Press, 1995).

3. Karen Jones, Russell Hardin, and Lawrence C. Becker, "Symposium on Trust," *Ethics* 107, no. 1 (1996): 4-61.

4. Annette C. Baier 近期关于休谟和信任的著作参见她的 *A Progress of Sentiments: Reflections on Hume's* Treatise (Cambridge: Harvard University Press, 1991) 和 *Moral Prejudices: Essays on Ethics* (Cambridge: Harvard University Press, 1994)，特别是"Trust and Antitrust," 95-129.

5. 例如，参见 Diego Gambetta 的著作 *Trust: Making and Breaking Cooperative Relations* (Oxford: Blackwell, 1988)中的几乎所有文章，尤其是开篇的文章 "Formal Structures and Reality," 3-13，作者是特殊的博弈理论家：伯纳德·威廉姆斯（Bernard Williams）。

6. Fukuyama, *Trust*. 有关相同隐喻的使用，另见 Sissela Bok, *Lying: Moral Choice in Public and Private Life* (New York: Vintage Books, 1979).

7. 例如，Phillip Pettitt 非常聪明地处理了信任问题，参见"The Cunning of Trust," *Philosophy and Public Affairs* 24, no.3 (1995): 202-225; Richard Horton, "Deciding to Trust, Coming to Believe," *Australasian Journal of Philosophy* 72, no.1 (1994): 63-76; and Simon Blackburn, "Trust, Cooperation, and Human Psychology," in *Trust and Governance*, ed. Valerie Braithwaite and Margaret Levi (New York: Russell Sage Foundation, 1998), 28-45.

8. Baier, "Trust and Antitrust."

9. 参见 Horton, "Deciding to Trust, Coming to Believe."

10. Baier, "Trust and Antitrust"; Jones, "Symposium on Trust," 14-25.

11. Luhmann, *Trust and Power*; Giddens, *Modernity and Self-Identity*.

12. Fukuyama, *Trust*. 但没有任何迹象表明，如何在某些文化而非其他文化中发现这种媒介，更为迫切的是，如何在缺乏这种媒介的社会中予以创造或恢复。

13. *背景*的概念来自海德格尔的《存在与时间》，休伯特·德雷福斯在其《在世：　373
评海德格尔的〈存在与时间〉第一篇》中详细阐述了这一概念（75ff）。约翰·塞
尔在其《意向性：论心灵哲学》的第141-159页中也对此做了详尽的分析。

14. Becker, "Symposium on Trust," 43-61.

15. 例如，凯伦·琼斯详细讨论了奥赛罗对伊阿古的信任（"关于信任的学术研
讨会"）。然而，奥赛罗愈发不信任苔丝狄蒙娜（Desdemona），这同样重要，
而且在许多方面具有教育意义。前者与后者都一样盲目，但后者可能被视为
一种动态、展开的不信任，而前者则是一种非常静态和无脑的信任。

16. 我的论点和陀思妥耶夫斯基（以及许多其他人）提出的关于宗教信仰的观点
相类似，即除非信仰被怀疑所打断，甚至被怀疑渗透，否则便不是真正的信
仰。信仰是一种自我克服的形式，而不单是天真或"盲目"信任的问题。

17. 参见：Laurence Thomas, "Reasons for Loving," in *The Philosophy of (Erotic)Love*,
ed. Kathleen Higgins and Robert Solomon (Lawrence, Kans.: University of Kansas
Press,1991), 467-477.

18. 当然，此处的经典著作是西格蒙德·弗洛伊德的"Psychoanalytic Notes upon an
Autobiographical Account of a Case of Paranoia"（施莱伯案），载于 *Three Case
Histories*. 另见 Melanie Klein, "The Importance of Symbol Formation in the
development of the Ego" 和 "A Contribution to the Psychogenesis of
Manic-Depressive sates," 载于 *Selected Melanie Klein*。有关偏执狂的最新解释，
参见 Richard Hofstadter, "The Paranoid Style in American Politics," 载于 *The
Paranoid Style in American Politics: And Other Essays* (New York: Knopf, 1965).

19. Martin Seligman, *Creating Optimism* (New York: Knopf, 1991).

20. 我把自己对这一主题的兴趣和许多想法归功于费尔南多·弗洛雷斯，他与德
雷福斯和查尔斯·斯皮诺萨合著了 *Disclosing New Worlds*，近期也与我合写了
关于信任的几项研究的著作，包括 *Business Ethics Quarterly*（1998），以及
Coming to Trust（牛津大学出版社即将出版）。本章的部分内容根据这些著作
改编而成。

第十三章　情绪理论再思考

1. 例如，罗伯特·所罗门的 *The Passions* (Garden City, N. Y.: Anchor/Doubleday,
1976)无疑是实验心理学家最常引用的当代哲学文本。

2. 例如，Leslie Greenberg andJeremy D. Safran, *Emotion in Psychotherapy: Affect,
Cognition, and the Process of Change* (New York: Guilford, 1987)涉及心理治疗；
White, "Emotions Inside Out: The Anthropology of Affect," 载于 Michael Lewis

and Jeannette Haviland, *Handbook of Emotions* (New York: Guilford, 1993)涉及人类学；Theodore D. Kemper "Sociological Models in the Explanation of Emotions"（同上）涉及社会学。

3. 见：John T. Cacioppo et. al. "The Psychophysiology of Emotion," 载于 Michael Lewis and Jeannette Haviland, *Handbook of Emotions* (New York: Guilford, 1993), 及 Robert Plutchik, *The Psychology and Biology of Emotion* (New York: Harper, 1994), 关于近期的评述见第 11、12 章。

374

4. 在这方面特别要介绍的是 Annette C. Baier, *A Progress of Sentiments: Reflections on Hume's Treatise* on Hume，以及 Jerome Neu, *Emotion, Thought, and Therapy* (London: Routledge and Kegan Paul, 1977) on Spinoza.

5. William Lyons, *Emotion* (Cambridge: Cambridge University Press, 1980).

6. Justin Oakley, *Morality and the Emotions* (London: Routledge, 1992).

7. Robert Solomon, *The Passions*.

8. Nico H. Frijda, *The Emotions* (Cambridge: Cambridge University Press, 1986).

9. Richard S. Lazarus, *Emotion and Adaptation* (New York: Oxford University Press, 1991).

10. *The Nature of Emotion: Fundamental Questions*, ed. Paul Ekman and Richard J. Davidson (New York: Oxford University Press, 1994).

11. 顺便说一句，我们也可以对现有关于情绪的实验心理学文献作出类似的批评。在这里我不过多赘述，只是顺便发表一些意见而已。一般而言，实验心理学家至少倾向于经常提及身体，并就它如何成为我们情绪体验的一部分作出某些反思。然而，这些思考几乎都不深邃。而且很少像我试图在这些页的内容中所澄清的，即一般去深入地直面有关身体的根本观点。

12. Anthony Kenny, *Action, Emotion and Will* (Bristol: Thoemmes, 1994); Solomon, *The Passions*; Lyons, *Emotion*.

13. Merleau-Ponty, *Phenomenology of Perception*.

14. 梅洛-庞蒂的"活的身体"这一概念实际上在两个层次上运作。它既指①某人如何体验她的身体，又指②使这种体验成为可能的潜意识过程。有关这一区分的充分讨论，参见 Shaun Gallagaher, "Body Image and Body Schema: A Conceptual Clarification," *Journal of Mind and Behavior* 7 (1986): 541-554; 以及 "Body Schema and Intentionality," 载于 *The Body and the Self*, ed. José L. Bermúdez et al. (Cambridge: MIT Press, Bradford Books,1995). 这两个层次对于解释我此处提出的情绪至关重要。另见 Richard Shusterman 在 *Practicing Philosophy* (New York: Routledge, 1997)第 6 章对身体的有益讨论。

15. 例如，*The Passions*,157,159.

16. Jean-Paul Sartre, *Sketch for a Theory of the Emotions*, trans. Philip Maret (London: Methuen, 1962).

17. William James, *The Principles of Psychology*, 2 vols. (New York: H. Holt, 1890).

18. Robert M. Gordon, *The Structure of Emotions: Investigations in Cognitive Philosophy* (Cambridge: Cambridge University Press, 1987).

19. 然而，在最近一系列有关模拟理论的具有创新性的著作中，Robert M. Gordon　375[例如，参见他在 Peter Carruthers 与 Peter Smith 编著的 *Theories of Theories of Mind*（Cambridge: Cambridge University Press, 1996）一书中的论文]似乎明显地发展了身体作用的更为丰富的意义。

20. 帕特里夏·格林斯潘（Patricia Greenspan）也倾向于和身体打交道[*Emotions and Reasons: An Inquiry into Emotional Justification* (New York: Routledge, 1988)]。她阐述了"不安"概念，它在许多情绪状态下可以推动人的行为。遗憾的是，她从未试图更具体地描述这一方面的身体维度。

21. *Emotion*, 115. Sue L. Cataldi [*Emotion, Depth, and Flesh: A Study of Sensitive Space* (Albany: State University of New York Press, 1993)]对情绪的探讨确实注意到了其主观的身体要素，我是在这一章内容即将发表的时候偶然看到的。Cataldi 的立场似乎与我此处的主张相容。

22. Claire Armon-Jones, *Varieties of Affect* (New York: Harvester Wheatsheaf, 1991).

23. 例如，Robert M. Gordon, *The Structure of Emotions: Investigations in Cognitive Philosophy* (Cambridge: Cambridge University Press, 1987); William Lyons, *Emotion*.

24. 见 George Downing, *Körper und Wort in der Psychotherapie* (Munich: Kösel, 1996).

25. Lakoff 和 Kovecses 的语言学研究[George Lakoff, *Women, Fire, and Dangerous Things:What Categories Reveal about the Mind* (Chicago: University of Chicago Press, 1987)]提供了有趣的合作证据。Lakoff 和 Kovecses 以愤怒为例，证明了我们有关情绪状态的习惯性语言是多么彻底地充斥着描述身体状况的隐喻。

26. 更广泛的讨论参见 Downing, *Körper und Wort.*

27. 例如，Nico H. Frijda, *The Emotions*, 133-136.

28. 参照 Lakoff 和 Kovecses 对这一点的讨论（Lakoff, *Women*）。

29. 尤其是 *Emotion in the Human Face*, ed. Paul Ekman(New York: Pergamon, 1972). 人们偶尔（比如，Gordon, *The Structure of Emotions*, 93）会在哲学文献中略微提及这类现象，但从未予以讨论。

30. Ekman, *Emotion in the Human Face*.

31. 例如，Nina Bull, *The Attitude Theory of Emotion* (New York: Johnson Reprint Corp., 1968).

32. 例如，Anna Freud 在她的经典之作 *The Ego and the Mechanisms of Defense* [trans. Cecil Baines (London: Hogarth Press, 1948)]中将之列为主要的防御形式之一。包括我在内的一些治疗师有时利用物理干预（如采用呼吸、移动、身体紧张等方式）补充传统的言语治疗对话，原因之一就在于机体防御的普遍性。这有助于患者重新组织微观层次的身体技能与实践（Downing, *Körper und Wort*）。

376 33. George Mandler, *Mind and Body: Psychology of Emotion and Stress* (New York: W. W. Norton, 1984).

34. Keith Oately, *Best Laid Schemes: The Psychology of Emotions* (Cambridge: Cambridge University Press,1992). 另外 Nancy L. Stein, Tom Trabasso, and Maria Liwag, "The Representation and Organization of Emotional Experience: Unfolding the Emotion Episode,"in Michael Lewis and Jeannette Haviland, eds., *Handbook of Emotions* (New York: Guilford, 1993) 很好地综述了这一概念。

35. 有关一般性问题的更多评论，见下文。

36. 协力共同作用因而是：①我对外部情境的感知，②我对不断变化的身体状态的感知，③实现情感运动图式，并使之与这一整体领域相协调的潜意识身体过程。这些区分类似于加拉格尔（Gallagaher，1986，1995）所澄清的"身体意象"（相当于②）和"身体图式"（相当于③）之间的区分。梅洛-庞蒂的哲学兴趣几乎完全集中在③。有关《知觉现象学》的一个意想不到的事实在于，梅洛-庞蒂很少讨论任何形式的身体的直接体验。然而，他本可以更加详细地予以讨论，而不会与他的理论主线相矛盾。

37. 参照 Stein, Trabasso, and Liwag, "The Representation and Organization of Emotional Experience"，这篇论文充分讨论了适当的持续时间概念的必要性。他们指出对这一问题的思考和研究少之又少。

38. 20 分钟内，欣喜若狂的喜悦是我主要的状态。我们应该称之为一种持续的感觉，还是一系列的感觉？我们应该根据什么标准，在哪里做出概念上的切割？

39. 见 Downing, *Körper und Wort*。

40. Theodore R. Schatzki, *Social Practices: A Wittgensteinian Approach to Human Activity and the Social*.

41. 沙茨基赞同这一点（个人交流）。

42. 参照沙茨基对他所谓整合实践的"远程情感结构"的解释。

43. 另一论点在于，言语行为也具有某种"本能的"要素。

44. Downing, *Körper und Wort*.

45. 参照 Pierre Bourdieu, *Outline of a Theory of Practice*, trans. Richard Nice (Cambridge: Cambridge University Press, 1977).

46. 例如，Beatrice Beebe, "Mother-Infant Mutual Influence and Precursors of Self- and Object Representations," in *Empirical Studies of Psychoanalytical Theories, Vol. 2*, ed. Joseph Masling (Hillsdale, N.J.: The Analytic Press, 1986); Beatrice Beebe and Daniel N. Stern, "Engagement-Disengagement and Early Object Experiences," in *Communicative Structures and Psychic Structures*, ed. Norbert Freedman and Stanley Grand (New York: Plenum, 1977); Beatrice Beebe, Frank Lachmann, and Joseph Jaffe, "Mother-Infant Interaction Structures and Presymbolic 377 Self- and Object Representations," *Psychoanalytic Dialogues* 7 (1997): 133-182; Daniel N. Stern, *The Interpersonal World of the Infant: A View from Psychoanalysis and Developmental Psychology* (New York: Basic Books, 1985); Edward Z. Tronick, "Affectivity and Sharing," in *Social Interchange in Infancy: Affect, Cognition, and Communication*, ed. Edward Z. Tronick (Baltimore: University Park Press, 1982); "The Transmission of Maternal Disturbance to the Infant," in *Maternal Depression and Infant Disturbance*, ed. Edward Z. Tronick and Tiffany Field (San Francisco: Jossey-Bass, 1986); 以及 "Emotions and Emotional Communication in Infants," *American Psychologist* 44 (1989): 112-119.

47. 参见 Downing, *Körper und Wort*.

48. 见同上。

49. 例如，*Emotion in the Human Face*, ed. Paul Ekman.

50. 毋庸讳言，这一点对心理疗法具有诸多启示。例如，可以将 Eugene Gendlin 令人钦佩的治疗技术理解为帮助患者改变这种身体实践的一种手段。Gendlin 的技术使我此处描述的"情感诘难"更为清晰。

51. 身体的微实践似乎是由经常与婴儿定期接触的人们塑造的。

52. Michel Foucault, *Discipline and Punish: The Birth of the Prison*, trans. Alan Sheridan (New York: Pantheon, 1977); *The History of Sexuality*. Volume I, *An Introduction*, trans. Alan Sheridan (New York: Pantheon, 1978); *Power/Knowledge: Selected Interviews and Other Writings 1972-1977*, ed. and trans. Colin Gordon (New York: Pantheon, 1980).

53. 参照 Elaine Hatfield, et al., *Emotional Contagion* (Cambridge: Cambridge University Press, 1994); Brian Parkinson, *Ideas and Realities of Emotion* (London:

Routledge, 1995).

54. Downing, *Körper und Wort*. 例如，参照 Michael Heller 具有里程碑意义的研究，比如 "Posture as an interface between biology and culture," *Nonverbal Communication: Where Nature Meets Culture*, eds. Ullica Segerstråle and Peter Molnár (Mahwah, N.J.: Lawrence Erlbaum Associates, 1997).

55. Jean Paul Sartre, *Being and Nothingness: An Essay on Phenomenological Ontology*, trans. Hazel Barnes (New York: Philosophical Library, 1956).

56. Roy Schafer, *A New Language for Psychoanalysis*, trans. Hazel Barnes (New Haven: Yale University Press, 1976).

57. 令人感到好奇的是，谢弗认为自己的观点是建立在 Gilbert Ryle 哲学[*The Concept of Mind* (New York: Barnes and Noble, 1949)]的基础之上的。实际上，他的立场是当代精神分析理论中与萨特最为接近的。

58. 如今的确有一些治疗师，在某位患者说"我感到生气"（或者，"我感到伤心"等等）时，他们坚持认为患者是在说，"是我让自己如此生气"（"是我让自己如此悲伤"等等）。例如，见 James I. Kepner, *Body Process: A Gestalt Approach to Working with the Body in Psychotherapy* (New York: Gardner Press: Gestalt Institute of Cleveland, 1987).

59. 例如，Lyons, *Emotion*, 180 ff; Gordon, *The Structure of Emotions*, 110ff.

60. Gordon（*The Structure of Emotions*, 112）指出，大部分描述情感的形容词都取自动词的分词："amused""annoyed""astonished""depressed""vexed"等。我们的语言甚至也表达了情感是对某物作用于我们的反应。

61. 顺便说一句，这一点对心理治疗具有比较大的影响。在这里我不会探讨这个问题。

62. 参照梅洛-庞蒂[*Phenomenology of Perception* (New York: Routledge and Kegan Paul, 1962)]对萨特的批评，他认为后者由于夸大人类自由的范围而忽视了习惯的作用。

63. 更确切地说，语境的这种敞开性（open-endedness）属于所有情感的解蔽。它只是更加显著地表现出某些情绪片段。

64. Martin Heidegger, *Being and Time*. 尤其见第 29、30、40 节。

65. 我简化了这一观点。海德格尔的*向死而生*（*Sein zum Tode*）不仅仅是这些内容。更广泛的讨论，参见 Hubert L. Dreyfus, *Being-in-the-World*.

66. 事实上，海德格尔自己关于这些问题的许多思考都是建立在克尔恺郭尔的基础上的。（参照 Heidegger, *Being and Time*, 338, note iii; Dreyfus, *Being-in-the-World*, 299ff.）

378

67. 许多被称为认知疗法的研究［例如，Aaron T. Beck, *Depression: Causes and Treatment* (Philadelphia: University of Pennsylvania Press, 1972)］，检验并试图改变患者可能会如何创造这样一个自我折磨的牢笼的具体细节。在这种情况下，情绪的逐步升级已经出了问题，而情绪作为有效开显未来的手段则不然。参照本章脚注 66。

68. 例如，载于 Søren Kierkegaard, *The Concept of Anxiety: A Simple Psychologically Orienting Deliberation on the Dogmatic Issue of Hereditary Sin*, ed. and trans. Reidar Thomte (Princeton: Princeton University Press, 1987).

69. 例如，Søren Kierkegaard 关于绝望的长篇大论：Either/or: *A Fragment of Life*, 2 vols, trans. David F. Swenson and Lillian Marrin Swenson (Princeton: Princeton University Press, 1987).

70. 显然，我在这里描述的是最好的身体技能和言语认知技能。比较一下 John D. Teasdale 和 Philip J. Barnard 基于研究对认知疗法的批判[*Affect, Cognition and Change: Re-Modelling Depressive Thought*（Hillsdale, N.J.: L. Erlbaum, 1993）]。援引大量的研究结果以及相关的实验研究，他们简洁地证明了利用某种形式的干预补充纯粹的言语认知研究的潜在优势，这种干预能够更为直接地影响身体和情绪。参照 John D. Teasdale, "Emotion and Two Kinds of Meaning: Cognitive Therapy and Applied Cognitive Science," *Behaviour Research and Therapy* 31 (1993): 351.

71. Donald Davidson, "Paradoxes of Irrationality," in *Philosophical Essays on Freud*, ed. Richard Wollheim and James Hopkins (Cambridge: Cambridge University Press, 1982); "Deception and Division," in *The Multiple Self*, ed. Jon Elster (Cambridge: Cambridge University Press, 1985); David F. Pears, *Motivated Irrationality* (Oxford: Oxford University Press, 1984); Marcia Cavell, "Metaphor, Dreamwork, and Irrationality," in *Truth and Interpretation: Perspectives on the Philosophy of Donald Davidson*, ed. Ernest LePore (Oxford: Blackwell, 1986); *The Psychoanalytic Mind from Freud to Philosophy* (Cambridge: Harvard University Press, 1993); "Triangulation, One's Own Mind and Objectivity," *International Journal of Psycho-analysis* 79 (1998): 449-468. 379

第十四章　海德格尔式思维与商业实践的转变

1. 例如，参见最近一期专门讨论海德格尔的 *Information Technology and People* 11.4 (1998)。

2. 我从课堂经验和他细心的个人指导中理解了德雷福斯对海德格尔的解释。我们可以在休伯特·德雷福斯的 *Being-in-the-World* 一书中发现他对 *Being and Time* 的核心解释。

3. 有关这一点的更多内容，参见 Charles Spinosa, Fernando Flores, and Hubert L. Dreyfus, *Disclosing New Worlds*.

4. Martin Heidegger, *Being and Time*, trans. John Macquarrie and Edward Robinson (New York: Harper & Row, 1962), 341-348, 352-358, 434-439, and 443.

5. 关于我的工作对约翰·塞尔的思想以及他对约翰·奥斯汀关于言语行为的论述的启发，还可以写另一篇论文。在塞尔的五种基本言语行为中，有四种构成了商业的基本承诺：指令类、承诺类、宣告类和一种特殊形式的断言式行为。参见我的"Information Technology and the Institution of Identity: Reflections since *Understanding Computers and Cognition*," *Information Technology and People* 11.4 (1998): 35-372.

6. 请记住，人们是根据短期市场状况调整价格的。用于策略评估的更广泛的经济价值，即产品在可用时期对客户的价值，它的确定独立于当前的交换关系。

7. 在这里，我们要感谢查尔斯·泰勒帮助我们进行对海德格尔的解读。参见 Charles Taylor, "What Is Human Agency" and "Self-Interpreting Animals," *Human Agency and Language*, Philosophical Papers 1 (Cambridge: Cambridge University Press, 1985), 16-44, 45-76.

8. 在我们借助范例认为组织具有自身的表现方式时，我们首先利用了德雷福斯对海德格尔关于文化及其范例（海德格尔称为真理确立其自身的情况）之观点的阐释。我们后来利用了海德格尔对栖居（dwelling）的研究，看看一种些许不同的范例如何集中体现较大或较小的商业企业规模的组织。参见 Martin Heidegger, "The Origin of the Work of Art," *Poetry, Language, Thought*, 17-87, 及 Martin Heidegger, "Building Dwelling Thinking," *Poetry, Language, Thought*, 145-161.

380 9. 参见海德格尔对此在沉沦于闲言、好奇和模棱两可的讨论，*Being and Time*, 210-224.

10. 有关建立信任的更为完整的解释，参见 Fernando Flores and Robert Solomon, *The Cultivation of Trust* (Oxford: Oxford University Press, 即将出版).

11. Hubert L. Dreyfus, "Heidegger on the Connection between Nihilism, Art, Technology, and Politics," *Cambridge Companion to Heidegger*, 289-316.

12. Martin Heidegger, *What Is Called Thinking?* trans. J. Glenn Gray (New York: Harper & Row, 1968), 100-110, esp. 109.

13. 我使用汉娜·阿伦特的表述方式理解这一普遍态度。见 Hannah Arendt, *The*

Human Condition (Chicago: University of Chicago Press, 1970).

14. 我要感谢 Chauncey Bell、Maria Flores、Charles Spinosa 以及 Bud Vieira，感谢他们作出的认真、有益的评论。

第十五章　对控制的追寻与关怀的可能

1. Martin Heidegger, *Being and Time*, 274.

2. Patricia Benner, "Caring practice," in *Caregiving, Readings in Knowledge, Practice, Ethics and Politics*, eds. Suzanne Gordon, Patricia Benner, and Nel Noddings (Philadelphia: University of Pennsylvania Press, 1996), 40-55.

3. *Being and Time*, 159.

4. 见 Hubert L. Dreyfus, *Being-in-the-World*.

5. 见 Hubert L. Dreyfus, *What Computers Can't Do: The Limits of Artificial Intelligence*, rev. ed.

6. 见 Hubert L. Dreyfus and Stuart E. Dreyfus, *Mind over Machine: The Power of Human Intuition and Expertise in the Era of the Computer*.

7. 见 Charles Taylor, *Philosophical Papers*, vols. 1 and 2 (Cambridge: Cambridge University Press, 1985).

8. 见 Jane Rubin, "Too much of nothing: Modern culture, the self and salvation in Kierkegaard's thought." (Ph.D. diss., University of California, Berkeley, 1984.)

9. Patricia Benner and Judith Wrubel, "Skilled Clinical Knowledge: The Value of Perceptual Awareness," *Nurse Educator* 7, 3 (1982): 11-17; Patricia Benner, "Discovering Challenges to Ethical Theory in Experience-Based Narratives of Nurses' Everyday Ethical Comportment," in *Health Care Ethics: Critical Issues*, ed. J. F. Monagle and D. C. Thomasma (Gaithersburg, Maryland: Aspen Publishers, 1994), 401-411; Patricia Benner, "The Role of Experience, Narrative, and Community in Skilled Ethical Comportment," *Advances in Nursing Science* 14, 2 (1991): 1-21.

10. Patricia Benner, Christine Tanner, and Catherine Chesla, *Expertise in Nursing Practice: Caring, Clinical Judgment, and Ethics* (New York: Springer, 1996); Patricia Benner, *From Novice to Expert: Excellence and Power in Clinical Nursing Practice* (Reading, Mass.: Addison-Wesley, 1984). 381

11. Patricia Benner and Judith Wrubel, *The Primacy of Caring, Stress and Coping in Health and Illness* (Reading, Mass.: Addison-Wesley, 1989); Patricia Benner, *Stress and Satisfaction on the Job: Work Meanings and Coping of Mid-Career Men*

(New York: Praeger Scientific Press, 1984).

12. Patricia Benner, *Interpretive Phenomenology: Embodiment, Caring and Ethics in Health and Illness* (Thousand Oaks, Calif.: Sage, 1994).

13. Hubert L. Dreyfus, *What Computers Can't Do: The Limits of Artificial Intelligence*, rev. ed.; Hubert L. Dreyfus and Stuart E. Dreyfus, *Mind over Machine: The Power of Human Intuition and Expertise in the Era of the Computer*.

14. M. J. Dunlop, "Is a Science of Caring Possible?" *Journal of Advanced Nursing* 11 (1986): 661-670.

15. Martin Heidegger, "The question concerning technology," in *Basic Writings*, rev. ed, trans. David F. Krell (San Francisco: Harper, 1993), 323.

16. Renee C. Fox and Judith P. Swazey, "Leaving the field," *Hastings Center Report* 22 (5) (1992): 9-15.

17. Samuel Levey and Douglas D. Hesse, "Sounding board: Bottom-line Health Care?" *New England Journal of Medicine* 312 (10) (1985): 644-647.

18. Martin Heidegger, "The question concerning technology," 326.

19. Martin Heidegger, "Letter on Humanism," in *Basic Writings*, 217.

20. Christine Tanner et.al, "The phenomenology of knowing a patient," *Image, the Journal of Nursing Scholarship* 25(4): 273-280; P. Benner, P. Hooper-Kyriakidis, and D. Stannard, *Clinical Wisdom and Interventions in Critical Care, a Thinking-in-Action Approach* (Philadelphia: Saunders, 1999).

21. Martin Heidegger, *Being and Time*, trans. J. Macquarrie and E. Robinson (New York: Harper & Row, 1962); Patricia Benner, *From Novice to Expert: Excellence and Power in Clinical Nursing Practice*; Patricia Benner, Christine Tanner, and Catherine Chesla, *Expertise in Nursing Practice: Caring, Clinical Judgment, and Ethics* (New York: Springer, 1996).

22. Martin Heidegger, "What Calls for Thinking?" in *Basic Writings*.

23. Jane Rubin, "Impediments to the development of clinical knowledge and ethical judgment in critical care nurses," in Patricia Benner, Christine Tanner, and Catherine Chesla, *Expertise in Nursing Practice: Caring, Clinical Judgment, and Ethics* (New York: Springer, 1996); P. L. Hooper, "Expert Titration of Multiple Vasoactive Drugs in Post-cardiac Surgical Patients: An Interpretive Study of Clinical Judgment and Perceptual Acuity." (Ph.D. diss., University of California, San Francisco, 1995); Patricia Benner, Patricia Hooper-Kyriakidis, and Daphne Stannard, *Clinical Wisdom and Interventions in Critical Care: A Thinking-in-Action*

Approach.

24. Martin Heidegger, "The way to language," in *Basic Writings*, 411-413.

25. Patricia Benner and Judith Wrubel, "Skilled Clinical Knowledge"; Patricia Benner, *From Novice to Expert: Excellence and Power in Clinical Nursing Practice.*

26. T. Holden, "Seeing Joan Through," *American Journal of Nursing* 91 (December, 1992): 26-30.

27. Martin Heidegger, *Being and Time*, 159-161.

28. June S. Lowenberg, *Caring and Responsibility* (Philadelphia: University of Pennsylvania Press, 1989).

29. Charles Taylor, *Sources of the Self.*

30. Charles Taylor, "Social theory as practice," in *Philosophy and the Human Sciences: Philosophical Papers,* vol. 2 (Cambridge: Cambridge University Press, 1985), 104.

31. Christine Tanner et al., "The Phenomenology of Knowing the Patient," *Image, the Journal of Nursing Scholarship* 25 (1993): 273-280.

32. Patricia Benner, "Quality of life: A phenomenological perspective on explanation, prediction, and understanding in nursing science," *Advances in Nursing Science* 8 (1) (1985): 1-14; Hubert L. Dreyfus, Stuart E. Dreyfus, "Towards a Phenomenology of Ethical Expertise," *Human Studies* 14 (1991): 229-250; Patricia Benner, "The Role of Experience, Narrative, and Community in Skilled Ethical Comportment," *Advances in Nursing Science* 14 (2) (1991): 1-21.

33. Patricia Benner and J. Wrubel, *The Primacy of Caring: Stress and Coping in Health and Illness* (Reading, Mass.: Addison-Wesley, 1989).

34. Martin Heidegger, "The question concerning technology," in *Basic Writings*, 333.

35. Patricia Benner, ed., *Interpretive Phenomenology: Embodiment, Caring and Ethics in Health and Illness* (Thousand Oaks, California: Sage, 1994); Charles Taylor, *Sources of the Self* (Cambridge: Harvard University Press, 1989), 159-184.

36. Patricia Benner and Judith Wrubel, *The Primacy of Caring: Stress and Coping in Health and Illness* (Reading, Mass.: Addison-Wesley, 1989).

37. *Sources of the Self*, 495-521.

38. Martin Heidegger, "What calls for thinking?" in *Basic Writings*, 379.

39. Hubert L. Dreyfus, and Stuart E. Dreyfus, *Mind over Machine: The Power of Human Intuition and Expertise in the Era of the Computer*; H. L. Dreyfus, *What Computers Can't Do: The Limits of Artificial Intelligence*, rev. ed.; Patricia Benner, Christine Tanner, and Catherine Chesla, "From Beginner to Expert:

382

Gaining a Differentiated World in Critical Care Nursing," *Advances in Nursing Science* 14 (3) (1992): 13-28; Joseph Dunne, *Back to the Rough Ground: "Phronesis" and "Techne" in Modern Philosophy and in Aristotle* (Notre Dame: Notre Dame University Press, 1993).

40. Martin Heidegger, "The question concerning technology," in *Basic Writings*, 318-319.

41. C. Taylor, "Social theory as practice" in *Philosophy and the Human Sciences, Philosophical Papers*, vol. 2, 104.

42. Martin Heidegger, "The question concerning technology"; Hubert L. Dreyfus, *Being-in-the-World*; Patricia Benner, "The Moral Dimensions of Caring," in *Knowledge about Care and Caring: State of the Art and Future Developments*, ed. J. Stephenson (New York: American Academy of Nursing, 1989); June Lowenberg, *Caring and Responsibility*.

43. M. Foucault, *The Birth of the Clinic: An Archeology of Medical Perception* (New York: Vintage Books, 1973).

44. Patricia Benner, "Discovering Challenges to Ethical Theory in Experience-Based Narratives of Nurses' Everyday Ethical Comportment," 401-411.

383

第十六章　德雷福斯的回应

1. 我更喜欢讲*透明*应对而不是*实践*应对，因为正如劳斯所主张的，全部活动都可被视作某种实践应对。在我看来，劳斯想要利用该事实——所有活动都是某种形式的实践应对，以消除眼前的每一区分。

2. 海德格尔对这两个术语的使用并不一致。我认为，这是因为他对区别本身并不明确，但我不想在术语的问题上与劳斯争论，而是聚焦于这些现象。

3. 见 Daniel N. Stern, *The Interpersonal World of the Infant: A View from Psychoanalysis and Developmental Psychology*.

4. 参见我在 *Being-in-the-World* 第 17 页对日本和美国婴儿的讨论。

5. （18）. 劳斯引用的这篇论文，只在加拿大的一次会议上宣读了，我在其中提出这些令人遗憾的主张，劳斯引用它并非偶然。套用 Candide 的话来说，那是在另一个国家而且这篇论文从未发表。

6. 正如查尔斯·泰勒在本卷他的章节中所指出的，儿童在成人面前被社会化为一种谦恭顺从的站立、说话等方式时，可能已然存在一套完整的规范体系。

7. 毫无疑问，劳斯会说海德格尔并未坚持认为这种区分具有充足理由，因而它无法维持。我认为海德格尔受到亚里士多德的影响，根本没有认识到情境行为这一新现象的重要性，以及它所解蔽的层面。

8. 我在 *Heidegger, Authenticity, and Modernity* 一书对 Taylor Carman 的回应中讨论了技能能够和不能够被澄清的意义。所以我不会在这里重述。

9. Martin Heidegger, *Being and Time*, 200.

10. 参见我即将发表的文章，"Telepistemology: Descartes' LastStand" in *The Robot in the Garden: Telerobotics and Telepistemology on the Internet*, ed. Ken Goldberg（MIT Press, 2000 年即将出版）.

11. H. Dreyfus and Charles Spinosa, "Coping with Things-in-Themselves."

12. 我让塞尔与唐纳德·戴维森讨论动物是否具有心智，以及它们的意向状态是否具有命题内容。然而，我很难想象，有哪种观点否认即使是非社会性动物也拥有高度发达的技能。

13. 遗憾的是，在劳斯喜欢引用的同一份未发表的论文中，我否认规范的和仅仅是实用主义的成功与失败之间存在差别，但我很高兴有这样的机会与劳斯达成一致，即坚持改变，保持这种区别。

14. John Haugeland, "Heidegger on Being a Person," *Nous* 16(1982): 6-26.

15. 另一种表达我的现象学观点的方式在于，我们并非像劳斯在结束语中所说的那样是*栖息*于这个*世界*。正如我想要回应的 Sam Todes 曾经所言，我们只是以栖息于某一特定情境的方式在世。

16. 关于这一问题的更多内容，参见我对 David Cerbone 的回应。

17. John R. Searle, "Response: The Background of Intentionality and Action," in *John Searle and his Critics*, eds. Ernest Lepore and Robert van Gulick (Cambridge: Basil Blackwell, 1991), 291.

18. Martin Heidegger, *History of the Concept of Time*, 189.

19. John R. Searle, *Intentionality*, 150. 塞尔在第 5 页指出"打算和意向都只是意向性的诸多形式中的一种……[50]……为了使这种区分变得足够清楚，我将用大写形式表示'意向性的'和'意向性'的技术含义"。

20. "Response: The Background of Intentionality and Action," 291.

21. 同上。

22. 参见本卷肖恩·D. 凯利的章节。

23. John R. Searle, *The Construction of Social Reality*, 14.

24. 同上，73.

25. 同上，5.

26. 在遥远的过去，我的确持有塞尔所称的僵尸观点，也就是说，一个人可以在完全没有意识到自己在做什么的情况下熟练地行动。我感谢塞尔说服我放弃这一立场。现在我明白了，即使在换挡时踩离合器，我也具有一种临界感，即事物按其应然的方式发展。否则，我无法解释这一事实，即如果事情开始出现错误，我的注意力便会立即被问题所吸引。

385

27. 我很乐于纠正的另一个错误在于对自指性和自我意识的混淆。我现在理解了，根据塞尔的说法，动物具有自我指涉的意向状态，尽管这种状态肯定不是反思性的。虽然狗没有语言，但我依旧很难理解狗如何仍然具有包含命题内容的意向状态。如果有人相信是梅洛-庞蒂所描述的格式塔意向性导致了狗的行为，那么他就可以避免这一可疑的观点。

28. John R. Searle, "Response: The Background of Intentionality and Action," 295.

29. 所有行为都需要以命题形式表征行为的满足条件，为了为这一要求进行辩护，塞尔需要一种强和弱意义上的"命题内容"。这样的内容必须是抽象的，即非情境的，以解释审慎行动，而且必须是具体的，即索引性的，以解释沉浸应对。见我的文章 "The Primacy of Phenomenology over Logical Analysis" in *Philosophical Topics* 27 (Fall 1999)。从现在起，我将在本章中使用强意义上的"命题"。

30. 见我的论文，引自 29 页。

31. 见 Timothy Gallwey 在 *Inner Tennis: Playing the Game* (New York: Random House, 1976)中对竞技网球运动的批判以及有关"佛系"网球运动员（the Zen tennis player）心理状态的讨论；另见：Mihaly Csikszentmilalyi, *Flow: the Psychology of Optimal Experience* (New York: Harper Collins, 1991).

32. （85）。维特根斯坦在 *The Blue and Brown Books* 中也提出了相似的观点："我思考我是否应当举起一个特定的、相当沉重的东西，我决意去做这件事，这时我使出我的气力把它举起……人们从这类例子中提取自己关于意志的观点和语言，并以为它们必须适用于他们可以恰当地称之为意愿的所有情形——如果不是以如此明显的方式的话。"（150）

33. Maurice Merleau-Ponty, *Phenomenology of Perception*, 153.

34. *Intentionality*, 90.

35. 同上，91.

36. 同上，119.

37. "Response: The Background of Intentionality and Action," 293. 虽然胡塞尔对行为的论述不多，但他的观点似乎与塞尔非常接近。根据 Kevin Mulligan 的论文，"Perception," in *The Cambridge Companion to Husserl* (Cambridge: Cambridge University Press, 1988), 232 页脚注 54，胡塞尔"反对尝试只是引发并先于动作这一观点。相反，尝试与动作共同存在并且是动作产生的原因，

知觉和意志相互伴随和引导才有可能完成这一过程"，参见 Husserliana XXVIII, A §§13-16. 我当然不想否认有时候就是这样子的。

38. *Intentionality*, 123.

39. 同上，120-121.

40. 同上，130.

41. 见 John R. Searle, *Mind, Language, and Society* (New York: Basic Books, 1998), chap. 2.

42. John R. Searle, "Consciousness, Explanatory Inversion, and Cognitive Science," *Behavioral and Brain Sciences*, 13, no. 4 (1990): 603, 604.

43. 同上，634.

44. 我已经占满了用于回应的篇幅。但幸运的是，我的学生按照我赞同的方式处理了塞尔提出的大部分剩余问题。关于塞尔仍然接受笛卡儿内/外区分的意义，见 David Cerbone 在第 1 卷的论文。关于奥林匹亚诸神的现实性问题，参见本卷查尔斯·斯皮诺萨的章节。背景无法在命题（甚至概念）方面予以表征，关于这一重要意义，参见肖恩·D. 凯利的章节。至于我对物理学中的实在论的看法，以及它如何与现实的非因果解释的实在论兼容，参见我与查尔斯·斯皮诺萨合著的"Coping with Things-in-Themselves"。塞尔主张大脑现象仅仅是心理现象，Corbin Collins 在他的论文"Searle on Consciousness and Dualism"[*International Journal of Philosophical Studies*, vol. 5 (1), 1-33]中已经指出了这一观点存在的问题。

45. 这是 Barry Stroud 在他关于约翰·塞尔的背景说明的论文中提出这个问题的一种富有启发的阐释方式。见"The Background of Thought" in *John Searle and His Critics*, 245-258.

46. Martin Heidegger, *The Metaphysical Foundations of Logic* (Bloomington: Indiana University Press, 1984).

47. Martin Heidegger, *The Basic Problems of Phenomenology*. Trans. Albert Hofstadter (Bloomington: University of Indiana Press, 1982), 162 (我强调的部分).

48. *Being-in-the-World*, 107.

49. 同上，103.

50. 拉索尔的另一观点认为解蔽并非一种应对形式，对此我并不相信。他认为应对终止于忧虑，但是，海德格尔说道，"忧虑把世界解蔽为世界"。但对于海德格尔而言，"忧虑把世界解蔽为世界"就是一种特殊的解蔽形式，在那里，仅仅因为应对失败，这世界自己*就*会强加于人。然而，这一特殊的解蔽并不能表明日常解蔽不是一种应对形式。但是，拉索尔的论证如此令人信服，

386

因此，他不需要另外进行论证。

51. 与其如拉索尔所说，它使意向*内容*或意向*状态*成为可能，倒不如说它使*意向行为*成为可能，因为这些都是笛卡儿式的术语，指派生的、命题形式的意向性。同样地，上手性并非拉索尔所说的那样，在世界上"被迫以某种方式起作用"，而是*在当前所处的特定情境下，被迫以恰当的方式起作用*。

52. *Basic Problems*, 65.

53. 同上，162.

54. Martin Heidegger, *Poetry, Language, Thought*, 61.

55. 这一观点最早出现于查尔斯·斯皮诺萨的"Derrida and Heidegger: Iterability and *Ereignis*," in *Heidegger: A Critical Reader*, eds. Hubert L. Dreyfus and Harrison Hall (Oxford: Blackwell, 1992), 并在斯皮诺萨的"Derridian Dispersion and Heideggerian Articulation: General Tendencies in the Practices that Govern Intelligibility," *The Practice Turn in Contemporary Theory*, eds. Ted Schatzki et al. (London: Routledge, forthcoming) 中得到发展。

56. 尽管福柯似乎没有把这一实践与问题化相联系，但他也想使自己的生活成为一件艺术作品。也许福柯认为，一个人使自己的生活成为一件艺术品是他在福利社会所能希望实现的最好事情，正如它是近古时期（in late antiquity）受人青睐的生活方式一样，那个时代的特征是管理一切，管理包括自我的东西。

57. 见我的第一篇关于人工智能的文章，*Alchemy and Artificial Intelligence*, published in 1965 by The RAND Corp.

58. 见 Charles Spinosa, et al., *Disclosing New Worlds*, 17-22.

59. 参见哈里·柯林斯涉及的*人工智能*问题，以及 Hubert Dreyfus, *What Computers Still Can't Do*, xx and xxi.

60. 见 Daniel Dennett, "The Practical Requirements for Making a Conscious Robot," *Philosophical Transactions of the Royal Society*, 349 (1994): 133-146.

61. 同上。

62. Heinrich Wiegand Petzet, *Encounters and Dialogues with Martin Heidegger, 1929-1976*, trans. Parvis Emad and Kenneth Maly (Chicago: University of Chicago Press, 1993),53-56.

63. 同上。

64. 同上。

参 考 文 献

Agre, Philip E. *The Dynamic Structure of Everyday Life.* MIT AI Technical Report 1085, October 1988.

Almog, Joseph, John Perry, and Howard Wettstein, eds. *Themes from Kaplan.* New York: Oxford University Press, 1989.

Anderson, James, and Edward Rosenfeld, eds. *Neurocomputing: Foundations of Research.* Cambridge: MIT Press, 1988.

Andler, Daniel. "The Normativity of Context." *Philosophical Studies.* Forthcoming.

Andler, Daniel. "Turing: Pensée du Calcul, Calcul de la Pensée." In *Les Années 1930: Réaffirmation du Formalisme*, edited by F. Nef and D. Vernant, 1-41. Paris: Vrin, 1998.

Arendt, Hannah. *The Human Condition.* Chicago: University of Chicago Press, 1970.

Armon-Jones, Claire. *Varieties of Affect.* New York: Harvester Wheatsheaf, 1991.

Arquillière, Henri Xavier. *L'Augustinisme politique.* Paris: Vrin, 1934.

Baier, Annette C. *Moral Prejudices: Essays on Ethics.* Cambridge: Harvard University Press, 1994.

Baier, Annette C. *A Progress of Sentiments: Reflections on Hume's* Treatise. Cambridge: Harvard University Press, 1991.

Bakhtin, M. M. *Rabelais and his World.* Translated by Helene Iswolsky. Cambridge: MIT Press, 1968.

Barad, Karen. "Meeting the Universe Halfway: Realism and Social Constructivism without Contradiction." In *Feminism, Science and the Philosophy of Science*, edited by Lynn H. Nelson and Jack Nelson, 161-194. Dordrecht: Reidel, 1996.

Barber, Bernard. *The Logic and Limits of Trust.* New Brunswick, N. J.: Rutgers University Press, 1983.

Beck, Aaron T. *Depression: Causes and Treatment.* Philadelphia: University of Pennsylvania Press, 1972.

Becker, Lawrence. "Trust as Noncognitive Security about Motives." *Ethics* 107 (1996): 43-61.

Beebe, Beatrice, and Daniel N. Stern. "Engagement-Disengagement and Early Object Experiences." In *Communicative Structures and Psychic Structures*, edited by Norbert Freedman and Stanley Grand, 35-56. New York: Plenum, 1977.

Beebe, Beatrice. "Mother-Infant Mutual Influence and Precursors of Self- and Object Representations." In *Empirical Studies of Psychoanalytical Theories*, vol. 2, edited by Joseph Masling, 27-48. Hillsdale, N. J.: The Analytic Press, 1986.

Beebe, Beatrice, Frank Lachmann, and Joseph Jaffe. "Mother-Infant Interaction Structures and Presymbolic Self- and Object Representations." *Psychoanalytic Dialogues* 7 (1997): 133-182.

Benner, Patricia. *From Novice to Expert: Excellence and Power in Clinical Nursing Practice.*

Reading, Mass.: Addison-Wesley, 1984.

Benner, Patricia, ed. *Interpretive Phenomenology: Embodiment, Caring and Ethics in Health and Illness.* Thousand Oaks, Calif.: Sage, 1994.

Benner, Patricia. *Stress and Satisfaction on the Job: Work Meanings and Coping of Mid-Career Men.* New York: Praeger Scientific Press, 1984.

Benner, Patricia, and Suzanne Gordon. "Caring Practice." In *Caregiving: Readings in Knowledge, Practice, Ethics and Politics*, edited by Suzanne Gordon, Patricia Benner, and Nel Noddings, 40-55. Philadelphia: University of Pennsylvania Press, 1996.

Benner, Patricia. "Discovering Challenges to Ethical Theory in Experience-Based Narratives of Nurses' Everyday Ethical Comportment." In *Health Care Ethics: Critical Issues*, edited by J. F. Monagle and D. C. Thomasma, 401-411. Gaithersburg, Md.: Aspen Publishers, 1994.

Benner, Patricia. "The Moral Dimensions of Caring." In *Knowledge about Care and Caring: State of the Art and Future Developments*, edited by J. Stephenson, 5-17. New York: American Academy of Nursing, 1989.

Benner, Patricia. "Quality of Life: A Phenomenological Perspective on Explanation, Prediction, and Understanding in Nursing Science." *Advances in Nursing Science* 8, no. 1 (1985): 1-14.

Benner, Patricia. "The Role of Experience, Narrative, and Community in Skilled Ethical Comportment." *Advances in Nursing Science* 14, no. 2 (1991): 1-21.

Benner, Patricia, Patricia Hooper-Kyriakidis, and Daphne Stannard. *Clinical Wisdom and Interventions in Critical Care: A Thinking-in-Action Approach.* Philadelphia: Saunders, 1999.

Benner, Patricia, Christine Tanner, and Catherine Chesla. *Expertise in Nursing Practice: Caring, Clinical Judgment, and Ethics.* New York: Springer, 1996.

Benner, Patricia, Christine Tanner, and Catherine Chesla. "From Beginner to Expert: Gaining a Differentiated World in Critical Care Nursing." *Advances in Nursing Science* 14, no. 3 (1992): 13-28.

Benner, Patricia, and Judith Wrubel. *The Primacy of Caring: Stress and Coping in Health and Illness.* Reading, Mass.: Addison-Wesley, 1989.

Benner, Patricia, and Judith Wrubel. "Skilled Clinical Knowledge: The Value of Perceptual Awareness." *Nurse Educator* 7, no. 3 (1982): 11-17.

Bianchi, Claudia. "Flexibilité Sémantique et Sous-détermination." Ph. D. diss., CREA, École Polytechnique, Paris, 1998.

Blackburn, Simon. "Trust, Cooperation, and Human Psychology." In *Trust and Governance*, edited by Valerie Braithwaite and Margaret Levi, 28-45. New York: Russell Sage Foundation, 1998.

Bok, Sissela. *Lying: Moral Choice in Public and Private Life.* New York: Vintage Books, 1979.

Bourdieu, Pierre. *The Logic of Practice.* Translated by Richard Nice. Stanford: Stanford University Press, 1990.

Bourdieu, Pierre. *Outline of a Theory of Practice.* Translated by Richard Nice. Cambridge: Cambridge University Press, 1977.

Brandom, Robert. *Making it Explicit: Reasoning, Representing, and Discursive Commitment.* Cambridge: Harvard University Press, 1994.

Brandom, Robert. "Freedom and Constraint by Norms." *American Philosophical Quarterly* 16 (1979): 187-196.

Budd, Malcolm. *Wittgenstein's Philosophy of Psychology.* London: Routledge, 1989.

Bull, Nina. *The Attitude Theory of Emotion.* New York: Johnson Reprint Corp., 1968.

Burgess, Anthony. *A Clockwork Orange.* New York: Norton, 1962.

Burke, Peter. *Popular Culture in Early Modern Europe.* London: T. Smith, 1978. Cacioppo, John T., et al. "The Psychophysiology of Emotion." In *Handbook of Emotions,* edited by Michael Lewis and Jeannette Haviland, 119-142. New York: Guilford, 1993.

Carey, Susan. "Continuity and Discontinuity in Cognitive Development." In *An Invitation to Cognitive Science,* 2d ed., vol. 3 of *Thinking,* edited by E. Smith and D. Osherson, 101-129. Cambridge: MIT Press, 1995.

Carnahan, Heather. "Eye, Head and Hand Coordination during Manual Aiming." In *Vision and Motor Control,* edited by Luc Proteau and Digby Elliott, 179-196. New York: Elsevier, 1992.

Cartwright, Nancy. *How the Laws of Physics Lie.* New York: Oxford University Press, 1983.

Cartwright, Nancy. "Fundamentalism vs. the Patchwork of Laws." *Proceedings of the Aristotelian Society* 94 (1994): 279-292.

Cataldi, Sue L. *Emotion, Depth, and Flesh: A Study of Sensitive Space.* Albany: SUNY Press, 1993.

Cavell, Marcia. *The Psychoanalytic Mind from Freud to Philosophy.* Cambridge: Harvard University Press, 1993.

Cavell, Marcia. "Metaphor, Dreamwork, and Irrationality." In *Truth and Interpretation: Perspectives on the Philosophy of Donald Davidson,* edited by Ernest LePore, 495-507. Oxford: Blackwell, 1986.

Cavell, Marcia. "Triangulation, One's Own Mind and Objectivity." *International Journal of Psycho-analysis* 79 (1998): 449-468.

Chartand, Sabra. "A Split in Thinking among Keepers of Artificial Intelligence." *New York Times,* July 18, 1993.

Coady, C. A. J. *Testimony: A Philosophical Study.* Oxford: Clarendon Press, 1992.

Collins, Corbin. "Searle on Consciousness and Dualism." *International Journal of Philosophical Studies* 5 (1997): 1-33.

Collins, H. M. *Artificial Experts: Social Knowledge and Intelligent Machines.* Cambridge: MIT Press, 1990.

Collins, H. M. "Embedded or Embodied: A Review of Hubert Dreyfus's *What Computers Still Can't Do.*" *Artificial Intelligence* 80, no. 1 (1996): 99-117.

Collins, H. M. "Hubert Dreyfus, Forms of Life, and a Simple Test for Machine Intelligence." *Social Studies of Science* 22 (1992): 726-739.

Collins, H. M. "Humans, Machines, and the Structure of Knowledge." *Stanford Humanities Review* 4, no. 2 (1995): 67-83.

Collins, H. M. "Socialness and the Undersocialised Conception of Society." *Science Technology and Human Values* 23, no. 4 (1998): 494-516.

Collins, H. M. "The Structure of Knowledge." *Social Research* 60 (1993): 95-116.

Collins, H. M., and Martin Kusch. *The Shape of Actions: What Humans and Machines Can Do.* Cambridge: MIT Press, 1999.

Collins, H. M., and Martin Kusch. "Two Kinds of Actions: A Phenomenological Study." *Philosophy and Phenomenological Research* 55, no. 4 (1995): 799-819.

Collins, H. M., and Trevor Pinch. *The Golem at Large: What You Should Know About Technology.* Cambridge: Cambridge University Press, 1998.

Crossman, E. R. F. W., and P. J. Goodeve. "Feedback Control of hand-movements and Fitts' Law." *Quarterly Journal of Experimental Psychology* 35A (1983): 251-278.

Csikszentmilalyi, Mihaly. *Flow: The Psychology of Optimal Experience.* New York: Harper Collins, 1991.

Damasio, Antonio R., and Arthur L. Benton. "Impairment of Hand Movements under Visual Guidance." *Neurology* 29 (1979): 170-174.

Davidson, Donald. *Essays on Actions and Events.* Oxford: Oxford University Press, 1980.

Davidson, Donald. *Inquiries into Truth and Interpretation*: Oxford: Oxford University Press, 1984.

Davidson, Donald. "Deception and Division." In *The Multiple Self*, edited by Jon Elster, 79-92. Cambridge: Cambridge University Press, 1985.

Davidson, Donald. "Paradoxes of Irrationality." In *Philosophical Essays on Freud*, edited by Richard Wollheim and James Hopkins, 289-305. Cambridge: Cambridge University Press, 1982.

Davis, Natalie Zemon. *Society and Culture in Early Modern France: Eight Essays.* Stanford: Stanford University Press, 1975.

Dennett, Daniel. "The Practical Requirements for Making a Conscious Robot." *Philosophical Transactions of the Royal Society* 349 (1994): 133-146.

Downing, George. *Körper und Wort in der Psychotherapie.* Munich: Kösel, 1996.

Dreyfus, Hubert L. *Being-in-the-World: A Commentary on Heidegger's* Being and Time, *Division I.* Cambridge: MIT Press, 1991.

Dreyfus, Hubert L. *What Computers Can't Do: A Critique of Artificial Intelligence.* New York: Harper & Row, 1972.

Dreyfus, Hubert L. *What Computers Can't Do: The Limits of Artificial Intelligence.* Rev. ed. New York: Harper & Row, 1979.

Dreyfus, Hubert L. *What Computers Still Can't Do: A Critique of Artificial Reason.* Cambridge: MIT Press, 1992.

Dreyfus, Hubert L., ed. *Husserl, Intentionality, and Cognitive Science.* Cambridge: MIT Press, 1982.

Dreyfus, Hubert L. "Alchemy and Artificial Intelligence." *RAND* Paper P-3244 (December 1965).

Dreyfus, Hubert L. "Heidegger's Critique of the Husserl/Searle Account of Intentionality." *Social Research* 60, no. 1 (1993): 17-38.

Dreyfus, Hubert L. "Heidegger on the Connection between Nihilism, Art, Technology, and Politics." In *Cambridge Companion to Heidegger*, edited by Charles Guignon, 289-316. Cambridge: Cambridge University Press, 1993.

Dreyfus, Hubert L. "Holism and Hermeneutics." *Review of Metaphysics* 34 (1980): 3-24.

Dreyfus, Hubert L. "The Mind in Husserl: Intentionality in the Fog." *Times Literary Supplement*, July

12, 1991, 24-250.

Dreyfus, Hubert L. "Phenomenological Description versus Rational Reconstruction." Forthcoming in *La Revue Internationale de Philosophie*.

Dreyfus, Hubert L. "Reflections on the Workshop on 'The Self'," *Anthropology and Humanism Quarterly* 16 (1991): 27.

Dreyfus, Hubert L. "Response to my Critics." *Artificial Intelligence* 80, no. 1 (1996): 171-191.

Dreyfus, Hubert L. "Searle's Freudian Slip." *Behavioral and Brain Sciences* 13 (1990): 603-604.

Dreyfus, Hubert L. "Telepistemology: Descartes' Last Stand." In *The Robot in the Garden: Telerobotics and Telepistemology on the Internet*, edited by Ken Goldberg. Cambridge: MIT Press, 2000.

Dreyfus, Hubert L. "Why Expert Systems Don't Exhibit Expertise." *IEEE-Expert* 1 (1986): 86-87.

Dreyfus, Hubert L. "Wittgenstein on Renouncing Theory in Psychology." *Contemporary Psychology* 27 (1982): 940-942.

Dreyfus, Hubert L., and Stuart E. Dreyfus. *Mind over Machine: The Power of Human Intuition and Expertise in the Era of the Computer.* New York: Free Press, 1986.

Dreyfus, Hubert L., and Stuart E. Dreyfus. "Making a Mind vs. Modeling the Brain: Artificial Intelligence Back at a Branchpoint." *Daedalus* 117 (Winter 1988): 15-44.

Dreyfus, Hubert L., and Stuart Dreyfus. "Towards a Phenomenology of Ethical Expertise." *Human Studies* 14 (1991): 229-250.

Dreyfus, Hubert L., and Stuart Dreyfus. "Why Computers May Never Think Like People." *Technology Review* 89 (1986): 42-61.

Dreyfus, Hubert L., and Paul Rabinow. *Michel Foucault: Beyond Structuralism and Hermeneutics.* 2nd ed. Chicago: University of Chicago Press, 1983.

Dreyfus, Hubert L., and Charles Spinosa. "Coping with Things-in-Themselves." *Inquiry* 42 (1999): 49-78.

Dunlop, M. J. "Is a Science of Caring Possible?" *Journal of Advanced Nursing* 11 (1986): 661-670.

Dunne, Joseph. *Back to the Rough Ground: "Phronesis" and "Techne" in Modern Philosophy and in Aristotle.* Notre Dame, IN: University of Notre Dame Press, 1993.

Ekman, Paul, ed. *Emotion in the Human Face.* New York: Pergamon, 1972.

Ekman, Paul, and Richard J. Davidson, eds. *The Nature of Emotion: Fundamental Questions.* New York: Oxford University Press, 1994.

Evans, Gareth. *Varieties of Reference.* Oxford: Oxford University Press, 1982.

Fitts, Paul M. "The Information Capacity of the Human Motor System in Controlling the Amplitude of Movement." *Joural of Experimental Psychology: General* 47 (1954): 381-391.

Flores, Fernando. "Information Technology and the Institute of Identity: *Reflections since Understanding Computors and Cognition*." Information Technology and People II, 4 (1998): 35-372.

Flores, Fernando, and Robert Solomon. *Business Ethics Quarterly* (1998).

Flores, Fernando, and Robert Solomon. *Coming to Trust.* Oxford: Oxford University Press, forthcoming.

Flores, Fernando, and Robert Solomon. *The Cultivation of Trust*. Oxford: Oxford University Press, forthcoming.

Fodor, Jerry. *The Modularity of Mind: An Essay on Faculty Psychology*. Cambridge: MIT Press, 1983.

Foucault, Michel. *The Birth of the Clinic: An Archeology of Medical Perception*. New York: Vintage Books, 1973.

Foucault, Michel. *Discipline and Punish: The Birth of the Prison*. New York: Pantheon, 1977.

Foucault, Michel. *The History of Sexuality*, vol. 1. Translated by Alan Sheridan. New York: Pantheon, 1978.

Foucault, Michel. *Power/Knowledge: Selected Interviews and Other Writings 1972-1977*. Edited and translated by Colin Gordon. New York: Pantheon, 1980.

Foucault, Michel. "Politics and Ethics: An Interview." In *The Foucault Reader*, edited by Paul Rabinow, 373-380. New York: Pantheon, 1984.

Fox, Renee C., and Judith P. Swazey. "Leaving the Field." *Hastings Center Report* 22, no. 5 (1992): 9-15.

Freud, Anna. *The Ego and the Mechanisms of Defense*. Translated by Cecil Baines. London: Hogarth Press, 1948.

Freud, Sigmund. "Psychoanalytic Notes upon an Autobiographical Account of a Case of Paranoia." In *Three Case Histories*. New York: Collier Books, 1963.

Frijda, Nico H. *The Emotions*. Cambridge: Cambridge University Press, 1986.

Fukuyama, Francis. *Trust: The Social Virtues and the Creation of Prosperity*. New York: Free Press, 1995.

Galison, Peter. *Image and Logic: A Material Culture of Microphysics*. Chicago: University of Chicago Press, 1997.

Gallagaher, Shaun. "Body Image and Body Schema: A Conceptual Clarification." *Journal of Mind and Behavior* 7 (1986): 541-554.

Gallagaher, Shaun. "Body Schema and Intentionality." In *The Body and the Self*, edited by José L. Bermúdez et al., 225-244. Cambridge: MIT Press, Bradford Books, 1995.

Gallwey, W. Timothy. *Inner Tennis: Playing the Game*. New York: Random House, 1976.

Gambetta, Diego. *Trust: Making and Breaking Cooperative Relations*. Oxford: Blackwell, 1988.

Gawande, Atul. "No Mistake." *New Yorker* (March 30, 1998): 74-81.

Gibson, William. *Neuromancer*. New York: Ace Books, 1984.

Giddens, Anthony. *Modernity and Self-Identity: Self and Society in the Late Modern Age*. Stanford: Stanford University Press, 1991.

Giere, Ronald N. *Explaining Science: A Cognitive Approach*. Chicago: University of Chicago Press, 1988.

Goodale, M. A., and A. D. Milner. "Separate visual pathways for perception and action." *Trends in Neuroscience* 15, no. 1 (1992): 20-25.

Goodale, M. A., L. S. Jakobson, and J. M. Keillor. "Differences in the Visual Control of Pantomimed and Natural Grasping Movements." *Neuropsychologia* 32, no. 10 (1994): 1159-1178.

Goodale, M. A., et al. "A Neurological Dissociation between Perceiving Objects and Grasping

Them." *Nature: An International Weekly Journal of Science* 349 (1991): 154-156.

Gordon, Robert M. *The Structure of Emotions: Investigations in Cognitive Philosophy.* Cambridge: Cambridge University Press, 1987.

Gordon, Robert M. "Radical Simulations." In *Theories of Theories of Mind*, edited by Peter Carruthers and Peter Smith, 11-21. Cambridge: Cambridge University Press, 1996.

Greenberg, Leslie, and Jeremy D. Safran. *Emotion in Psychotherapy: Affect, Cognition, and the Process of Change.* New York: Guilford, 1987.

Greenspan, Patricia. *Emotions and Reasons: An Inquiry into Emotional Justification.* New York: Routledge, 1988.

Hamilton, Kendal, and Julie Weingarden. "Lifts, Lasers, and Liposuction: The Cosmetic Surgery Boom." *Newsweek* (June 15, 1998): 14.

Hardin, Russell. "Trustworthiness." *Ethics* 107 (1996): 26-42.

Harpur, Patrick. *Daimonic Reality.* New York: Penguin, 1996.

Hatfield, Elaine, John T. Cacioppo, and Richard L. Rapson. *Emotional Contagion.* Cambridge: Cambridge University Press, 1994.

Haugeland, John. *Artificial Intelligence: The Very Idea.* Cambridge: MIT Press, 1985.

Haugeland, John. "Heidegger on Being a Person." *Nous* 16 (1982): 15-26.

Heal, Jane. "Replication and Functionalism." In *Folk Psychology: The Theory of Mind Debate*, edited by Martin Davies and Tony Stone, 45-59. Oxford: Blackwell, 1995.

Heidegger, Martin. *Basic Problems of Phenomenology.* Translated by Albert Hofstadter. Bloomington: Indiana University Press, 1982.

Heidegger, Martin. *Basic Writings*, rev. ed. Edited by David F. Krell. New York: Harper & Row, 1993.

Heidegger, Martin. *Being and Time.* Translated by John Macquarrie and Edward Robinson. New York: Harper & Row, 1962.

Heidegger, Martin. *The Fundamental Concepts of Metaphysics: World, Finitude, Solitude.* Translated by William McNeill and Nicholas Walker. Bloomington: Indiana University Press, 1995.

Heidegger, Martin. *History of the Concept of Time.* Translated by Theodore Kisiel. Bloomington: Indiana University Press, l962.

Heidegger, Martin. *Identity and Difference.* Translated by Joan Stambaugh. New York: Harper & Row, 1969.

Heidegger, Martin. *The Metaphysical Foundations of Logic.* Bloomington: Indiana University Press, 1984.

Heidegger, Martin. *Parmenides.* Translated by André Schuwer and Richard Rojcewicz. Bloomington: Indiana University Press, 1992.

Heidegger, Martin. *Poetry, Language, Thought.* Translated by Albert Hofstadter. New York: Harper & Row, 1971.

Heidegger, Martin. *What Is Called Thinking?* Translated by J. Glenn Gray. New York: Harper & Row, 1968.

Heller, Michael. "Posture as an interface between biology and culture." In *Nonverbal*

Communication: Where Nature Meets Culture. Edited by Ullica Segerstråle and Peter Molnár. Mahwah, N. J.: Lawrence Erlbaum Associates, 1997.

Hofstadter, Richard. "The Paranoid Style in American Politics." In *The Paranoid Style in American Politics: And Other Essays*. New York: Knopf, 1965.

Holden, T. "Seeing Joan Through." *American Journal of Nursing* 91 (December 1992): 26-30.

Hooper, P. L. "Expert Titration of Multiple Vasoactive Drugs in Post-cardiac Surgical Patients: An Interpretive Study of Clinical Judgment and Perceptual Acuity." Ph. D. diss., University of California at San Francisco, 1995.

Horgan, John. *The End of Science: Facing the Limits of Knowledge in the Twilight of the Scientific Age*. Reading, Mass.: Addison-Wesley, 1996.

Horton, Richard. "Deciding to Trust, Coming to Believe." *Australasian Journal of Philosophy* 72, no. 1 (1994): 63-76.

James, William. *The Principles of Psychology*, 2 vols. New York: H. Holt, 1890.

James, William. *Varieties of Religious Experience: A Study in Human Nature*. New York: Random House-Modern Library, 1902.

Jeannerod, Marc. *The Cognitive Neuroscience of Action*. Cambridge: Blackwell, 1997.

Johnston, Paul. *Wittgenstein: Rethinking the Inner*. London: Routledge, 1993.

Jones, Karen, Russell Hardin, and Lawrence C. Becker. "Symposium on Trust." *Ethics* 107 (1996): 4-61.

Kelly, Sean. "The Non-conceptual Content of Perceptual Experience and the Possibility of Demonstrative Thought." Forthcoming.

Kenny, Anthony. *Action, Emotion, and Will*. Bristol: Thoemmes, 1994.

Kemper, Theodore D. "Sociological Models in the Explanation of Emotions." Kepner, James I. *Body Process: A Gestalt Approach to Working with the Body in Psychotherapy*. New York: Gardner Press: Gestalt Institute of Cleveland, 1987.

Kierkegaard, Søren. *The Concept of Anxiety: A Simple Psychologically Orienting Deliberation on the Dogmatic Issue of Hereditary Sin*. Edited and translated by Reidar Thomte. Princeton: Princeton University Press, 1980.

Kierkegaard, Søren. *Either/Or: A Fragment of Life*, 2 vols. Translated by David F. Swenson and Lillian Marvin Swenson, vol. 2 translated by Walter Lowrie. Princeton: Princeton University Press, 1944.

Klein, Melanie. *The Selected Melanie Klein*. New York: Free Press, 1987.

Krell, David Farrell. *Daimon Life: Heidegger and Life-Philosophy*. Bloomington: Indiana University Press, 1992.

Kuntz, Tom. "A Death on Line Shows a Cyberspace with Heart and Soul." *New York Times*, 23 April 1995.

Kwan, Hon C., et al. "Network Relaxation as Biological Computation." *Behavioral and Brain Sciences* 14, no. 2 (1991): 354-356.

Lakoff, George. *Women, Fire, and Dangerous Things: What Categories Reveal about the Mind*. Chicago: University of Chicago Press, 1987.

Lazarus, Richard S. *Emotion and Adaptation*. New York: Oxford University Press, 1991.

Lehrer, Keith. *Self-Trust: A Study of Reason, Knowledge, and Autonomy*. New York: Oxford University Press, 1997.

Levey, Samuel, and Donglas D. Hesse. "Sounding Board: Bottom-line Health Care?" *New England Journal of Medicine* 312, no. 10 (1985): 644-647.

Lowenberg, June S. *Caring and Responsibility*. Philadelphia: University of Pennsylvania Press, 1989.

Luhmann, Niklas. *Trust and Power: Two Works*. Translated by Howard Davis, John Raffan, and Kathryn Rooney. New York: John Wiley and Sons, 1979.

Lyons, William. *Emotion*. Cambridge: Cambridge University Press, 1980.

Mandler, George. *Mind and Body: Psychology of Emotion and Stress*. New York: W. W. Norton, 1984.

McCarthy, John. "Programs with Common Sense." In *Semantic Information Processing*, edited by M. Minsky. Cambridge: MIT Press, 1969.

Merleau-Ponty, Maurice. *La Phénoménologie de la Perception*. Paris: Gallimard, 1945; *Phenomenology of Perception*. Translated by Colin Smith. New York: Routledge and Kegan Paul, 1962.

Meyer, David, et al. "Speed-Accuracy Tradeoffs in Aimed Movements: Toward a Theory of Rapid Voluntary Action." In *Attention and Performance XIII: Motor Representation and Control*, edited by M. Jeannerod, 173-226. Hillsdale, N. J.: Lawrence Erlbaum Associates, 1990.

Moravec, Hans. *Mind Children: The Future of Robot and Human Intelligence*. Cambridge: Harvard University Press, 1988.

Mulligan, Kevin. "Perception." In *The Cambridge Companion to Husserl*, edited by Barry Smith and David W. Smith, 168-238. Cambridge: Cambridge University Press, 1995.

Neu, Jerome. *Emotion, Thought, and Therapy*. London: Routledge and Kegan Paul, 1977.

Oakley, Justin. *Morality and the Emotions*. London: Routledge, 1992.

Oatley, Keith. *Best Laid Schemes: The Psychology of Emotions*. Cambridge: Cambridge University Press, 1992.

Otto, Rudolf. *The Idea of the Holy: An Inquiry into the Non-rational Factor in the Idea of the Divine and its Relation to the Rational*. Translated by John W. Harvey. London: Oxford University Press, 1958.

Parkinson, Brian. *Ideas and Realities of Emotion*. London: Routledge, 1995.

Peacocke, Christopher. "Nonconceptual Content Defended." *Philosophy and Phenomenological Research* 58 (1998): 381-388.

Pears, David F. *Motivated Irrationality*. Oxford: Oxford University Press, 1984.

Perenin, M. T., and A. Vighetto. "Optic Ataxia: A Specific Disruption in Visuomotor Mechanisms. I. Different Aspects of the Deficit in Reaching for Objects." *Brain: A Journal of Neurology* 111 (1988): 643-674.

Perry, John. *The Problem of the Essential Indexical and Other Essays*. New York: Oxford University Press, 1993.

Peterson, Aage. "The Philosophy of Niels Bohr." In *Niels Bohr: A Centenary Volume*, edited by A. P.

French and P. J. Kennedy, 299-310. Cambridge: Harvard University Press, 1985.

Pettit, Philip. "The Cunning of Trust." *Philosophy and Public Affairs* 24, no. 3 (1995): 202-225.

Petzet, Heinrich W. *Encounters and Dialogues with Martin Heidegger, 1929-1976*. Translated by Parvis Emad and Kenneth Maly. Chicago: University of Chicago Press, 1993.

Plutchik, Robert. *The Psychology and Biology of Emotion*. New York: Harper, 1994.

Recanati, Françoise. "Déstabiliser le Sens." Forthcoming.

Rouse, Joseph. *Engaging Science: How to Understand Its Practices Philosophically*. Ithaca, N. Y. : Cornell University Press, 1996.

Rouse, Joseph. "Beyond Epistemic Sovereignty." In *The Disunity of Science: Boundaries, Contexts, and Power*, edited by Peter Galison and David Stump, 398-416. Stanford: Stanford University Press, 1996.

Rubin, Jane. "Too Much of Nothing: Modern Culture, the Self, and Salvation in Kierkegaard's Thought." Ph. D. diss., University of California, Berkeley, 1984.

Rubin, Jane. "Impediments to the Development of Clinical Knowledge and Ethical Judgment in Critical Care Nurses." In *Expertise in Nursing Practice: Caring, Clinical Judgment, and Ethics*, edited by Patricia Benner, Christine Tanner, and Catherine Chesla, 170-192. New York: Springer, 1996.

Rumelhart, David E., James L. McClelland, and the PDR Research Group. *Parallel Distributed Processing: Explorations in the Microstructure of Cognition*, vol. 1, *Foundations*. Cambridge: MIT Press, 1986.

Ryle, Gilbert. *The Concept of Mind*. New York: Barnes and Noble, 1949.

Sartre, Jean-Paul. *Being and Nothingness: An Essay on Phenomenological Ontology*. Translated by Hazel Barnes. New York: Philosophical Library, 1956.

Sartre, Jean-Paul. *Sketch for a Theory of the Emotions*. Translated by Philip Maret. London: Methuen, 1962.

Schafer, Roy. *A New Language for Psychoanalysis*. New Haven: Yale University Press, 1976.

Schatzki, Theodore R. *Social Practices: A Wittgensteinian Approach to Human Activity and the Social*. New York: Cambridge University Press, 1996.

Schatzki, Theodore R. "Inside-out?" *Inquiry* 38 (1995): 329-347.

Searle, John R. *The Construction of Social Reality*. New York: Free Press, 1995.

Searle, John R. *Intentionality: An Essay in the Philosophy of Mind*. Cambridge: Cambridge University Press, 1983.

Searle, John R. *Mind, Language, and Society*. New York: Basic Books, 1998.

Searle, John R. *Minds, Brains, and Science*. Cambridge: Harvard University Press, 1984.

Searle, John R. *The Rediscovery of the Mind*. Cambridge: MIT Press, 1992.

Searle, John R. "Conscionsness, Explanatory Inversion, and Cognitive Science." *Behavioral and Brain Sciences* 13, no. 4 (1990): 603-604.

Searle, John R. "Response: The Background of Intentionality and Action." In *John Searle and His Critics*, edited by Ernest Lepore and Robert van Gulick, 289-299. Cambridge: Basil Blackwell, 1991.

Seligman, Martin. *Creating Optimism*. New York: Knopf, 1991.

Shusterman, Richard. *Practicing Philosophy*. New York: Routledge, 1997.

Solomon, Robert C. *The Passions*. Garden City, N. Y.: Anchor/Doubleday, 1976.

Sperber, Dan. "The Modularity of Thought and the Epidemiology of Representations." In *Mapping the Mind: Domain Specificity in Cognition and Culture*, edited by Lawrence A. Hirchfeld and Susan A. Gelman, 39-67. Cambridge: Cambridge University Press, 1994.

Sperber, Dan, and Deirdre Wilson. *Relevance: Communication and Cognition*. Oxford: Blackwell, 1986.

Spinosa, Charles. "Derrida and Heidegger: Iterability and *Ereignis*." In *Heidegger: A Critical Reader*, edited by Hubert L. Dreyfus and Harrison Hall, 270-297. Oxford: Blackwell, 1992.

Spinosa, Charles. "Derridian Dispersion and Heideggerian Articulation: General Tendencies in the Practices that Govern Intelligibility." In *The Practice Turn in Contemporary Theory*, edited by Ted Schatzki, et al. London: Routledge, forthcoming.

Spinosa, Charles, and Hubert L. Dreyfus. "Robust Intelligibility: Response to Our Critics." *Inquiry* 42 (March 1999): 49-78.

Spinosa, Charles, Fernando Flores, and Hubert Dreyfus. *Disclosing New Worlds: Entrepreneurship, Democratic Action, and the Cultivation of Solidarity*. Cambridge: MIT Press, 1997.

Stein, Nancy L., Tom Trabasso, and Maria Liwag. "The Representation and Organization of Emotional Experience: Unfolding the Emotion Episode." In *Handbook of Emotions*, edited by Michael Lewis and Jeannette Haviland, 279-300. New York: Guilford, 1993.

Stern, Daniel N. *The Interpersonal World of the Infant: A View from Psychoanalysis and Developmental Psychology*. New York: Basic Books, 1985.

Strawson, P. F. *Individuals: An Essay in Descriptive Metaphysis*. London: Methuen, 1959.

Stroud, Barry. "The Background of Thought." In *John Searle and His Critics*, edited by Ernest Lepore and Robert van Gulick, 245-258. Cambridge: Basil Blackwell, 1991.

Tanner, Christine, et al. "The Phenomenology of Knowing the Patient." *Image: The Journal of Nursing Scholarship* 25, no. 4 (1993): 273-280.

Taylor, Charles. *Human Agency and Language*. Philosophical Papers, vol. 1. Cambridge: Cambridge University Press, 1985.

Taylor, Charles. *Philosophical Arguments*. Cambridge: Harvard University Press, 1995.

Taylor, Charles. *Philosophy and the Human Sciences*. Philosophical Papers. vol. 2. Cambridge: Cambridge University Press, 1985.

Taylor, Charles. *Sources of the Self: The Making of Modern Identity*. Cambridge: Harvard University Press, 1989.

Teasdale, John D. "Emotion and Two Kinds of Meaning: Cognitive Therapy and Applied Cognitive Science." *Behaviour Research and Therapy* 31 (1993): 339-354.

Teasdale, John D., and Philip J. Barnard. *Affect, Cognition and Change: Re-Modelling Depressive Thought*. Hillsdale, N. J.: Erlbaum, 1993.

Thomas, Laurence. "Reasons for Loving." In *The Philosophy of (Erotic) Love*, edited by Kathleen Higgins and Robert Solomon, 467-477. Lawrence, Kans.: University of Kansas Press, 1991.

Tipler, Frank. *The Physics of Immortality: Modern Cosmology, God, and Resurrection*. New York: Doubleday, 1994.

Travis, Charles. *The Uses of Sense: Wittgenstein's Philosophy of Language*. Oxford: Oxford University Press, 1989.

Tronick, Edward Z. "Affectivity and Sharing." In *Social Interchange in Infancy: Affect, Cognition, and Communication*, edited by Edward Z. Tronick, 1-6. Baltimore: University Park Press, 1982.

Tronick, Edward Z. "Emotions and Emotional Communication in Infants." *American Psychologist* 44 (1989): 112-119.

Tronick, Edward Z. "The Transmission of Maternal Disturbance to the Infant." In *Maternal Depression and Infant Disturbance*, edited by Edward Z. Tronick and Tiffany Field, 5-11. San Francisco: Jossey-Bass, 1986.

Turing, A. M. "Computing Machinery and Intelligence." *Mind* 59 (1950): 433-460.

Turkle, Sherry. *Life on the Screen: Identity in the Age of the Internet*. New York: Simon and Schuster, 1995.

Turner, Stephen P. *The Social Theory of Practices: Tradition, Tacit Knowledge, and Presuppositions*. Cambridge: Polity Press, 1994.

Turner, Victor. *Dramas, Fields and Metaphors: Symbolic Action in Human Society*. Ithaca, N. Y. : Cornell University Press, 1978.

Waismann, Friedrich. "Verifiability." In *Logic and Language*, edited by Antony Flew, 122-151. Oxford: Basil Blackwell, 1951.

Wakefield, Jerome, and Hubert L. Dreyfus. "Intentionality and the Phenomenology of Action." In *John Searle and His Critics*, edited by Ernest Lepore and Robert van Gulick, 259-270. Oxford: Blackwell, 1991.

Weber, Max. *Basic Concepts of Sociology*. Translated by H. P. Secher. New York: Citadel, 1962.

Westphal, Merold. *God, Guilt, and Death: An Existential Phenomenology of Religion*. Edited by James M. Edie. Bloomington: Indiana University Press, 1984.

Wheeler, Samuel C., III. "True Figures: Metaphor, Social Relations, and the Sorites." In *The Interpretive Turn: Philosophy, Science, Culture*, edited by David Hiley, James Bohman, and Richard Shusterman, 197-217. Ithaca, N. Y.: Cornell University Press, 1991.

White, Geoffrey M. "Emotions Inside Out: The Anthropology of Affect." In *Handbook of Emotions*, edited by Michael Lewis and Jeannette Haviland, 29-40. New York: Guilford, 1993.

Winograd, Terry, and Fernando Flores. *Understanding Computers and Cognition: A New Foundation for Design*. Norwood, N. J.: Ablex, 1986.

Wittgenstein, Ludwig. *The Blue and Brown Books*. Oxford: Blackwell, 1958.

Wittgenstein, Ludwig. *On Certainty*. Translated by Dennis Paul and G. E. M. Anscombe. New York: J. & J. Harper Editions, 1969.

Wittgenstein, Ludwig. *Philosophical Investigations*. Translated by G. E. M. Anscombe. New York: Macmillan, 1958.

Woodworth, R. S. "The Accuracy of Voluntary Movement." *Psychological Review* 3, no. 13 (1899): 1-114.

撰　稿　人

丹尼尔·安德勒　法国楠泰尔巴黎第十大学哲学教授

帕特里夏·本纳　美国加州大学旧金山分校护理学教授

阿尔伯特·伯格曼　美国蒙大拿大学哲学教授

哈里·柯林斯　英国卡迪夫大学社会学教授

乔治·唐宁　萨尔佩特里埃医院婴儿精神病研究与治疗项目组成员，奥地利克拉
根福大学临床心理学教授

费尔南多·弗洛雷斯　商业设计协会会长

肖恩·D. 凯利　美国普林斯顿大学哲学助理教授

约瑟夫·劳斯　美国卫斯理大学哲学教授

西奥多·沙茨基　美国肯塔基大学哲学副教授

约翰·塞尔　美国加州大学伯克利分校哲学教授

罗伯特·所罗门　美国得克萨斯大学奥斯汀分校哲学教授

查尔斯·斯皮诺萨　商业设计协会研究主管

戴维·斯特恩　美国艾奥瓦大学哲学助理教授

查尔斯·泰勒　加拿大麦吉尔大学哲学教授

马克·A. 拉索尔　美国杨百翰大学哲学助理教授

特里·威诺格拉德　美国加利福尼亚州斯坦福大学计算机科学教授

索引

（索引页码为英文本页码，即本书边码）

experience

具身性论题　Embodiment thesis 185-188, 198

具有意义　Making sense 33, 46, 50-51

距离–站立（社交距离）　Distance-standing 321, 323

K

凯伦·巴拉德　Barad, Karen 351n2

凯伦·琼斯　Jones, Karen 230, 232-234, 241-242, 373n15

科学哲学　Science, philosophy of 24, 89-90, 143

可供性，抵制　Affordance, resistance 10

可理解性　Intelligibility 318, 319

客观性　Objectivity 371n23

恐惧　Dread 210

恐惧　Fear 246

快乐、愉悦　Joy 45

宽容原则　Charity, principle of 21

狂欢节　Carnival 125-128, 131-132, 341-342

奎因　Quine 56, 115-117, 119

奎因的整体主义　Quinean holism 116-117

L

拉塞尔·哈丁　Hardin, Russell 230, 232

劳伦斯·C. 贝克尔　Becker, Lawrence C. 230, 232-233

劳伦斯·巴萨卢　Barsalou, Lawrence 153

乐观主义　Optimism 230, 234

勒内·笛卡儿　Descartes, René 95, 115, 134, 245, 273, 319

离身　Disembodiment，见 Virtual ambiguity

礼仪　Civility 128-129

理查德·戴维森　Davidson, Richard J. 246

理查德·罗蒂　Rorty, Richard 115

理解　Understanding 7-8, 16-18, 23-26, 39, 40, 96, 111-114, 117, 141, 155, 166, 172-176, 184-185, 210, 232, 271-291, 293, 297-300, 304-309, 340-341, 344-345, 349

理论 Theoria 16, 25

理论　Theory 16, 24-26, 294, 317, 319

理论发现　Theoretical discovery 317

其他